材料科学研究与测试方法学习辅导

朱和国　刘吉梓　尤泽升　编著
沙　刚　主审

东南大学出版社
SOUTHEAST UNIVERSITY PRESS
·南京·

内 容 提 要

《材料科学研究与测试方法(第3版)》是普通高等教育“十一五”国家级规划教材、“十二五”江苏省高校重点教材、2015兵工高校优秀教材和江苏省MOOC网课程《材料研究方法》的指定教材。为使读者更好地理解和掌握该教材的核心内容，朱和国等从该教材各章节中提炼出46个知识点，分别细化各知识点的难点，详解学习过程中的注意点，在讲解中适当引入当前材料界的最新研究成果，并对教材前1～6章的课后习题进行了精选解答。

图书在版编目(CIP)数据

材料科学研究与测试方法学习辅导/朱和国，刘吉梓，尤泽升编著. —南京：东南大学出版社，2018.11

ISBN 978-7-5641-8074-4

Ⅰ. ①材… Ⅱ. ①朱… ②刘… ③尤… Ⅲ. ①材料科学-研究方法-高等学校-教学参考资料 ②材料科学-测试方法-高等学校-教学参考资料 Ⅳ. ①TB3

中国版本图书馆CIP数据核字(2018)第251354号

材料科学研究与测试方法学习辅导

编 著 者 朱和国 刘吉梓 尤泽升
出版发行 东南大学出版社
出 版 人 江建中
责任编辑 张 煦
社　　址 南京市四牌楼2号 (邮编:210096)

经　　销 全国各地新华书店
印　　刷 南京玉河印刷厂
开　　本 889 mm×1194 mm 1/16
印　　张 11.75
字　　数 286千
版　　次 2018年11月第1版
印　　次 2018年11月第1次印刷
书　　号 ISBN 978-7-5641-8074-4
定　　价 36.00元

前　言

本书是朱和国等编著普通高等教育“十一五”国家级规划教材、“十二五”江苏省高校重点教材、2015兵工优秀教材《材料科学研究与测试方法》(第3版)的配套教材。《材料科学研究与测试方法》自2008年第1版以来,被众多高校选为教材,2017年又被定为MOOC网课程“材料研究方法”的配套教材,迄今MOOC网授课已完成两轮,受众人数分别达到1 905人和1 464人,作为专业基础课程,效果令人欣慰。然而,本教材在使用过程中,读者会有一些难点和重点特别是一些相近概念之间的区别与联系较难理解,为此,我们以MOOC讲授过程中采用的46个知识点进行归类、详解,对难点、重点和一些相近的概念进行梳理和说明,对每个知识点均配以一定量的习题练习,并附了相应的参考答案,从而使读者更好地理解和掌握,以全方位培养读者思考问题、分析问题和解决问题的能力。对教材1～6章中的思考题进行了精选解答。

本书由南京理工大学一线任课教师编著。全书共12章:第1～10章(朱和国);第11章(尤泽升),第12章(刘吉梓),全书朱和国教授统稿,沙刚教授主审。

本书得到南京理工大学教务处及材料学院徐锋院长的积极支持,东南大学吴申庆教授的热情鼓励,以及孙晓东、张大山、李成鑫、邱欢、贾婷、朱成艳、伍昊、兰利娟等研究生的鼎力协助,在此表示深深的敬意和感谢!

由于作者水平有限,本书中定有疏漏和错误之处,敬请广大读者批评指正。

朱和国

2018.8 于南京

目　　录

第 1 章　晶体学基础

1.1　《材料科学研究与测试方法》构架

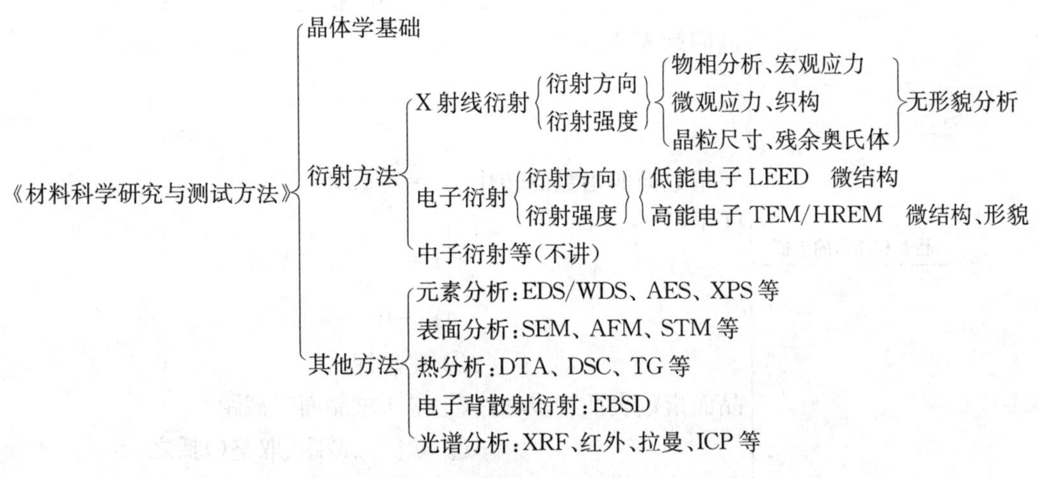

图 1-1　《材料科学研究与测试方法》构架

《材料科学研究与测试方法》构架见图 1-1,核心为“衍射”,衍射分为 X 射线衍射和电子衍射,衍射又包括衍射方向和衍射强度。X 射线与电子的衍射方向均由布拉格方程决定,而 X 射线的强度很弱,主要从电子、原子、单胞、单晶、多晶、单相、多相逐步介绍,而电子衍射的强度分析过程类似于 X 射线,且强度高,故不做介绍。X 射线衍射的应用主要有物相分析、宏观应力、微观应力、织构、晶粒尺寸、残余奥氏体及薄膜厚度测定等,核心应用在于物相鉴定,但没有形貌分析。电子衍射的应用主要是晶体的显微结构和形貌分析。其他分析方法很多,原理相对简单。本章分 2 个知识点介绍。

1.2　本章小结

(1) 晶体 —数学抽象 / 仅考虑周期性→ 空间点阵 —同时考虑周期性和对称性→ 布拉非阵胞

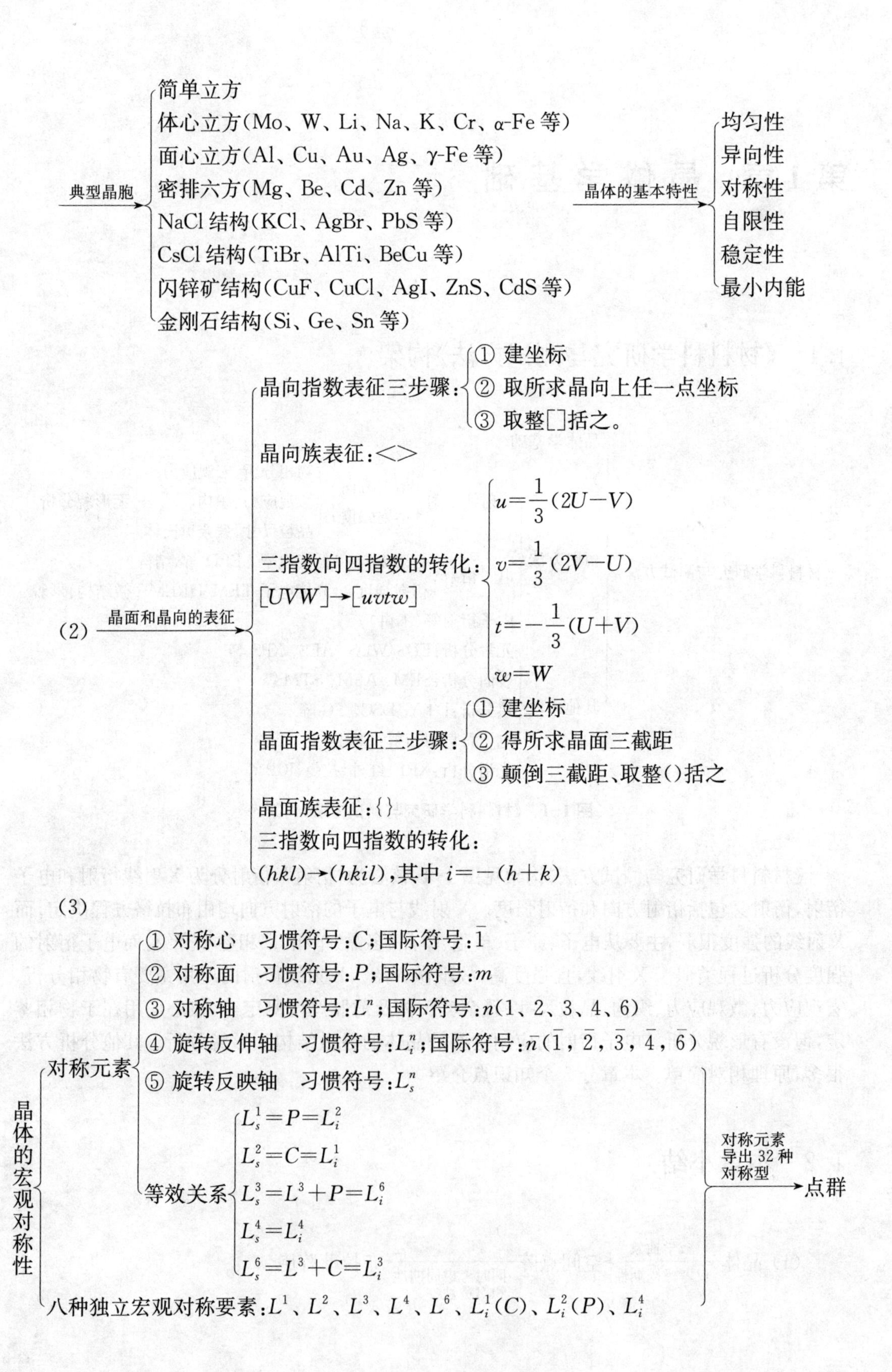
典型晶胞
简单立方
体心立方(Mo、W、Li、Na、K、Cr、α-Fe 等)
面心立方(Al、Cu、Au、Ag、γ-Fe 等)
密排六方(Mg、Be、Cd、Zn 等)
NaCl 结构(KCl、AgBr、PbS 等)
CsCl 结构(TiBr、AlTi、BeCu 等)
闪锌矿结构(CuF、CuCl、AgI、ZnS、CdS 等)
金刚石结构(Si、Ge、Sn 等)
晶体的基本特性
均匀性
异向性
对称性
自限性
稳定性
最小内能
(2)
晶面和晶向的表征
晶向指数表征三步骤:
① 建坐标
② 取所求晶向上任一点坐标
③ 取整[]括之。
晶向族表征:<>
三指数向四指数的转化:
$[UVW]\rightarrow[uvtw]$
$u=\frac{1}{3}(2U-V)$
$v=\frac{1}{3}(2V-U)$
$t=-\frac{1}{3}(U+V)$
$w=W$
晶面指数表征三步骤:
① 建坐标
② 得所求晶面三截距
③ 颠倒三截距、取整()括之
晶面族表征:{}
三指数向四指数的转化:
$(hkl)\rightarrow(hkil)$,其中 $i=-(h+k)$
(3)
晶体的宏观对称性
对称元素
① 对称心 习惯符号:C;国际符号:$\bar{1}$
② 对称面 习惯符号:P;国际符号:m
③ 对称轴 习惯符号:L^n;国际符号:n(1、2、3、4、6)
④ 旋转反伸轴 习惯符号:L_i^n;国际符号:$\bar{n}$($\bar{1}$,$\bar{2}$,$\bar{3}$,$\bar{4}$,$\bar{6}$)
⑤ 旋转反映轴 习惯符号:L_s^n
等效关系
$L_s^1=P=L_i^2$
$L_s^2=C=L_i^1$
$L_s^3=L^3+P=L_i^6$
$L_s^4=L_i^4$
$L_s^6=L^3+C=L_i^3$
八种独立宏观对称要素:L^1、L^2、L^3、L^4、L^6、$L_i^1(C)$、$L_i^2(P)$、L_i^4
对称元素
导出 32 种
对称型
点群

(4) $\xrightarrow{\text{晶体的微观对称性}}$ 微观对称元素：
- 平移轴
- 滑移面（反映-平移）
- 螺旋轴（旋转-平移）

晶体的宏观和微观对称元素的组合体构成晶体的空间群

(5) 晶体的球面投影
- 球面投影
  - 极式球面投影
  - 迹式球面投影
- 平面投影
  - 以赤道平面为投影面，经纬线坐标网的极射赤面投影——极式网
  - 以过南北轴的平面为投影面，经纬线坐标网的极射平面投影网——乌氏网
  - 乌氏网的作用
    - 夹角的测量
    - 晶体的转动
    - 投影面的转换

(6) 标准投影图——以晶体的某一简单晶面为投影面，将各晶面的球面投影再投影所形成的极射平面投影图

(7) 倒易点阵
- 正倒空间之间的关系
  - ① 同名基矢点积为 1，异名基矢点积为 0
  - ② $\boldsymbol{a}^*$ 垂直于 $\boldsymbol{b}$,$\boldsymbol{c}$ 所在面

    $\boldsymbol{b}^*$ 垂直于 $\boldsymbol{c}$,$\boldsymbol{a}$ 所在面

    $\boldsymbol{c}^*$ 垂直于 $\boldsymbol{a}$,$\boldsymbol{b}$ 所在面
  - ③ 倒空间的倒空间为正空间：$(\boldsymbol{a}^*)^*=\boldsymbol{a}$；$(\boldsymbol{b}^*)^*=\boldsymbol{b}$；$(\boldsymbol{c}^*)^*=\boldsymbol{c}$
  - ④ 正倒空间的单胞体积互为倒数：$V\cdot V^*=1$
  - ⑤ 正倒空间中角度之间的关系：

    $\cos\alpha^*=\dfrac{\cos\beta\cos\gamma-\cos\alpha}{\sin\beta\sin\gamma}$、$\cos\beta^*=\dfrac{\cos\gamma\cos\alpha-\cos\beta}{\sin\gamma\sin\alpha}$

    $\cos\gamma^*=\dfrac{\cos\alpha\cos\beta-\cos\gamma}{\sin\alpha\sin\beta}$
  - ⑥ 倒易点阵保留了正点阵的全部宏观对称性
  - ⑦ 正倒空间矢量的点积为一整数
  - ⑧ 正空间的一族平行晶面，对应于倒空间的一个直线点列
- 倒易点阵的性质
  - ① $\boldsymbol{g}_{hkl}=h\boldsymbol{a}^*+k\boldsymbol{b}^*+l\boldsymbol{c}^*$
  - ② 倒易矢量 $\boldsymbol{g}$ 的大小等于(hkl) 晶面间距的倒数，即 $|\boldsymbol{g}|=\dfrac{1}{d_{hkl}}$；方向为晶面$(hkl)$ 的法线方向

(8) 晶带定律
- 广义晶带定律　$uh+vk+wl=N$（N 为整数）
- 狭义晶带定律　$uh+vk+wl=0$

晶体的布拉菲点阵有 14 种，合并同类项得 4 个大类：简单型、底心型、体心型、面心型，其原子个数分别为 1、2、2、4。原子坐标分别为简单型：000；底心型：000，$\frac{1}{2}\frac{1}{2}0$；体心型：

000，$\frac{1}{2}\frac{1}{2}\frac{1}{2}$；面心型：000，$\frac{1}{2}\frac{1}{2}0$，$\frac{1}{2}0\frac{1}{2}$，$0\frac{1}{2}\frac{1}{2}$。

四指数的产生是由晶面族和晶向族的规定决定的。晶面族中各晶面和晶向族中各晶向原子排列的规律相同，晶面族和晶向族指数中的数字相同，只是位置顺序或符号不同，立方系中能完全符合这一规定，如立方系中，六个表面：(100)，(010)，(001)，$(\bar{1}00)$，$(0\bar{1}0)$，$(00\bar{1})$构成了同一个{100}晶面族；十二个对角面：(110)，(101)，(011)，$(\bar{1}\bar{1}0)$，$(\bar{1}0\bar{1})$，$(0\bar{1}\bar{1})$，$(\bar{1}10)$，$(1\bar{1}0)$，$(0\bar{1}1)$，$(01\bar{1})$，$(\bar{1}01)$，$(10\bar{1})$构成{110}晶面族。但在六方系中会存在差异见图 1-1。如六个侧面的原子排列情况相同，晶面间距也相等，但空间位向不同，属同一晶面族。三指数时，六个侧面的晶面指数分别是：(100)、(010)、$(\bar{1}10)$、$(\bar{1}00)$、$(0\bar{1}0)$、$(1\bar{1}0)$。这与前面晶面族的定义不吻合，同样过底心的三条对角线阵点排列也应相同，属于同一个晶向族，也应为相同的指数，实际上为[100]、[010]、[110]。为此，通过增加一根轴 $\boldsymbol{a}_3$，采用四轴制 $\boldsymbol{a}_1$、$\boldsymbol{a}_2$、$\boldsymbol{a}_3$ 和 $\boldsymbol{c}$ 表征时即可解决这个问题，其中 $\boldsymbol{a}_1$、$\boldsymbol{a}_2$、$\boldsymbol{a}_3$ 互成 120°，且 $\boldsymbol{a}_3=-(\boldsymbol{a}_1+\boldsymbol{a}_2)$，此时六个侧面的晶面指数分别为：$(10\bar{1}0)$、$(01\bar{1}0)$、$(\bar{1}100)$、$(\bar{1}010)$、$(0\bar{1}10)$、$(1\bar{1}00)$，它们的数字相同，只是排列顺序和符号不同，同为一个晶面族{1100}。同样过底心的三条对角线指数分别为：$[2\bar{1}\bar{1}0]$、$[\bar{1}2\bar{1}0]$、$[11\bar{2}0]$，与晶向族的定义吻合，同属晶向族〈1120〉。

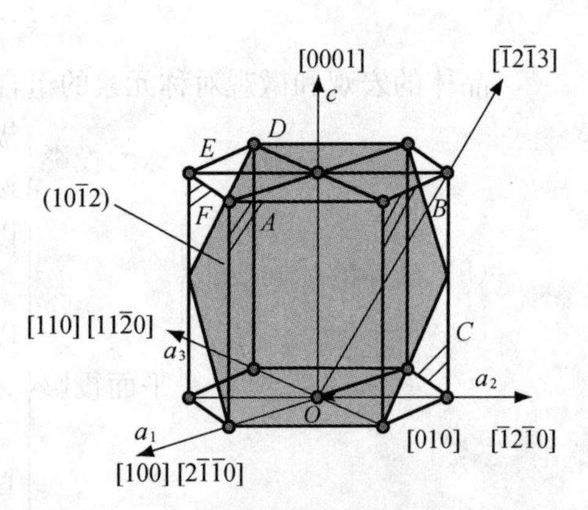

图 1-2　六方结构中常见晶面和晶向的三轴指数与四轴指数

需注意点：①离开立方系时，数字相同，而顺序不同的晶面指数所表示的晶面就不一定属于同一个晶面族了，如在正交系中，晶面(100)、(010)、(001)上的原子排列情况和晶面间距均不相同，故其不属于同一个晶面族。②底心点阵的四个侧面属于同一晶面族{100}，显然不包含顶面和底面。③六方结构的晶面、晶向均可用三指数和四指数表征。

1.3　知识点 1-晶体投影

1.3.1　知识点 1 注意点

1）投影的目的是将晶面、晶向的空间关系转变为平面几何关系，从而便于分析。

2）球面投影只是一个中介投影，是将晶面、晶向以一定规则投射到球面上。迹式球面投影是指晶体的几何要素(晶面、晶向)通过直接延伸或扩展与投影球相交，在球面上留下的痕迹，属于直接投影。极式球面投影是指晶体的几何要素(晶面、晶向点除外)通过间接延伸或扩展后与投影球相交，在球面上留下的痕迹，属于间接投影。然后再将球面投影以一定的规则向某选定平面投影，从而获得极射赤面投影或标准极射赤面投影。

3）晶面的极式球面投影与晶向的迹式球面投影的结果均为点，它们的平面投影也均为点，这样晶体中的晶面、晶向空间关系统统转变为平面中点与点之间的几何关系，为研究提供方便。

4）投影面有球面、赤平面、晶体的低指数晶面、轧平面等。

1.3.2 知识点1选择题

1. 晶体投影是指(　　)

(A) 晶体中的晶面、晶向以一定的规则在二维面上的投影

(B) 晶体外形的直接投影

(C) 晶体晶面的投影

(D) 晶体晶向的投影

2. 晶体投影面有(　　)

(A) 球面一种

(B) 赤平面一种

(C) 球面和赤平面两种

(D) 球面、赤平面、轧平面和晶体的晶面等

3. 晶体的球面投影分为(　　)

(A) 迹式一种

(B) 极式一种

(C) 迹式、极式和复式三种

(D) 迹式和极式两种

4. 极射赤面投影是(　　)

(A) 晶面、晶向球面投影的再投影,二次投影

(B) 晶面、晶向在赤平面上的直接投影

(C) 晶面、晶向在赤平面上的垂直投影

(D) 晶面、晶向在赤平面上的平行投影

5. 标准投影图(　　)

(A) 针对单晶体,以晶体的某一简单晶面为投影面,将各晶面的球面投影再投影到此平面上去所形成的投影图

(B) 针对单晶体,以晶体的某一高指数晶面为投影面,将各晶面的球面投影再投影到此平面上去所形成的投影图

(C) 针对多晶体,以晶体的某一简单晶面为投影面,将各晶面的球面投影再投影到此平面上去所形成的投影图

(D) 针对多晶体,以晶体的某一高指数晶面为投影面,将各晶面的球面投影再投影到此平面上去所形成的投影图

答案: ADDAA

1.4 知识点2-倒易点阵

1.4.1 知识点2注意点

1) 倒空间的建立目的是解释衍射花样(X射线衍射与电子衍射)产生的原因,倒空间的理论基础是数学傅立叶变换。倒易矢量的方向:晶面的法线方向,倒易矢量的大小:晶面间距的倒数。

2) 正空间中的所有晶面可转化为倒空间中的一系列倒易矢量,倒易矢量的端点规则排列构成倒易点阵,这样正空间中的晶面与晶面之间的空间关系转化为倒空间中的点与点之间的关系。

3）倒易点阵中的任何一阵面上的所有阵点对应的晶面在正空间中构成一个晶带，倒易阵面的法线为该晶带轴的方向。设晶带轴为$[uvw]$，晶面指数(hkl)，则$uh+vk+wl=N$。$N=0$时，倒易阵面通过原点，$N\neq 0$时，倒易阵面不通过原点，即为广义晶带。

阴影阵面上标注的 9 个阵点，除原点外 8 个阵点对应正空间中 8 个晶面，分别为(100)、(200)、(210)、(220)、(110)、(120)、(010)、(020)，这些晶面属于同一晶带轴[001]的晶带面。原点与点阵中任一阵点如 A 点相连，即得一倒易矢量 $\overrightarrow{O^*A}$，该矢量即为晶面(121)的倒易矢量，方向与晶面(121)垂直，该倒易矢量的大小为(121)晶面间距的倒数。

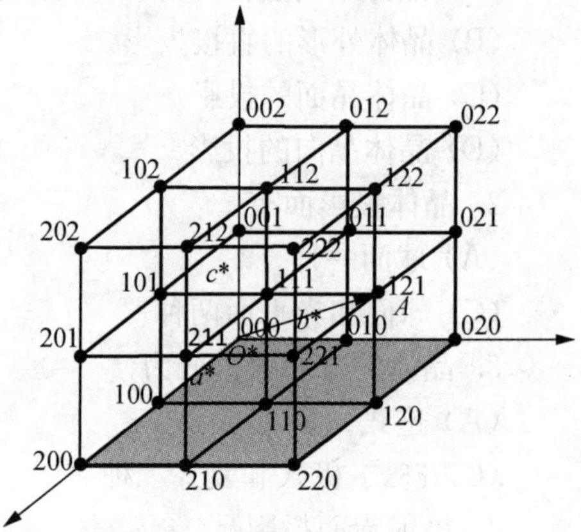

图 1-3　倒易点阵示意图

1）倒易矢量的端点表示正空间中的晶面；端点坐标由不带括号的三位数表示；

2）倒易矢量的长度表示正空间中晶面间距的倒数；

3）倒易矢量的方向表示该晶面的法线方向；

4）倒空间中的直线点列表示正空间中一个系列平行晶面；

5）倒空间中的阵平面表示正空间中同一晶带的系列晶带面。

6）倒空间中的阵球面表示正空间中多晶体中同一晶面族。

倒易点阵是解释衍射的有力工具，同一晶带面在倒阵空间中为平面，衍射花样即为倒阵面上斑点的投影。

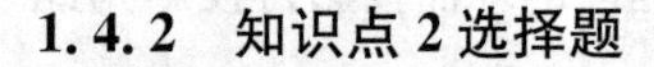

1.4.2　知识点 2 选择题

1. 倒易点阵是指(　)

(A) 正空间中的晶向按一定的规则转变为另一空间的一阵点，晶体的所有晶面转变为一系列规则排列的点阵，是一虚拟点阵

(B) 正空间中的晶面按一定的规则转变为另一空间的一阵点，晶体的所有晶向转变为一系列规则排列的点阵，是一实点阵

(C) 正空间中的晶向按一定的规则转变为另一空间的一阵点，晶体的所有晶向转变为一系列规则排列的点阵，是一虚拟点阵

(D) 正空间中的晶面按一定的规则转变为另一空间的一阵点，晶体的所有晶面转变为一系列规则排列的点阵，是一虚拟点阵

2. 晶带面是指(　　)

(A) 平行或通过同一晶轴的一系列晶面　　(B) 平行或垂直同一晶轴的一系列晶面

(C) 垂直于同一晶轴的一系列晶面　　(D) 平行或通过同一晶面的一系列晶面

3. 晶带定律中的晶带面在倒阵空间中阵点的几何关系是(　　)

(A) 共面　　(B) 共线　　(C) 共点　　(D) 无规律

4. 正倒空间的变换理论是(　　)

(A) 傅立叶变换　　(B) 对称变换　　(C) 投影变换　　(D) 正交变换

5. 倒空间为球面表明是(　　)

(A) 由正空间中不同晶体中同一个指数的晶面所对应的倒易阵点组成

(B) 由正空间中单晶体中同一个指数的晶面所对应的倒易阵点组成

(C) 由正空间中单晶体中不同指数的晶面所对应的倒易阵点组成

(D) 由正空间中不同晶体中不同指数的晶面所对应的倒易阵点组成

6. 倒空间中的阵点表示(　　)

(A) 正空间中的晶面　　(B) 正空间中的晶向

(C) 正空间中的质点　　(D) 正空间中的晶体

7. 倒易矢量表示(　　)

(A) 正空间中的晶面　　(B) 正空间中的晶向

(C) 正空间中的质点　　(D) 正空间中的晶体

8. 晶带轴与晶带面(　　)

(A) 垂直　　(B) 平行

(C) 相交,角度大于 0°、小于 90°　　(D) 相交,角度大于 90°、小于 180°

9. 球面投影中的一个大圆(极圆)反映(　　)

(A) 一个晶带　　(B) 一个晶面

(C) 一根晶轴　　(D) 一个单晶体中的系列质点

10. 倒空间中的直线点列表示(　　)

(A) 正空间中的一个系列晶面,它们相互垂直

(B) 正空间中的一个系列晶面,它们相互平行

(C) 正空间中的一个系列晶面,它们共面

(D) 正空间中的一个系列晶面,它们之间有的垂直有的平行

11. 立方晶体中,正倒空间对应的坐标矢量轴(　　)

(A) 垂直　　(B) 平行　　(C) 相交　　(D) 重合

12. 正空间中对称关系对应于倒空间(　　)

(A) 同样存在　　(B) 不存在　　(C) 部分存在　　(D) 不确定

13. 倒易矢量的方向与其对应的正空间中晶面(　　)

(A) 垂直　　(B) 平行　　(C) 呈锐角相交　　(D) 呈钝角相交

14. 倒易球面反映(　　)

(A) 多晶体中同一晶面　　(B) 单晶体的同一晶面

(C) 多晶体中的同一晶向　　(D) 单晶体的同一晶向

15. 倒易球面的致密性取决于(　　)

(A) 多晶体的粒度　　(B) 单晶体的粒度

(C) 多晶体的粒度和数量　　(D) 单晶体的位向

答案: DAAAA, AABAB, BAAAC

1.5 本章思考题选答

1.1 写出立方晶系{110}{123}晶面族的所有等价面。

答: {110}的等价面:(110),(101),(011),($\bar{1}$10),($\bar{1}$01),(0$\bar{1}$1),(1$\bar{1}$0),(10$\bar{1}$),(01$\bar{1}$),($\bar{1}\bar{1}$0),($\bar{1}$0$\bar{1}$),(0$\bar{1}\bar{1}$)

{123}的等价面:(123),($\bar{1}$23),(1$\bar{2}$3),(12$\bar{3}$),(132),($\bar{1}$32),(1$\bar{3}$2),(13$\bar{2}$),(213),($\bar{2}$13),(2$\bar{1}$3),(21$\bar{3}$),(231),($\bar{2}$31),(2$\bar{3}$1),(23$\bar{1}$),(312),($\bar{3}$12),(3$\bar{1}$2),(31$\bar{2}$),(321)($\bar{3}$21),(3$\bar{2}$1),(32$\bar{1}$)

1.2 立方晶胞中画出(123),(112),(11$\bar{2}$),[110],[1$\bar{2}$0],[$\bar{3}$21]。

答: (123),(112)(11$\bar{2}$)分别为解图 1-1 中的晶面 1、晶面 2 和晶面 3。

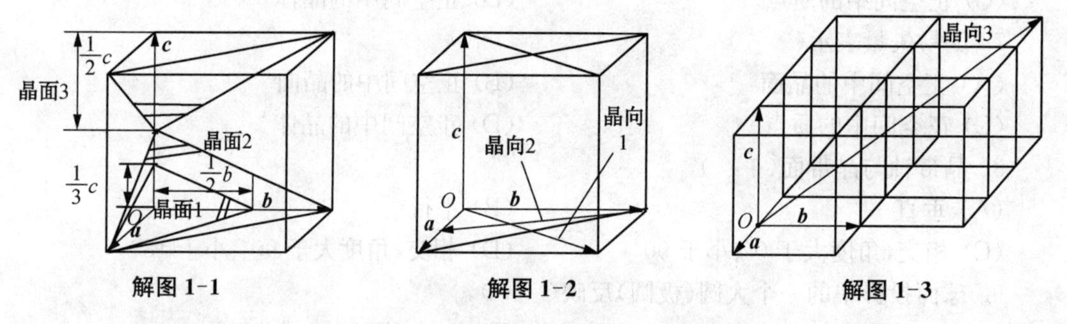

解图 1-1　　解图 1-2　　解图 1-3

晶向[110],[1$\bar{2}$0]见解图 1-2 图中晶向 1 和晶向 2,[$\bar{3}$21]见解图 1-3。

1.3 标注下图立方晶胞中各晶面和晶向的指数:

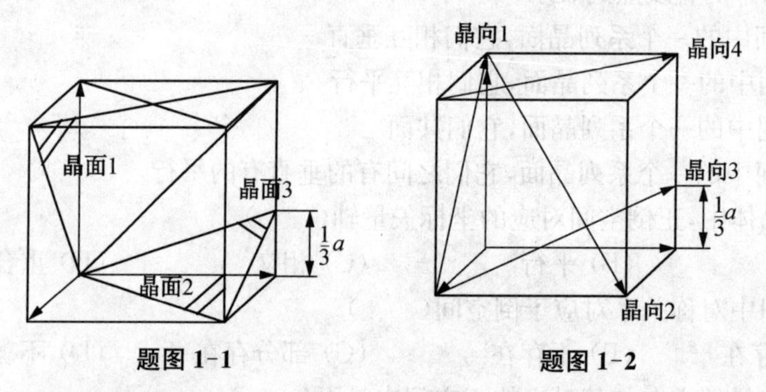

题图 1-1　　题图 1-2

答: 晶面 1、晶面 2、晶面 3 分别为(11$\bar{1}$),($\bar{1}$10),(113)

晶向 1、晶向 2、晶向 3、晶向 4 分别为[$\bar{1}$01],[11$\bar{1}$],[$\bar{3}$31],[$\bar{1}$10]

1.4 标注下图六方晶胞中各晶面和晶向的指数。

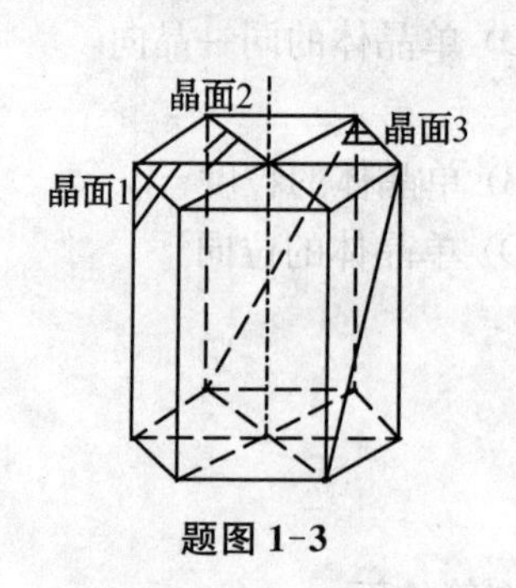

题图 1-3

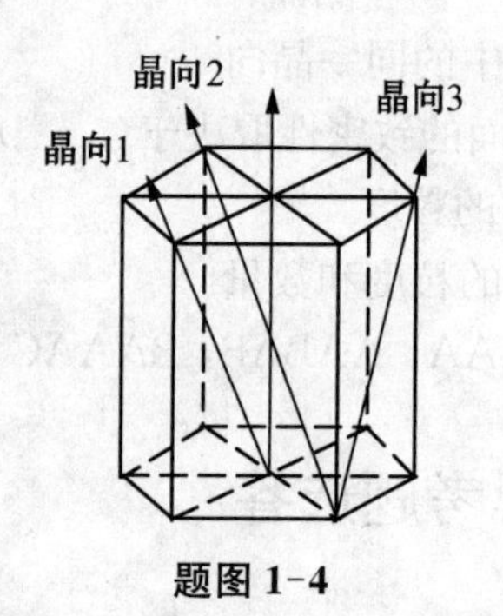

题图 1-4

答: 晶面1、晶面2、晶面3分别为$(10\bar{1}0)$,$(\bar{1}100)$,$(1\bar{1}01)$。

晶向1、晶向2、晶向3分别为$[2\bar{1}\bar{1}3]$,$[\bar{2}\bar{2}43]$,$[\bar{2}113]$。

1.5 画出立方晶系的(001)标准投影,标出所有指数不大于3的所有点和晶带大圆。

答: 立方晶系的(001)标准投影见解图1-4。凡过直径两端的大弧、直径及外圆均为晶带大圆。晶带大圆上各投影点所表示的晶面为晶带面,每一晶带大圆的晶带轴即为距晶带大圆90°处的指数。

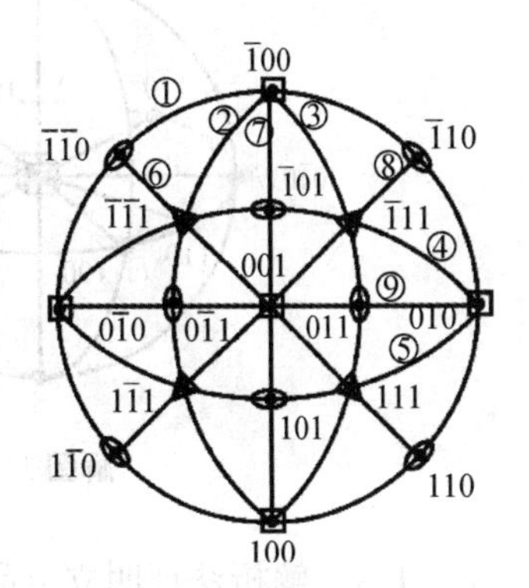

解图 1-4

图中晶带大圆有9个,分别为:晶带大圆1上的晶带面有$(0\bar{1}0)(\bar{1}\bar{1}0)(\bar{1}00)(\bar{1}10)(010)(110)(100)(1\bar{1}0)$

晶带轴:[001]。

晶带大圆2上的晶带面有$(\bar{1}00)(\bar{1}\bar{1}1)(0\bar{1}1)(1\bar{1}1)(100)$,晶带轴:[011]。

晶带大圆3上的晶带面有$(\bar{1}00)(\bar{1}11)(011)(111)(100)$,晶带轴:$[0\bar{1}1]$。

晶带大圆4上的晶带面有$(0\bar{1}0)(\bar{1}\bar{1}1)(\bar{1}01)(\bar{1}11)(010)$,晶带轴:[101]。

晶带大圆5上的晶带面有$(010)(111)(101)(1\bar{1}1)(0\bar{1}0)$,晶带轴:$[\bar{1}01]$。

晶带大圆6上的晶带面有$(\bar{1}\bar{1}0)(\bar{1}\bar{1}1)(001)(111)(110)$,晶带轴:$[\bar{1}10]$。

晶带大圆7上的晶带面有$(\bar{1}00)(\bar{1}01)(001)(101)(100)$,晶带轴:[010]。

晶带大圆8上的晶带面有$(\bar{1}10)(\bar{1}11)(001)(1\bar{1}1)(1\bar{1}0)$,晶带轴:[110]。

晶带大圆9上的晶带面有$(0\bar{1}0)(0\bar{1}1)(001)(011)(010)$,晶带轴:[100]。

1.6 用解析法证明晶带大圆上的极点系同一晶带轴,并求出晶带轴。

答: 属于同一晶带轴的一系列晶带面的法线通过平移均可相交于同一点,同一晶带轴的系列晶带面均平行于晶带轴,且满足晶带定律$hu+kv+lw=0$。因此,该晶带轴的所有晶带面的法线均垂直于该晶带轴,且必共面。球面投影时,单晶体位于球心,某晶带轴的系列晶带面的法线与球相截,即为晶带面对应的极点。因法线共面,且通过球心,与球相截为交线大圆,这些极点在同一大圆上,即晶带大圆。反之,在同一晶带大圆上的各极点所代表的晶面必为同一根晶带轴的系列晶带面。

见解图1-5,晶面:$(\bar{1}\bar{1}0)(\bar{1}00)(\bar{1}10)(010)(110)(100)(1\bar{1}0)(0\bar{1}0)$为同一晶带轴[001]的晶带面,满足晶带定律$hu+kv+lw=0$。对应的极点共圆,且为过球心的大圆。反之,如果系列极点共一个大圆,则这些极点对应的晶面必为同一晶带轴的系列晶带面。晶带轴指数即为晶带大圆凹方面90°处的指数。

1.7 画出六方晶系(0001)标准投影,并要求标出(0001),$\{10\bar{1}0\}$,$\{11\bar{2}0\}$,$\{10\bar{1}2\}$等各晶面的大圆。

答: 由于晶面夹角在六方晶系中与晶格常数(c/a)相关,各种不同的c/a均有对应的(0001)标准投影图,所有大圆见解图1-6。

1.8 计算面心立方晶系的(110)、(111)、(100)等晶面的面间距和面密度。

答: (110)、(111)、(100)晶面间距分别为$d_{110}=\dfrac{a}{\sqrt{2}}$,$d_{111}=\dfrac{a}{\sqrt{3}}$,$d_{100}=\dfrac{a}{\sqrt{1}}$;(110)、(111)、(100)的面密度分别为$\rho_{110}=\dfrac{\sqrt{2}}{a^2}$,$\rho_{111}=\dfrac{4}{\sqrt{3}a^2}$,$\rho_{100}=\dfrac{2}{a^2}$。

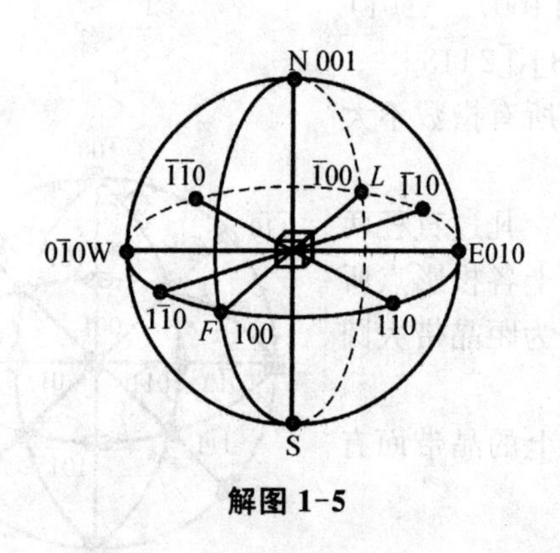

解图 1-5

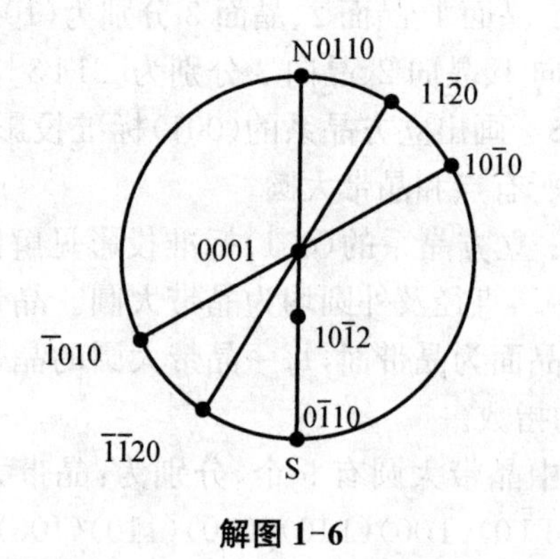

解图 1-6

1.9 解析法证明立方晶系中$[hkl]\perp(hkl)$。

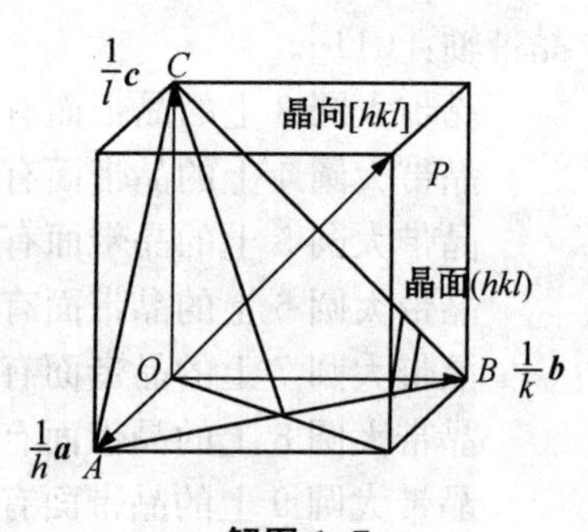

解图 1-7

证明:见解图 1-7,得晶向$[hkl]$的矢量$\overrightarrow{OP}=h\boldsymbol{a}+k\boldsymbol{b}+l\boldsymbol{c}$,晶面的三个面截距分别为$\frac{1}{h}$, $\frac{1}{k}$, $\frac{1}{l}$。则

$\overrightarrow{OA}=\frac{1}{h}\boldsymbol{a}$, $\overrightarrow{OB}=\frac{1}{k}\boldsymbol{b}$, $\overrightarrow{OC}=\frac{1}{l}\boldsymbol{c}$; $\overrightarrow{AB}=\overrightarrow{OB}-\overrightarrow{OA}=\frac{1}{k}\boldsymbol{b}-\frac{1}{h}\boldsymbol{a}$; $\overrightarrow{BC}=\overrightarrow{OC}-\overrightarrow{OB}=\frac{1}{l}\boldsymbol{c}-\frac{1}{k}\boldsymbol{b}$

因立方系,得

$\overrightarrow{OP}\cdot\overrightarrow{AB}=(h\boldsymbol{a}+k\boldsymbol{b}+l\boldsymbol{c})\cdot\left(\frac{1}{k}\boldsymbol{b}-\frac{1}{h}\boldsymbol{a}\right)=0$; $\overrightarrow{OP}\cdot\overrightarrow{BC}=(h\boldsymbol{a}+k\boldsymbol{b}+l\boldsymbol{c})\cdot\left(\frac{1}{l}\boldsymbol{c}-\frac{1}{k}\boldsymbol{b}\right)=0$

所以$\overrightarrow{OP}\perp\overrightarrow{AB}$, $\overrightarrow{OP}\perp\overrightarrow{BC}$,因此$\overrightarrow{OP}\perp(hkl)$,即$[hkl]\perp(hkl)$。

1.10 如果空间某点坐标为(1, 2, 3),通过对称轴的对称操作后到达另外一点(x, y, z),设对称轴为二、三、四和六,试分别求出在不同对称轴作用下具体的(x, y, z)数值。

答:对称轴为二次时$\alpha=\frac{360°}{n}=\frac{360°}{2}=180°$,转换矩阵:$\boldsymbol{\Delta}=\begin{bmatrix}\cos\alpha & \sin\alpha & 0\\ -\sin\alpha & \cos\alpha & 0\\ 0 & 0 & 1\end{bmatrix}=\begin{bmatrix}-1 & 0 & 0\\ 0 & -1 & 0\\ 0 & 0 & 1\end{bmatrix}$

则$\begin{bmatrix}x\\ y\\ z\end{bmatrix}=\begin{bmatrix}\cos\alpha & \sin\alpha & 0\\ -\sin\alpha & \cos\alpha & 0\\ 0 & 0 & 1\end{bmatrix}\begin{bmatrix}1\\ 2\\ 3\end{bmatrix}=\begin{bmatrix}-1\\ -2\\ 3\end{bmatrix}$

即$x=-1$, $y=-2$, $z=3$。

对称轴为三次时，$\alpha=\dfrac{360^\circ}{n}=\dfrac{360^\circ}{3}=120^\circ$，转换矩阵：$\boldsymbol{\Delta}=\begin{pmatrix}\cos\alpha & \sin\alpha & 0\\ -\sin\alpha & \cos\alpha & 0\\ 0 & 0 & 1\end{pmatrix}=$

$$\begin{pmatrix}-\dfrac{1}{2} & \dfrac{\sqrt{3}}{2} & 0\\ -\dfrac{\sqrt{3}}{2} & -\dfrac{1}{2} & 0\\ 0 & 0 & 1\end{pmatrix}$$

则 $\begin{pmatrix}x\\ y\\ z\end{pmatrix}=\begin{pmatrix}\cos\alpha & \sin\alpha & 0\\ -\sin\alpha & \cos\alpha & 0\\ 0 & 0 & 1\end{pmatrix}\begin{pmatrix}1\\ 2\\ 3\end{pmatrix}=\begin{pmatrix}\dfrac{2\sqrt{3}-1}{2}\\ -\dfrac{\sqrt{3}+2}{2}\\ 3\end{pmatrix}$

即 $x=\dfrac{2\sqrt{3}-1}{2}$，$y=-\dfrac{\sqrt{3}+2}{2}$，$z=3$。

对称轴为四次时，$\alpha=\dfrac{360^\circ}{n}=\dfrac{360^\circ}{4}=90^\circ$，转换矩阵：$\boldsymbol{\Delta}=\begin{pmatrix}\cos\alpha & \sin\alpha & 0\\ -\sin\alpha & \cos\alpha & 0\\ 0 & 0 & 1\end{pmatrix}=$

$$\begin{pmatrix}0 & 1 & 0\\ -1 & 0 & 0\\ 0 & 0 & 1\end{pmatrix}$$

则 $\begin{pmatrix}x\\ y\\ z\end{pmatrix}=\begin{pmatrix}\cos\alpha & \sin\alpha & 0\\ -\sin\alpha & \cos\alpha & 0\\ 0 & 0 & 1\end{pmatrix}\begin{pmatrix}1\\ 2\\ 3\end{pmatrix}=\begin{pmatrix}2\\ -1\\ 3\end{pmatrix}$

即 $x=2$，$y=-1$，$z=3$。

对称轴为六次时 $\alpha=\dfrac{360^\circ}{n}=\dfrac{360^\circ}{6}=60^\circ$，转换矩阵：$\boldsymbol{\Delta}=\begin{pmatrix}\cos\alpha & \sin\alpha & 0\\ -\sin\alpha & \cos\alpha & 0\\ 0 & 0 & 1\end{pmatrix}=$

$$\begin{pmatrix}\dfrac{1}{2} & \dfrac{\sqrt{3}}{2} & 0\\ -\dfrac{\sqrt{3}}{2} & \dfrac{1}{2} & 0\\ 0 & 0 & 1\end{pmatrix}$$

则 $\begin{pmatrix}x\\ y\\ z\end{pmatrix}=\begin{pmatrix}\cos\alpha & \sin\alpha & 0\\ -\sin\alpha & \cos\alpha & 0\\ 0 & 0 & 1\end{pmatrix}\begin{pmatrix}1\\ 2\\ 3\end{pmatrix}=\begin{pmatrix}\dfrac{1+2\sqrt{3}}{2}\\ \dfrac{2-\sqrt{3}}{2}\\ 3\end{pmatrix}$

即 $x=\dfrac{1+2\sqrt{3}}{2}$，$y=\dfrac{2-\sqrt{3}}{2}$，$z=3$。

1.11 如果一空间点坐标为(x, y, z)，经L_i^6的作用，它将变换到空间的另一点(X, Y, Z)，试给出两者的关系表达式。

答：$L_i^6 = L^3 + P$，转换矩阵$\boldsymbol{\Delta} = \begin{pmatrix} -\frac{1}{2} & -\frac{\sqrt{3}}{2} & 0 \\ \frac{\sqrt{3}}{2} & -\frac{1}{2} & 0 \\ 0 & 0 & -1 \end{pmatrix}$

所以 $(X, Y, Z)^{\mathrm{T}} = \begin{pmatrix} -\frac{1}{2} & -\frac{\sqrt{3}}{2} & 0 \\ \frac{\sqrt{3}}{2} & -\frac{1}{2} & 0 \\ 0 & 0 & -1 \end{pmatrix} \begin{pmatrix} x \\ y \\ z \end{pmatrix} = \left(-\frac{1}{2}x - \frac{\sqrt{3}}{2}y, \frac{\sqrt{3}}{2}x - \frac{1}{2}y, -z\right)^{\mathrm{T}}$

即 $X = -\frac{1}{2}x - \frac{\sqrt{3}}{2}y$，$Y = \frac{\sqrt{3}}{2}x - \frac{1}{2}y$，$Z = -z$

1.12 区别以下几个易混淆的点群国际符号，并作出其对称元素的极射赤面投影；23 与 32，$3m$ 与 $m3$，$3m$ 与 $\bar{3}m$，$6/mmm$ 与 $6m$，$4/mmm$ 与 mmm。

答：23＝立方 $3L^2 4L^3$；32 ＝ 菱方 $L^3 3L^2$。极图为解图 1-8。

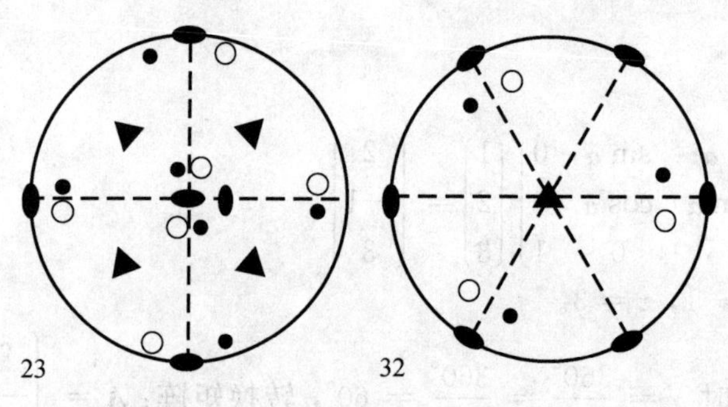

解图 1-8

$3m$ ＝ 菱方 $L^3 3P$；$m3$ ＝ 立方 $3L^2 4L^3 3PC$。极图为解图 1-9。

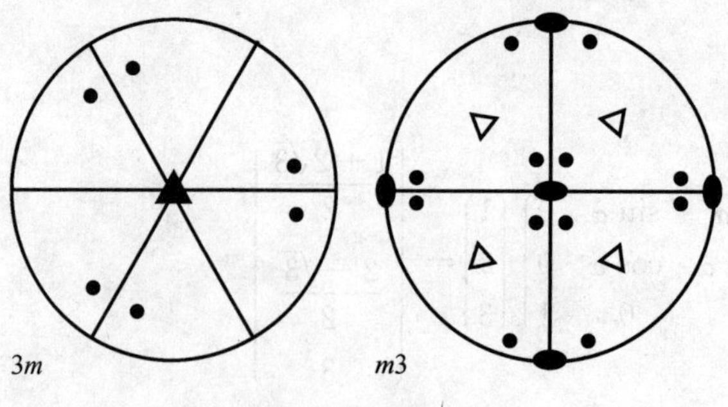

解图 1-9

$3m$ = 菱方 $L^3 3P$；$\bar{3}m$ = 菱方 $L^3 3L^2 3PC$。极图为解图 1-10。

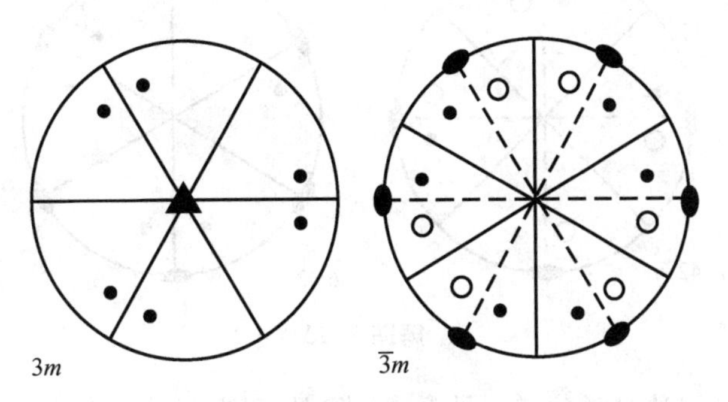

解图 1-10

$6/mmm$ = 六方 $L^6 6L^2 7PC$；$6m$ = 六方 $L^6 6P(6mm)$。极图为解图 1-11。

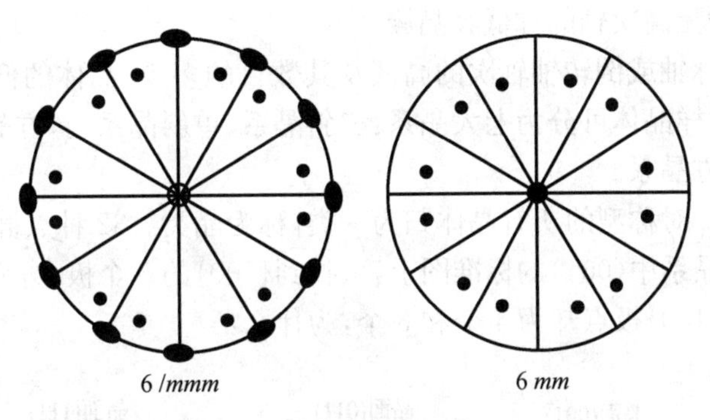

解图 1-11

$4/mmm$ = 四方 $L^4 4L^2 5PC$；mmm = 斜方 $3L^2 3PC$。极图为解图 1-12。

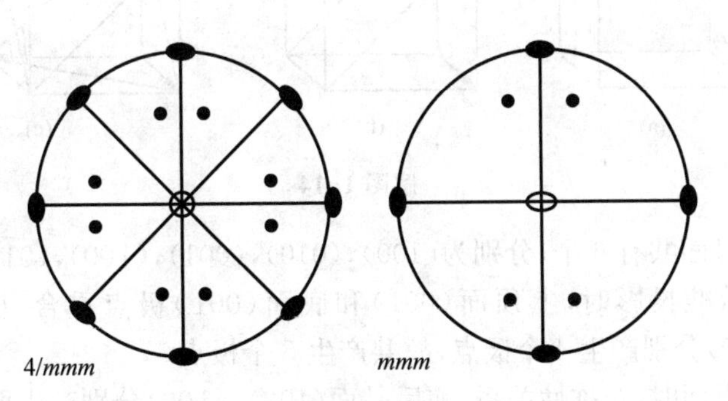

解图 1-12

1.13 对点群 $\bar{4}2m$ 和 $\bar{6}m2$ 进行极射赤面投影，两者间的差别在哪里？按照国际符号规定的方向意义，说明两者点群中二次轴和对称面与晶轴之间的关系。

答：极图为解图 1-13。

$\bar{4}2m = 4L_i^4 2L^2 2P$，2 个二次轴，四方，唯一高次轴为 4 次轴。

$\bar{6}m2 = L_i^6 3L^2 3P$，3 个二次轴，六方，唯一高次轴为 6 次轴。

对称面与二次轴均为平行关系。

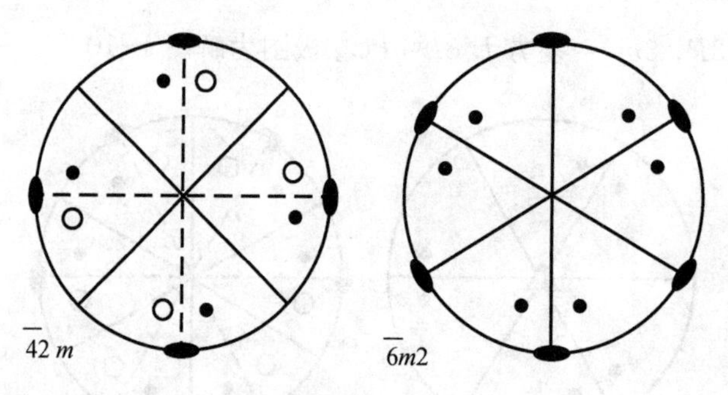

解图 1-13

1.14 总结晶体对称分类(晶轴、晶系、晶类)的原则。

答: 晶族　依据对称元素中有无高次轴及高次轴的多少,可将晶体分为高级、中级和低级三大晶族。当对称型中的高次轴多于一个的为高级晶族;对称型中只有一个高次轴的称中级晶族;对称型中无高次轴的称低级晶族。

晶系　依据对称轴或倒转轴轴次的高低及其数目的多少,晶体的低级和中级晶族分别衍生出三大晶系,这样晶体可分为七大晶系:三斜晶系、单斜晶系、斜方晶系、正方晶系、菱方晶系、六方晶系、立方晶系。

晶类　属于同一对称型的所有晶体归为一类,称为晶类。32 种点群即 32 种晶类。

1.15 在立方晶系中(001)的标准图上,可找到{100}的 5 个极点,而在(011)和(111)的标准图上能找到的{100}极点却为 4 个和 3 个,为什么?

答:

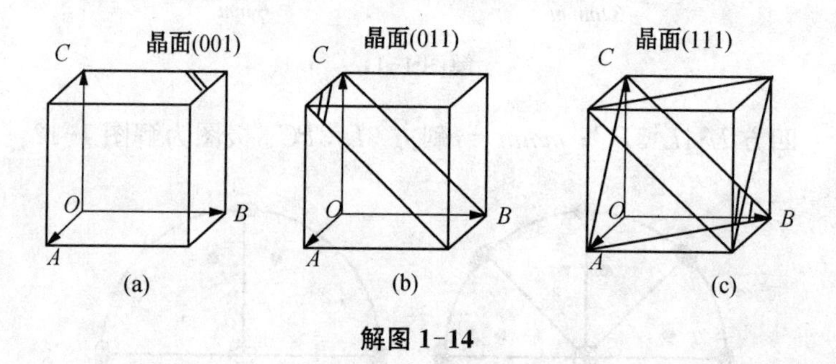

解图 1-14

立方系中{001}面共有 6 个,分别为(100),(010),(001),($\bar{1}$00),(0$\bar{1}$0),(00$\bar{1}$),以(001)晶面为投影面的标准投影时,上顶面(001)和底面(00$\bar{1}$)极点重合,而四个侧面(100),(010),($\bar{1}$00),(0$\bar{1}$0)分别产生 4 个极点,故共产生 5 个极点。

{011}面为投影面时,对称性关系,前后晶面(100),($\bar{1}$00)分别产生两个极点,而另 4 个晶面极射赤面投影两两重合,产生 2 个极点,故共产生 4 个极点。

{111}面为投影面时,对称性关系,相邻三个晶面分别产生 3 个极点,与另三个相邻晶面产生的极点在(111)投影面两两重合,故共产生 3 个极点。

1.16 晶体上一对互相平行的晶面,它们在极射赤面投影图上表现为什么关系?

答: 平行晶面的法线共线,在投影面同侧的平行晶面,其球面投影的极点共点,其极射赤面投影为同一个点。在投影面另一侧的平行晶面的极射赤面投影也为一个点,这两点对称于投影面中心。

1.17 投影图上与某大圆上任一点间的角距均为 90°的点,称为该大圆的极点;反之,该大圆则称为该投影点的极线大圆，试问：(1)一个大圆及其极点分别代表空间的什么几何因素？(2)如何在投影图中求出已知投影点的极线大圆？

答： 一个大圆代表一个晶带，大圆上的各极点分别代表同一晶带轴的系列晶带面。与晶带大圆凹侧相距 90°的极点即为该晶带轴的迹点，晶带面共同平行于晶带轴，各晶带面的法线共面。

连接投影点与球心并延长至 90°处，过球心作该连线的垂直线交于大圆得直径两端点，由两端点和 90°处的极点作过直径的大圆弧即为极线大圆。

1.18 讨论并说明，一个晶面在与赤道平面平行、斜交和垂直的时候，该晶面的投影点与投影基圆之间的位置关系。

答： 一个晶面在与赤道平面平行时，其极点为南极或北极点，再投影即为基圆圆心。

一个晶面在与赤道平面斜交时，其晶面的极点在球面上，再投影即为圆心之外的点。

一个晶面在与赤道平面垂直时，其晶面的极点在赤道圆上，再投影仍在赤道圆上，组成基圆圆周。

1.19 判别下列哪些晶面属于$[\bar{1}11]$晶带：$(\bar{1}\bar{1}0)$，(231)，(123)，(211)，(212)，$(\bar{1}01)$，$(1\bar{3}3)$，$(1\bar{1}2)$，$(\bar{1}3\bar{2})$。

答： 由晶带定律 $hu+kv+lw=0$ 进行验证即可。$(\bar{1}\bar{1}0)$，(211)，$(1\bar{1}2)$，$(\bar{1}\bar{3}2)$，为其晶带面。

1.20 计算晶面$(\bar{3}11)$与$(\bar{1}\bar{3}2)$的晶带轴指数。

答： 通过公式计算其晶带轴指数：$u=\begin{vmatrix} k_1 & l_1 \\ k_2 & l_2 \end{vmatrix}$，$v=\begin{vmatrix} l_1 & h_1 \\ l_2 & h_2 \end{vmatrix}$，$w=\begin{vmatrix} h_1 & k_1 \\ h_2 & k_2 \end{vmatrix}$，得$[uvw]=[112]$

1.21 画出 Fe_2B 在平行于晶面(010)上的部分倒易点。Fe_2B 为正方晶系，点阵参数 $a=b=0.510\ \text{nm}$，$c=0.424\ \text{nm}$。

答： 由正方晶系转化到倒阵空间。

由 $\boldsymbol{a}^*=\dfrac{\boldsymbol{b}\times\boldsymbol{c}}{\boldsymbol{a}\cdot(\boldsymbol{b}\times\boldsymbol{c})}$，$\boldsymbol{b}^*=\dfrac{\boldsymbol{c}\times\boldsymbol{a}}{\boldsymbol{b}\cdot(\boldsymbol{c}\times\boldsymbol{a})}$，$\boldsymbol{c}^*=\dfrac{\boldsymbol{a}\times\boldsymbol{b}}{\boldsymbol{c}\cdot(\boldsymbol{a}\times\boldsymbol{b})}$

得倒空间的单位矢量：$\boldsymbol{a}^*//\boldsymbol{a}, a^*=\dfrac{1}{a}=\dfrac{1}{0.51}$；$\boldsymbol{b}^*//\boldsymbol{b}$，$b^*=\dfrac{1}{b}=\dfrac{1}{0.51}$；$\boldsymbol{c}^*//\boldsymbol{c}$，$c^*=\dfrac{1}{c}=\dfrac{1}{0.42}$；

以 $\boldsymbol{a}^*$，$\boldsymbol{b}^*$，$\boldsymbol{c}^*$ 为倒空间的单位矢量作出倒空间，标出(010) 阵点 A。与(010)平行的系列晶面在倒空间中即为同列的系列阵点，见解图 1-15。

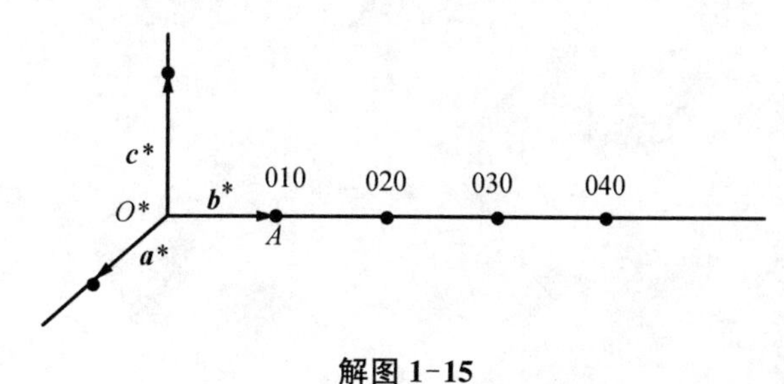

解图 1-15

1.22 试将(001)标准投影图转化成(111)标准投影图。

答:将(001)标准投影图中的(111)极点沿其与(001)极点的连线(直线)转至投影中心原(001)的位置,其他所有极点都绕(001)极点与(111)极点的连线,且过原(001)点的法线转轴沿相应的纬线转动同一角度得到。

第 2 章　X 射线的物理基础

本章主要介绍了 X 射线的产生的背景、原理、本质特点及其与固体物质的作用，分为 2 个知识点进行介绍。

2.1　本章小结

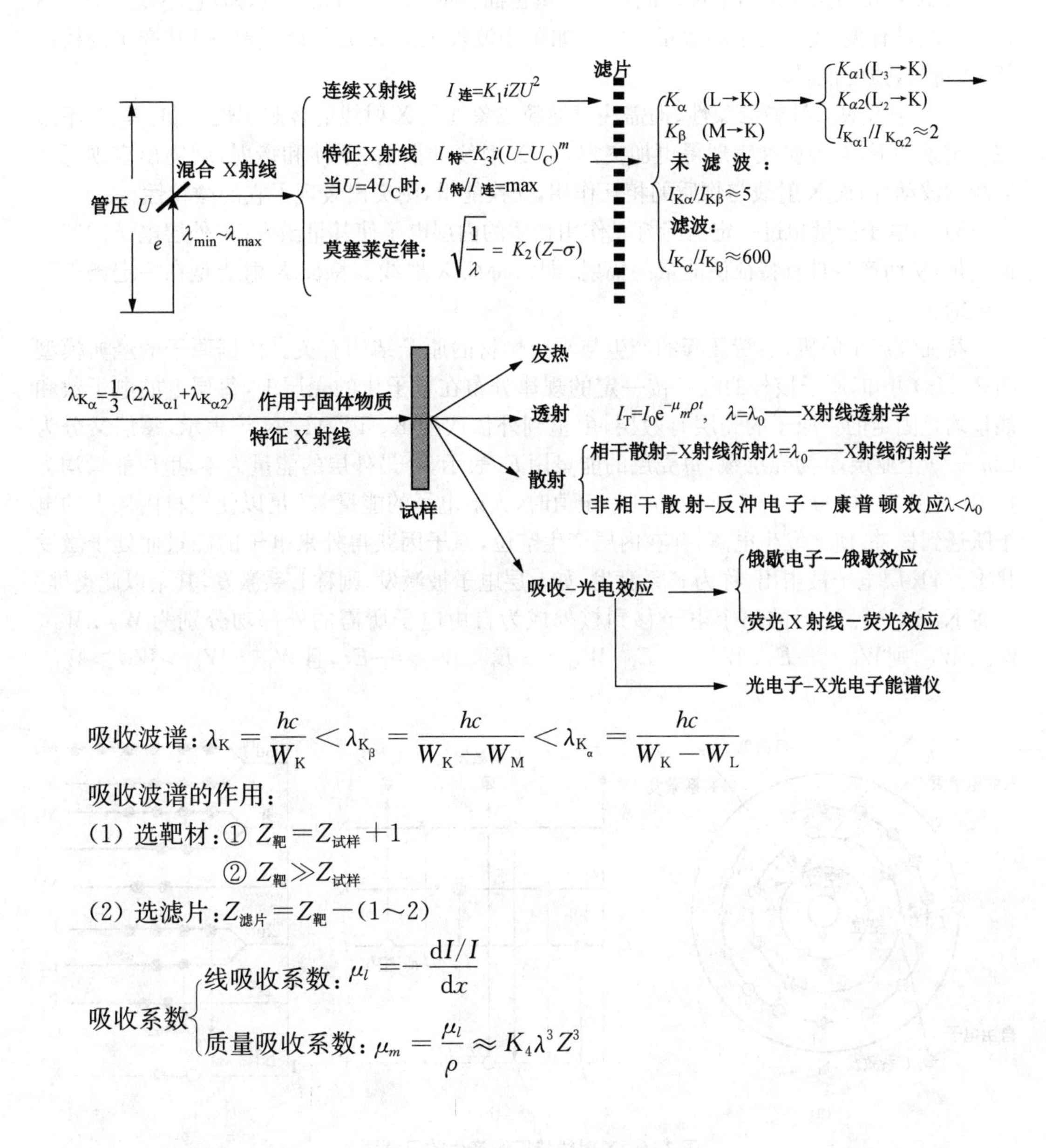

吸收波谱：$\lambda_K=\frac{hc}{W_K}<\lambda_{K_\beta}=\frac{hc}{W_K-W_M}<\lambda_{K_\alpha}=\frac{hc}{W_K-W_L}$

吸收波谱的作用：

(1) 选靶材：① $Z_{靶}=Z_{试样}+1$

② $Z_{靶}\gg Z_{试样}$

(2) 选滤片：$Z_{滤片}=Z_{靶}-(1\sim 2)$

吸收系数
- 线吸收系数：$\mu_l=-\frac{dI/I}{dx}$
- 质量吸收系数：$\mu_m=\frac{\mu_l}{\rho}\approx K_4\lambda^3 Z^3$

2.2 知识点1-X射线的产生

2.2.1 知识点1注意点

1）X射线是电子束中的电子与物质原子碰撞产生的，每碰撞一次产生一次辐射即一个X光子，当电子束中大量电子碰撞时则产生能量连续变化的X光子即连续X射线。

2）当电子与物质仅发生一次碰撞产生一次辐射即产生一个X光子时，该光子具有最大能量即最小波长或最高频率，即波长限。由于发生概率低，故其强度十分弱。

3）X射线的强度是指单位时间内通过单位面积的X光子的能量总和，它不仅与单个X光子的能量有关，还与光子的数量有关。如单个波长限的X光子能量高，但其产生的概率低，数量少，强度很弱。

4）X射线具有波粒二象性，但需注意波粒二象性是X射线的客观属性、同时具有，不过在一定条件下，某种属性表现得更加突出，如X射线的散射、干涉和衍射，就突出表现了X射线的波动性；而X射线与物质的相互作用，交换能量，则突出表现了它的微粒性。

5）当电子能量超过一定值能打飞作用物质的内层电子使其呈激发态，外层电子回归占据空位，从而产生具有特征值能量的辐射，即为特征X射线。特征X射线是在一定条件下产生的。

特征峰产生的机理：特征峰的产生与阳极靶材的原子结构有关。依据原子的经典模型图2-1(a)可知，原子核外的电子按一定的规律分布在量子化的壳层上，每层上的电子数和能量均是固定的。原子的壳层有数层，由里到外依次用K、L、M、N等表示，每层又分为$(2n-1)$个亚层，n为壳层数，每壳层的能量用E_n表示，令最外层的能量为零，里层能量均为负值(见图2-1(b))。当管压U达到一定值时，入射电子的能量eU足以使靶材内层上的电子跃迁到核外，使之发生电离，并在内层产生空位，原子因获得外来电子的能量而处于激发状态。当K层电子被击出，称为K系激发。如L层电子被激发，则称L系激发，其余以此类推。设将K、L、M、N层的单个电子移到核外成为自由电子所需的外部功分别为W_K、W_L、W_M、W_N，则$W_K=-E_K$、$W_L=-E_L$、$W_M=-E_M$、$W_N=-E_N$，且$W_K>W_L>W_M>W_N$。

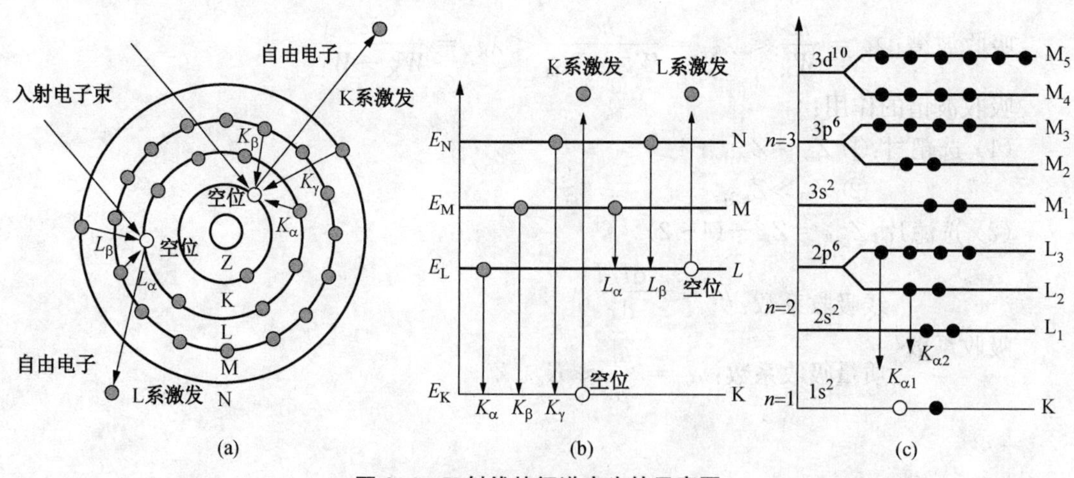

图2-1 X射线特征谱产生的示意图

当入射电子的能量 eU 分别大于或等于 W_K、W_L、W_M、W_N 时，可使核外K、L、M、N层上的电子摆脱核的束缚，成为自由电子，并留下空位，此时，原子处于不稳定的激发状态。

处于激发状态的原子有自发回到稳定状态的倾向，外层电子将进入内层空位，同时原子的能量降低，释放的能量以X射线的形式辐射出来。由于靶材确定时，能级差也一定，故辐射的X射线的能量也一定，即特征X射线具有确定的波长。

当入射电子的能量大于或等于 W_K 时，K层电子被击出，留下空位，原子呈K激发态，此时L层、M层、N层上的电子均有可能填补K层空位，产生K系列辐射。当邻层L层上电子回填时，产生的辐射称为 K_α 辐射，M层上电子回填时产生的辐射称 K_β 辐射，类推N层上电子回填产生的辐射称为 K_γ 辐射。特征X射线的能量：

$$h\nu_{K_\alpha} = W_K - W_L \tag{2-1}$$

$$h\nu_{K_\beta} = W_K - W_M \tag{2-2}$$

$$h\nu_{K_\gamma} = W_K - W_N \tag{2-3}$$

由于 $$W_L > W_M > W_N$$

所以

$$h\nu_{K_\alpha} < h\nu_{K_\beta} < h\nu_{K_\gamma} \tag{2-4}$$

即：

$$\lambda_{K_\alpha} > \lambda_{K_\beta} > \lambda_{K_\gamma} \tag{2-5}$$

由于回填的概率 $(L \to K) > (M \to K) > (N \to K)$，故 $I_{K_\alpha} > I_{K_\beta} > I_{K_\gamma}$，常见的特征峰仅有 K_α 和 K_β 两种。

当然，L层电子回填后，L层上留下空位，就形成L激发态，更外层的电子将回填到L层，产生L系列辐射，即 L_α、L_β、L_γ 等。此时：

$$h\nu_{L_\alpha} = W_L - W_M \tag{2-6}$$

$$h\nu_{L_\beta} = W_L - W_N \tag{2-7}$$

$$h\nu_{L_\gamma} = W_L - W_O \tag{2-8}$$

因为 $$W_M > W_N > W_O$$

得：

$$h\nu_{L_\alpha} < h\nu_{L_\beta} < h\nu_{L_\gamma} \tag{2-9}$$

即：

$$\lambda_{L_\alpha} > \lambda_{L_\beta} > \lambda_{L_\gamma} \tag{2-10}$$

需要说明的是：当 Z 足够大，在产生K系列辐射的同时，还将产生L系列、M系列和N系列等辐射。但由于K系列辐射的波长小于L、M、N等系列，未被窗口完全吸收，而L、M、N等系列的辐射则因波长较长，均被窗口吸收，故通常所见到的特征辐射均是K系列辐射。

在 K_α 特征峰中，又分裂成两个峰 $K_{\alpha1}$ 和 $K_{\alpha2}$，这是由于L层有3个亚层 L_1、L_2、L_3，如

图 2-1(c)所示。各亚层上的电子能量又不相同,由于 L_1 亚层与 K 层具有相同的角量子数,即 $\Delta l = 0$,这不满足产生辐射的选择条件,故无辐射发生。而 L_2 和 L_3 亚层上的电子可回填到 K 层产生辐射,此时

$$h\nu_{K_{\alpha1}} = W_K - W_{L_3} \tag{2-11}$$

$$h\nu_{K_{\alpha2}} = W_K - W_{L_2} \tag{2-12}$$

因为 $$W_{L_3} < W_{L_2}$$

所以 $$h\nu_{K_{\alpha1}} > h\nu_{K_{\alpha2}} \text{ 即 } \lambda_{K_{\alpha1}} < \lambda_{K_{\alpha2}}$$

因 L_3 亚层回填的概率高于 L_2 亚层上的电子,故 $K_{\alpha1}$ 的强度高于 $K_{\alpha2}$,一般 $I_{K_{\alpha1}} \approx 2I_{K_{\alpha2}}$,通常取 $I_{K_\alpha} = \frac{1}{3}(2I_{K_{\alpha1}} + I_{K_{\alpha2}})$。

特征谱线的强度公式:

$$I_{特} = K_3 i(U - U_C)^m \tag{2-13}$$

式中:K_3 为常数;i 为管流;U 为管压;U_C 为特征谱的激发电压,m 为指数(K 系 $m = 1.5$,L 系 $m = 2$)。

在晶体衍射中,总希望获得以特征谱为主的单色光源,即尽可能高的 $I_{特}/I_{连}$,由式 $I_{连} = K_1 iZU^2$ 和式 2-13 可推算得,对 K 系谱线,在 $U = 4U_C$ 时,$I_{特}/I_{连}$ 获得最大值,故管压通常取 $(3 \sim 5)U_C$。

特征 X 射线的波长与原子序数 Z 一一对应,即为莫塞莱定律:$\sqrt{\frac{1}{\lambda}} = K_2(Z - \sigma)$。

2.2.2 知识点 1 选择题

1. X 射线是一种电磁波,波长范围在(　　)

(A) 0.001~10 nm　　(B) $10^{-6} \sim 10^{-2}$ nm

(C) 390~770 nm　　(D) 0.1~100 cm

2. X 射线不具有以下性质(　　)

(A) 波粒二象性　　(B) 杀伤性　　(C) 可见性　　(D) 强穿透性

3. X 射线具有波粒二象性是指(　　)

(A) 在一定条件下表现为波动性,而在另一条件下又可表现为粒子性

(B) 同时表现为波动性和粒子性,各占 50%

(C) 波动性为主,粒子性为辅

(D) 粒子性为主,波动性为辅

4. X 射线的强度是指(　　)

(A) 单位面积通过的 X 光子总能量

(B) 单位面积通过所有 X 光子中最高能量光子的能量

(C) 单位面积通过所有 X 光子中最低能量光子的能量

(D) 即为所有 X 光子的总能量

5. 电子束碰撞靶材产生特征 X 射线取决于(　　)

(A) 管压 U (B) 原子序数 Z (C) 最外层电子数 (D) 核外壳层的层数

6. 光电子是指(　　)

(A) X 射线(光量子)作用物质后,激发束缚松的外层电子使之成为自由电子,具有特征能量

(B) X 射线(光量子)作用物质后,激发束缚紧的内层电子使之成为自由电子,具有特征能量

(C) X 射线(光量子)作用物质后,激发束缚紧的内层电子使之成为自由电子,不具特征能量

(D) X 射线(光量子)作用物质后,激发束缚松的外层电子使之成为自由电子,不具特征能量

7. 反冲电子是指(　　)

(A) 束缚较松的外层电子或自由电子吸收了部分 X 射线(光量子)的能量而产生的,使 X 射线的能量降低,波长增加

(B) 束缚较松的外层电子或自由电子吸收了部分 X 射线(光量子)的能量而产生的,使 X 射线的能量增加,波长变短

(C) 束缚较紧的内层电子或自由电子吸收了部分 X 射线(光量子)的能量而产生的,使 X 射线的能量降低,波长增加

(D) 束缚较紧的内层电子或自由电子吸收了部分 X 射线(光量子)的能量而产生的,使 X 射线的能量增加,波长变短

8. X 射线的折射率≈1,意味着(　　)

(A) 在穿越不同媒质时,方向几乎不变。电场和磁场均能改变其传播方向

(B) 在穿越不同媒质时,方向几乎不变。电场能但磁场不能改变其传播方向

(C) 在穿越不同媒质时,方向几乎不变。电场不能但磁场能改变其传播方向

(D) 在穿越不同媒质时,方向几乎不变。电场和磁场均不能改变其传播方向

9. 如果采用 Cu(Z=29)靶 X 光照相,错用了 Fe(Z=26)滤片,会产生(　　)

(A) 特征 λ_{K_α} 被大量吸收,使衍射强度急剧增加

(B) 特征 λ_{K_β} 被大量吸收,使衍射强度急剧下降

(C) 特征 λ_{K_α}、λ_{K_β} 均被大量吸收,使衍射强度急剧增加

(D) 特征 λ_{K_α} 被大量吸收,而特征 λ_{K_β} 未被大量吸收,使衍射强度急剧下降

10. 为防护 X 射线一般采用(　　)

(A) 重金属 Pb (B) 轻金属 Be (C) 轻金属 Mg (D) 轻金属 Al

答案:ACAAA, BADDA

2.3 知识点 2-X 射线与物质的作用

2.3.1 知识点 2 注意点

1) 电子束轰击靶材所产生的 X 射线通过滤片剩下波长为 λ_{K_α} 的特征 X 射线,用于作用物质进行衍射分析。X 射线作用物质会产生多种现象,如发热、散射、吸收、透射等。

2）光电效应光电子是束缚紧的内层被打飞的电子，而反冲电子则是束缚松的外层被打飞的电子。

3）相干散射与非相干散射是从波动特性的角度出发的，弹性散射与非弹性散射是从能量角度出发的。

4）激发限波长 λ_K 与前面讨论的连续特征谱的波长限 λ_0 形式相似。λ_K 是能产生二次特征 X 射线所需的入射 X 射线的临界波长，是与作用物质一一对应的常数。而 λ_0 是连续 X 射线谱的最小波长，是随管压的增加而减小的变量。

5）二次特征 X 射线是由一次特征 X 射线作用物质（试样）后产生的，而连续 X 射线是由电子束作用物质（靶材）后产生的。

6）激发限波长 λ_K 是 X 射线激发物质（试样）产生光电效应的特定值，入射 X 射线的部分能量转化为光电子的能量，即 X 射线被吸收。

7）从 X 射线被吸收的角度而言，λ_K 又可称为吸收限，即当 X 射线的波长小于 λ_K 时，X 射线的能量能激发物质产生光电子，使物质处于激发态，入射 X 射线的能量被转化为光电子的动能。

X 射线与物质的相互作用中，相干散射可以产生衍射花样，并由此推断物质的结构，这是晶体衍射学的基础；X 射线作用物质后产生的俄歇电子、光电子和荧光 X 射线均具有反映物质成分的信息，可用于物质的成分分析；X 射线作用物质后引起强度衰减，其衰减的程度、规律与物质的组成、厚度有关，这构成了 X 射线透射学的基础。

2.3.2 知识点 2 选择题

1. 光谱分析的基础是（　）

(A) 特征 X 射线、莫塞莱公式　　(B) 连续 X 射线

(C) 连续 X 射线的波长限 λ_0　　(D) 连续 X 射线的峰值 λ_{max}

2. X 射线与物质发生非相干散射后，其波长将会（　）

(A) 增加　　(B) 减小　　(C) 不变　　(D) 不确定

3. X 射线与物质发生相干散射后，其波长将会（　）

(A) 增加　　(B) 减小　　(C) 不变　　(D) 不确定

4. 激发限波长 λ_K 是（　）

(A) 使 K 层电子离开形成空位、产生 K 激发态所需最小能量对应的波长，与物质一一对应的常数

(B) 使 L 层电子离开形成空位、产生 L 激发态所需最小能量对应的波长，与物质一一对应的常数

(C) 使 K 层电子离开形成空位、产生 K 激发态所需最大能量对应的波长，与物质一一对应的常数

(D) 使 L 层电子离开形成空位、产生 L 激发态所需最大能量对应的波长，与物质一一对应的常数

5. 光电效应是指（　）

(A) 入射 X 射线（入射光子）激发原子产生电子和辐射的过程

(B) 入射 X 射线（入射光子）激发分子产生电子和辐射的过程

(C) 入射 X 射线(入射光子)激发离子产生电子和辐射的过程

(D) 入射 X 射线(入射光子)激发原子产生特征辐射的过程

6. X 射线作用物质产生光电效应后,荧光效应和俄歇效应(　　)

(A) 均能产生,只是两者的概率不同而已

(B) 均能产生,两者的概率相同

(C) 均不能产生

(D) 光电效应后、荧光效应和俄歇效应之间无关联性

7. 质量吸收系数与线吸收系数相比(　　)

(A) 两者均能反映物质对 X 射线吸收的能力和本质

(B) 两者均不能反映物质对 X 射线吸收的能力和本质

(C) 后者更能反映物质对 X 射线吸收的能力和本质

(D) 前者考虑物质密度,从而更能反映单位质量物质对 X 射线吸收的能力和本质

8. 同一物质而言,存在以下关系(　　)

(A) $\lambda_K < \lambda_{K_\alpha} < \lambda_{K_\beta}$　　(B) $\lambda_K > \lambda_{K_\alpha} > \lambda_{K_\beta}$

(C) $\lambda_{K_\beta} < \lambda_K < \lambda_{K_\alpha}$　　(D) $\lambda_K < \lambda_{K_\beta} < \lambda_{K_\alpha}$

9. 选靶材的依据是(　　)

(A) 产生的特征 X 射线作用试样后不被试样大量吸收

(B) 产生的特征 X 射线作用试样后尽量被试样吸收

(C) 产生的特征 X 射线作用试样后可被试样大量吸收

(D) 产生的特征 X 射线作用试样后不被试样相干散射

10. 选滤片的依据是让靶材产生的 λ_{K_α}、λ_{K_β} 特征 X 射线尽可能(　　)

(A) 保留 λ_{K_α}、过滤 λ_{K_β}　　(B) 保留 λ_{K_β}、过滤 λ_{K_α}

(C) 同时保留 λ_{K_α}、λ_{K_β}　　(D) 同时过滤 λ_{K_α}、λ_{K_β}

答案: AACAD; ADDAA

2.4 本章思考题选答

2.1 X 射线的产生原理及其本质是什么? 具有哪些特性?

答: 电子束作用靶材发生碰撞所产生的,辐射各种 $h\nu$。X 射线本质上是一种电磁波,具有(1)波粒二象性;(2)不可见;(3)折射率≈1;(4)穿透性强,软 X 射线的波长与晶体的原子间距在同一量级上,易在晶体中发生散射、干涉和衍射,常用于晶体的微观结构分析。硬 X 射线常用于金属零件的探伤和医学上的透视分析;(5)杀伤作用等。

2.2 说明对于同一种材料存在以下关系: $\lambda_K < \lambda_{K_\beta} < \lambda_{K_\alpha}$。

答: 因为 $h\nu_K = W_K$ 得 $\lambda_K = \dfrac{hc}{W_K}$;同理 $h\nu_{K_\alpha} = W_K - W_L$ 得 $\lambda_{K_\alpha} = \dfrac{hc}{W_K - W_L}$; $h\nu_{K_\beta} = W_K - W_M$ 得 $\lambda_{K_\beta} = \dfrac{hc}{W_K - W_M}$。因为 $W_K > W_L > W_M$,所以,对于同一物质而言,$\lambda_K < \lambda_{K_\beta} < \lambda_{K_\alpha}$。

2.3 如果采用Cu靶X光照相，错用了Fe滤片，会产生什么现象？

答：

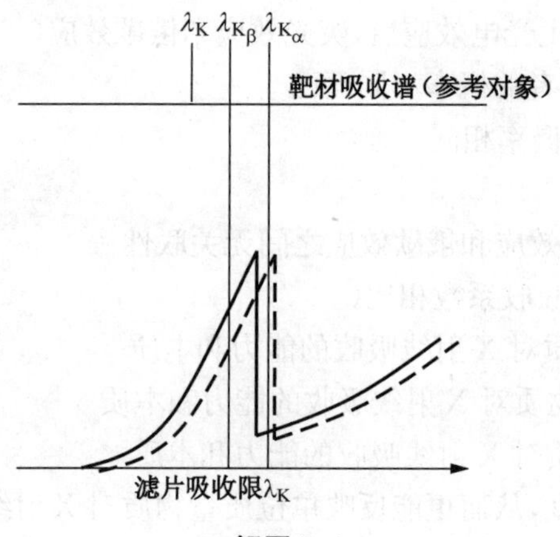

解图 2-1

铜靶材 $Z_{Cu}=29$，其滤片要求 $Z_{滤片}=Z_{靶}-(1\sim2)=29-(1\sim2)$，即 $Z=28$ 或 27 即可，吸收波 λ_K 如实线所示，λ_{K_α} 位于吸收波 λ_K 的波谷处。而 $Z_{Fe}=26$，低于理想值，即铁的吸波 λ_K 波峰在理想位置的右侧见虚线位置，此时可能大量吸收 λ_{K_α}，使衍射花样强度大幅降低，甚至产生不了衍射峰。

2.4 特征X射线与荧光X射线的异同点。某物质的K系特征X射线的波长是否等于K系的荧光X射线？

答： 异点：(1)特征X射线是一次特征，是X射线衍射分析的信号源；而荧光X射线是二次特征，在荧光X射线分析仪中为信号源，而在X射线衍射分析中则是背底噪音。(2) 荧光X射线由X射线激发产生，荧光X射线的能量小于激发产生它的入射X射线的能量。或荧光X射线的波长一定大于入射X射线的波长。特征X射线一般由电子束激发产生。

同点：(1)均是特征X射线，具有特征能量，与产生的物质一一对应，均可作为物质成分分析的物理信号；(2)均需在特定的条件下产生。(3)具有X射线的共同特性。某物质的K系特征X射线的波长等于K系的荧光X射线的波长。

2.5 解释下列名词：相干散射，荧光辐射，非相干散射，吸收限，俄歇效应，连续X射线、特征X射线，质量吸收系数，光电效应。

答： 略。

2.6 连续谱产生的机理是什么？其短波限 λ_0 与吸收限 λ_K 有何不同？

答： 一个电子在管压 U 的作用下撞向靶材，其能量为 eU，每碰撞一次产生一次辐射，即产生一个能量为 $h\nu$ 的光子。若电子与靶材仅碰撞一次就耗完其能量，则该辐射产生的光子获得了最高能量 eU，即 $h\nu_{max}=eU=h\dfrac{c}{\lambda_0}$，则 $\lambda_0=\dfrac{hc}{eU}$，此时，X光子的能量最高，波长最短，故称为波长限，代入常数 h、c、e 后，波长限 $\lambda_0=\dfrac{1\ 240}{U}$。当电子与靶材发生多次碰撞才耗完其能量，则发生多次辐射，产生多个光子，每个光子的能量均小于 eU，波长均大于波长限 λ_0。由于电子与靶材的多次碰撞和电子数目大，从而产生各种不同能量的X射线，这就构成了连续 X 射线谱。连续谱有一个波长限(最小波长)λ_0,并随管压增加而减小,而吸收限 λ_K 不同于波长限。当产生 K 系激发时,入射 X 射线(或电子)的能量必须大于或等于将 K 层电子移出成为自由电子的外部做功 W_K,临界态时,K 系激发的激发频率和激发限波长的关系如下:$h\nu_K = h\dfrac{c}{\lambda_K} = W_K$,则 $\lambda_K = \dfrac{hc}{eU_K} = \dfrac{1\,240}{U_K}$(nm) 此时 ν_K、λ_K、U_k 分别称为 K 系的激发频率、激发限波长和激发电压。(1) 激发限波长 λ_K 与波长限 λ_0 形式相似。λ_K 是能产生二次特征 X 射线所需的入射 X 射线的临界波长,是与物质一一对应的常数。而 λ_0 是连续 X 射线谱的最小波长,是随管压的增加而减小的变量。二次特征 X 射线是由一次特征 X 射线作用物质(试样)后产生的,而连续 X 射线是由电子束作用物质(靶材)后产生的。(2)激发限波长 λ_K 是 X 射线激发物质(试样)产生光电效应的特定值,入射 X 射线的部分能量转化为光电子的能量,即 X 射线被吸收,对作用的物质而言 λ_K 为常数。

2.7 为什么会出现吸收限? K 吸收限仅有一个,而 L 吸收限却有 3 个? 当激发 K 系荧光 X 射线时,能否伴生 L 系? 当 L 系激发时能否伴生 K 系?

答: 当光子或电子能量高于一定值时,会发生激发态,使原子外层电子被打飞,留下空位,被打飞的电子成为自由电子,留下空位原子就不稳定,呈激发态,此时外层电子回迁填补空位,又会产生系列辐射。在所有激发态中,仅有 K 层激发所需的能量最高,即物质对外吸收的能力最强,故存在吸收限 λ_K。

K 层中仅一层,故只有一个吸收限,而在 L 层中,有 3 个亚层,其能量各不相同,故存在 3 个吸收限。

从能量角度看,在产生 K 系荧光 X 射线时,必然产生 L 系激发,但产生 L 系激发时,由于能量不够,无法产生 K 系激发。

2.8 质量吸收系数与线吸收系数的物理意义是什么?

答: μ_m 为质量吸收系数,反映了单位质量的物质量对 X 射线的衰减程度。对一定波长的 X 射线和一定的物质来说 μ_m 为定值,不随物质的物理状态而变化。μ_l 为物质的线吸收系数,反映了单位体积的物质对 X 射线的衰减程度,两者之间的关系为 $\mu_m = \dfrac{\mu_l}{\rho}$。

2.9 X 射线实验室中的铅玻璃至少为 1 mm,试计算这种铅屏对 CuK_α、MoK_α 辐射的透射系数为多少?

答: $\dfrac{I_T}{I_0}$ 为透射系数,μ_l 为物质的线吸收系数。

铅的密度为 11.34 g/cm^3,铅对 CuK_α 和 MoK_α 的质量吸收系数查表得分别为 241 cm^2/g 和 141 cm^2/g。

故铅对 Cu 和 Mo 的线吸收系数分别为 $\mu_{lCu} = 241 \times 11.34 = 2\,732.94\ \text{cm}^{-1}$,$\mu_{lMo} = 141 \times 11.34 = 1\,598.94\ \text{cm}^{-1}$。

$t = 0.1$ cm,代入 $\dfrac{I_T}{I_0} = e^{-\mu_l \cdot t}$,得铅对 CuK_α 和 MoK_α 的透射系数分别为:$e^{-273.3}$ 和 $e^{-159.9}$。

2.10 试计算当管压为 50 kV 时,X 射线管中电子击靶时的速度和动能各是多少,靶所发射的连续 X 射线谱的短波限和光子的最大能量是多少?

答: (1) $eU = h\nu_{\max}$，得 $\nu_{\max} = \dfrac{eU}{h} = 1.36 \times 10^{19}$ Hz

(2) $\lambda_0 = \dfrac{1\ 240}{U} = 0.024\ 8$ nm

(3) $eU = \dfrac{1}{2}mv^2$, $v = \sqrt{\dfrac{2eU}{m}} = 1.325 \times 10^8$ m/s

(4) $E_k = \dfrac{1}{2}mv^2 = 8.01 \times 10^{-15}$ J

第 3 章　X 射线的衍射原理

本章主要介绍 X 射线的衍射原理，包括衍射方向和衍射强度，共分 6 个知识点介绍。

3.1　本章小结

- 衍射方向
  - 劳埃方程
    - 一维　标量式：$a\cos\alpha - a\cos\alpha_0 = h\lambda$　矢量式：$\boldsymbol{a}\cdot(\boldsymbol{s}-\boldsymbol{s}_0) = h\lambda$
    - 二维　标量式 $\begin{cases} a\cos\alpha - a\cos\alpha_0 = h\lambda \\ b\cos\beta - b\cos\beta_0 = k\lambda \end{cases}$　矢量式：$\begin{cases} \boldsymbol{a}\cdot(\boldsymbol{s}-\boldsymbol{s}_0) = h\lambda \\ \boldsymbol{b}\cdot(\boldsymbol{s}-\boldsymbol{s}_0) = k\lambda \end{cases}$
    - 三维　标量式：$\begin{cases} a(\cos\alpha - \cos\alpha_0) = h\lambda \\ b(\cos\beta - \cos\beta_0) = k\lambda \\ c(\cos\gamma - \cos\gamma_0) = l\lambda \end{cases}$　矢量式：$\begin{cases} \boldsymbol{a}\cdot(\boldsymbol{s}-\boldsymbol{s}_0) = h\lambda \\ \boldsymbol{b}\cdot(\boldsymbol{s}-\boldsymbol{s}_0) = k\lambda \\ \boldsymbol{c}\cdot(\boldsymbol{s}-\boldsymbol{s}_0) = l\lambda \end{cases}$
  - 布拉格方程：$2d\sin\theta = n\lambda$
    - 布拉格方程讨论
    - 布拉格方程与劳埃方程的等价性
    - 布拉格方程的厄瓦尔德图解
    - 布拉格方程的应用
      - 结构分析
      - 成分分析
    - 常见衍射方法
      - 劳埃法：连续 X 射线照射不动单晶体→劳埃斑点
      - 转晶法：单色 X 射线照射转动单晶体→平行斑点
      - 粉末法：单色 X 射线照射多晶体粉末→系列弧对
  - 衍射矢量方程：$\dfrac{(\boldsymbol{s}-\boldsymbol{s}_0)}{\lambda} = \boldsymbol{r}^*$
- 衍射强度
  - 电子 e
    - 偏振入射：$I_e = I_0 \dfrac{e^4}{(4\pi\varepsilon_0)^2 m^2 c^4 R^2}\sin^2\varphi$
    - 非偏振入射：$I_e = I_0 \dfrac{e^4}{(4\pi\varepsilon_0)^2 m^2 c^4 R^2}\cdot\dfrac{1+\cos^2 2\theta}{2}$
  - 原子 a　$I_a = f^2 I_e$ 关于 f 的讨论：
    - ① 核外相干散射电子集中于一点时，$f = Z$
    - ② $2\theta = 0°$ 时，$f = Z$
    - ③ $\lambda = C$ 时，θ 增加，f 减小，且均小于 Z
    - ④ λ 接近吸收限 λ_K 时，f 会显著减小，出现反常散射
  - 单晶体 b　$I_b = F_{HKL}^2 \times I_e$
  - 多晶体 M　$I = \dfrac{I_0}{32\pi R}\cdot\dfrac{e^4}{(4\pi\varepsilon_0)^2 m^2 c^4}\cdot F_{HKL}^2\dfrac{\lambda^3}{V_0^2}\cdot V\cdot\dfrac{1+\cos^2 2\theta}{\sin^2\theta\cos\theta}\cdot P\cdot A$

结构因子 $F_{HKL}^2=\left[\sum_{j=1}^{n}f_j\cos 2\pi(HX_j+KY_j+LZ_j)\right]^2+\left[\sum_{j=1}^{n}f_j\sin 2\pi(HX_j+KY_j+LZ_j)\right]^2$

系统消光 $F_{HKL}^2=0$

点阵消光

简单点阵：$F_{HKL}^2=f^2$ 无消光，表示只要满足布拉格方程的晶面均具有衍射强度

底心点阵：$F_{HKL}^2=f^2[1+\cos(H+K)\pi]^2$

(1) 当 $H+K$ 为偶数时，$F_{HKL}^2=4f^2$；(2) 当 $H+K$ 为奇数时，$F_{HKL}^2=0$

体心点阵：$F_{HKL}^2=f^2[1+\cos(H+K+L)\pi]^2$

(1) 当 $H+K+L=$ 奇数时，$F_{HKL}^2=0$；(2) 当 $H+K+L=$ 偶数时，$F_{HKL}^2=4f^2$

面心点阵：$F_{HKL}^2=f^2[1+\cos(K+L)\pi+\cos(L+H)\pi+\cos(H+K)\pi]^2$

(1) 当 H、K、L 全奇或全偶时，$F_{HKL}^2=16f^2$；(2) 当 H、K、L 奇偶混杂时，$F_{HKL}^2=0$

结构消光

密排六方点阵：则 $F_{HKL}^2=4f^2\cos^2\left(\frac{H+2K}{3}+\frac{L}{2}\right)\pi$

(1) 当 $H+2K=3n,\ L=2n$ 时（n 为整数）：$F_{HKL}^2=4f^2$

(2) 当 $H+2K=3n,\ L=2n+1$ 时：$F_{HKL}^2=0$

(3) 当 $H+2K=3n\pm1,\ L=2n+1$ 时：$F_{HKL}^2=3f^2$

(4) 当 $H+2K=3n\pm1,\ L=2n$ 时：$F_{HKL}^2=f^2$

金刚石结构：$F_{HKL}^2=2F_F^2\left[1+\cos\frac{\pi}{2}(H+K+L)\right]$ 其中 F_F^2 为面心点阵的结构因子

(1) 当 H、K、L 奇偶混杂时，$F_F^2=0$，故 $F_{HKL}^2=0$

(2) 当 H、K、L 全奇时，$F_{HKL}^2=2F_F^2=2\times16f^2$

(3) 当 H、K、L 全偶，且 $H+K+L=4n$ 时（n 为整数），$F_{HKL}^2=64f^2$

(4) 当 H、K、L 全偶，$H+K+L\neq4n$ 时，则 $H+K+L=2(2n+1)$，$F_{HKL}^2=0$

NaCl 结构：

$$F_{HKL}=f_{Na}[1+\cos(H+K)\pi+\cos(K+L)\pi+\cos(L+H)\pi]+f_{Cl}[\cos(H+K+L)\pi+\cos L\pi+\cos K\pi+\cos H\pi]$$

(1) 当 H、K、L 奇偶混杂时，$F_{HKL}^2=0$；(2) 当 H、K、L 同偶时，$F_{HKL}^2=16(f_{Na}+f_{Cl})^2$；(3) 当 H、K、L 同奇时，$F_{HKL}^2=16(f_{Na}-f_{Cl})^2$

本章主要介绍 X 射线的衍射原理，包括衍射的方向和衍射的强度。衍射的方向由劳埃方程、布拉格方程决定，布拉格方程本质上是劳埃方程的一种简化，同时也是电子衍射的基础。X 射线的衍射方向依赖于晶胞的形状和大小。它解决了 X 射线衍射方向问题，但它仅是发生衍射的必要条件，最终能否产生衍射花样还取决于衍射强度，当衍射强度为零或很小

时，仍不显衍射花样。衍射强度取决于晶胞中原子的排列方式和原子种类，本章是以 X 射线的作用对象由小到大即从电子→原子→单胞→单晶体→单相多晶体→多相多晶体分别进行讨论的，最终导出了 X 射线作用于一般多晶体的相对衍射强度计算公式，并获得了影响衍射强度的一系列因素：结构因子、温度因子、多重因子、角因子，吸收因子等。衍射强度 I 与衍射角 2θ 之间的关系曲线即为晶体的衍射花样，通过衍射花样分析，可以获得有关晶体的晶胞类型、晶体取向等结构信息，并为 X 射线的应用打下理论基础。厄瓦尔德球是非常重要的几何球，又称反射球，其半径为 $\frac{1}{\lambda}$，与倒易点阵结合可以使复杂的衍射关系变得简洁明了，并可直观地判断衍射结果。只要倒易阵点与反射球相截就满足衍射条件可能产生衍射，但到底能否产生衍射花样还取决于结构因子是否为零。干涉函数 G^2 是倒易阵点的形状因子，决定了倒易阵点在倒空间中的形状，从而也决定了衍射束的形状，这将在电子衍射分析中详细介绍。衍射强度只是相对值，相对于入射强度是很小的 $\left(\approx\frac{1}{10^8}\right)$，也难于精确测量，衍射分析所需的也是相对值。

3.2 知识点 1-劳埃方程与布拉格方程

3.2.1 知识点 1 注意点

在 X 射线应用于晶体衍射时，入射方向和衍射方向之间的关系首先由劳埃建立，即劳埃方程组：

$$\begin{cases} \boldsymbol{a}\cdot(\boldsymbol{s}-\boldsymbol{s}_0)=h\lambda \\ \boldsymbol{b}\cdot(\boldsymbol{s}-\boldsymbol{s}_0)=k\lambda \\ \boldsymbol{c}\cdot(\boldsymbol{s}-\boldsymbol{s}_0)=l\lambda \\ \cos^2\alpha_0+\cos^2\beta_0+\cos^2\gamma_0=1 \\ \cos^2\alpha+\cos^2\beta+\cos^2\gamma=1 \end{cases} \tag{3-1}$$

由三维方向上分别满足衍射条件，即光程差为波长的整数倍，外加入射和衍射方向的余弦定律组成，衍射方向由该方程组确定，使用困难，为此布拉格在其基础上进行了 5 点假设，将 3 维空间中衍射转化为晶面衍射，此时的衍射方向由布拉格方程 $2d\sin\theta=n\lambda$ 决定，简洁明了，使用方便。其推导过程分特殊情况和一般情况两种。

1) 特殊情况下

即上下层原子在同一垂直线上，同层晶面上不同原子散射的光程差始终为零，即顶层晶面满足布拉格方程。不同层时的光程差由图 3-1(a)可得布拉格方程：

$$2d\sin\theta=n\lambda \tag{3-2}$$

2) 一般情况下

即上下层原子不在同一垂直线上，同层晶面上不同原子散射的光程差也始终为零，顶层晶面满足布拉格方程。不同层晶面散射时，光程差为

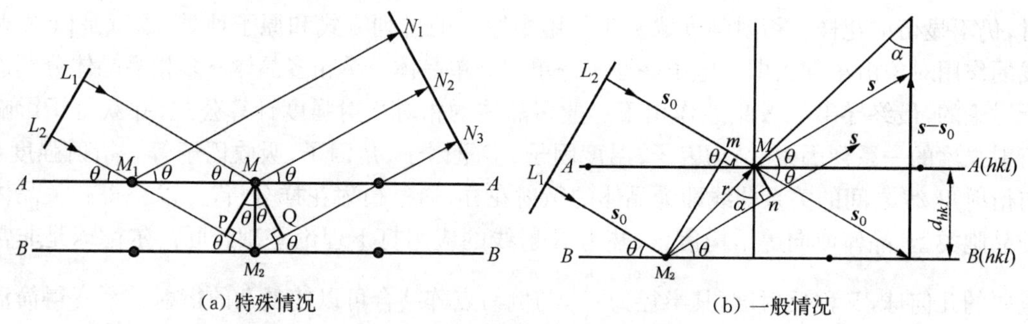

图 3-1　布拉格方程推导示意图

$$\delta = M_2n - mM = \boldsymbol{r} \cdot \boldsymbol{s} - \boldsymbol{r} \cdot \boldsymbol{s}_0 = \boldsymbol{r} \cdot (\boldsymbol{s} - \boldsymbol{s}_0) = |\boldsymbol{r}|\, 2\sin\theta\cos\alpha \tag{3-3}$$

因α为$\boldsymbol{r}$与$(\boldsymbol{s}-\boldsymbol{s}_0)$的夹角，显然$|\boldsymbol{r}|\cos\alpha = d_{hkl}$，所以，$\delta = 2d_{hkl}\sin\theta$，同样可得布拉格方程。由此可见，$\boldsymbol{r}(\overrightarrow{M_2M})$与晶面垂直与否并不影响布拉格方程的推导结果。

为了方便使用，将布拉格方程的级数 n 置入晶面间距中，从而布拉格方程演变为 $2d_{HKL}\sin\theta = \lambda$。其中，$H = nh$，$K = nk$，$L = nl$，该衍射可以看成干涉面$(HKL)$的一级衍射。干涉面$(HKL)$为虚拟晶面，指数$(HKL)$为干涉面指数，简称干涉指数，是简化布拉格方程而假定的面。与晶面指数(hkl)之间的关系为：$H = nh$，$K = nk$，$L = nl$。

注意点：

(1) X射线衍射中，当减小入射波长时，晶面间距大于波长之半的晶面增加，即参与衍射的晶面数可能会增加，即衍射峰的数目将会增加。

(2) 晶体中非每个晶面都能参与衍射，仅有那些满足布拉格方程的晶面才可能衍射，即衍射是有选择的反射，是相干散射线干涉的结果。

(3) 布拉格方程中的 d 取决于晶体的晶胞类型和干涉面指数，反映了晶胞的形状和大小。衍射方向仅反映了晶胞的形状和大小，但对晶胞中原子种类及其排列的有序程度均未得到反映，这需要通过衍射强度理论来解决。

(4) 衍射矢量方程

由劳埃方程组导出衍射矢量式方程。由劳埃方程组的矢量式两边化简得：

$$\begin{cases} \dfrac{(\boldsymbol{s}-\boldsymbol{s}_0)}{\lambda} \cdot \dfrac{\boldsymbol{a}}{h} = 1 \\ \dfrac{(\boldsymbol{s}-\boldsymbol{s}_0)}{\lambda} \cdot \dfrac{\boldsymbol{b}}{k} = 1 \\ \dfrac{(\boldsymbol{s}-\boldsymbol{s}_0)}{\lambda} \cdot \dfrac{\boldsymbol{c}}{l} = 1 \end{cases} \tag{3-4}$$

将方程组(3-4)两两相减得：

$$\begin{cases} \dfrac{(\boldsymbol{s}-\boldsymbol{s}_0)}{\lambda} \cdot \left(\dfrac{\boldsymbol{a}}{h} - \dfrac{\boldsymbol{b}}{k}\right) = 0 \\ \dfrac{(\boldsymbol{s}-\boldsymbol{s}_0)}{\lambda} \cdot \left(\dfrac{\boldsymbol{b}}{k} - \dfrac{\boldsymbol{c}}{l}\right) = 0 \\ \dfrac{(\boldsymbol{s}-\boldsymbol{s}_0)}{\lambda} \cdot \left(\dfrac{\boldsymbol{c}}{l} - \dfrac{\boldsymbol{a}}{h}\right) = 0 \end{cases} \tag{3-5}$$

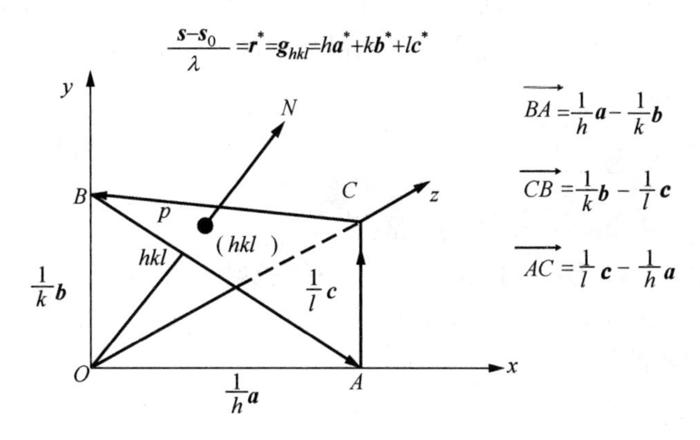

图 3-2　衍射矢量方程几何图

表明矢量 $\dfrac{\boldsymbol{s}-\boldsymbol{s}_0}{\lambda}$ 分别与晶面(hkl)上的任意两相交矢量($\overrightarrow{BA}$，$\overrightarrow{CB}$，$\overrightarrow{AC}$)垂直，即

$$\frac{\boldsymbol{s}-\boldsymbol{s}_0}{\lambda}\perp(hkl) \tag{3-6}$$

又因为 d_{hkl} 为矢量$\dfrac{\boldsymbol{a}}{h}$ 或$\dfrac{\boldsymbol{b}}{k}$ 或$\dfrac{\boldsymbol{c}}{l}$ 在单位矢量$\dfrac{\boldsymbol{s}-\boldsymbol{s}_0}{\lambda}\Big/\left|\dfrac{\boldsymbol{s}-\boldsymbol{s}_0}{\lambda}\right|$ 上的投影，即

$$d_{hkl}=\frac{\boldsymbol{a}}{h}\cdot\frac{\boldsymbol{s}-\boldsymbol{s}_0}{\lambda}\Big/\left|\frac{\boldsymbol{s}-\boldsymbol{s}_0}{\lambda}\right|=\frac{\boldsymbol{b}}{k}\cdot\frac{\boldsymbol{s}-\boldsymbol{s}_0}{\lambda}\Big/\left|\frac{\boldsymbol{s}-\boldsymbol{s}_0}{\lambda}\right|=\frac{\boldsymbol{c}}{l}\cdot\frac{\boldsymbol{s}-\boldsymbol{s}_0}{\lambda}\Big/\left|\frac{\boldsymbol{s}-\boldsymbol{s}_0}{\lambda}\right|=1\Big/\left|\frac{\boldsymbol{s}-\boldsymbol{s}_0}{\lambda}\right| \tag{3-7}$$

所以

$$\left|\frac{\boldsymbol{s}-\boldsymbol{s}_0}{\lambda}\right|=\frac{1}{d_{hkl}} \tag{3-8}$$

由式(3-6)和式(3-8)可知 $\dfrac{\boldsymbol{s}-\boldsymbol{s}_0}{\lambda}$ 为晶面(hkl)的倒易矢量，即

$$\frac{\boldsymbol{s}-\boldsymbol{s}_0}{\lambda}=(h\boldsymbol{a}^*+k\boldsymbol{b}^*+l\boldsymbol{c}^*) \tag{3-9}$$

该方程即为衍射矢量方程。其物理意义是：当单位衍射矢量与单位入射矢量的差为一个倒易矢量时，衍射就可发生。

简化起见，令 $\boldsymbol{r}^*=(h\boldsymbol{a}^*+k\boldsymbol{b}^*+l\boldsymbol{c}^*)$，式(3-9)衍射矢量方程又可表示为

$$\frac{\boldsymbol{s}-\boldsymbol{s}_0}{\lambda}=\boldsymbol{r}^* \tag{3-10}$$

衍射矢量方程、劳埃方程和布拉格方程均是表示衍射条件的方程，只是角度不同而已。从衍射矢量方程也可方便地导出其他两个方程，即由矢量方程分别在晶胞的三个基矢 $\boldsymbol{a}$，$\boldsymbol{b}$，$\boldsymbol{c}$ 上的投影即可获得劳埃方程组，若衍射矢量方程两边取标量、化简则可得到布拉格方程。

衍射矢量方程可以看成是衍射方向条件的统一式。而任一晶面(hkl)的倒易矢量为 $\boldsymbol{g}_{hkl} = (h\boldsymbol{a}^* + k\boldsymbol{b}^* + l\boldsymbol{c}^*)$，当入射矢量、衍射矢量与晶面的倒易矢量能组成一矢量三角形时，该晶面必然满足布拉格方程。

3.2.2 知识点1选择题

1. 布拉格方程 $2d\sin\theta = n\lambda$ 中的 θ 是指(　　)

(A) 布拉格角　(B) 衍射角　(C) 掠射半角　(D) 散射角

2. 布拉格方程 $2d\sin\theta = n\lambda$ 中的 λ 是指(　　)

(A) 特征X射线波长

(B) 连续X射线波长

(C) 电子波波长

(D) 连续与特征X射线混合体的波长平均值

3. 布拉格方程 $2d\sin\theta = n\lambda$ 中的 d 是指(　　)

(A) 衍射晶体中两质点间的距离

(B) 衍射晶体的单胞与单胞的距离

(C) 衍射晶面的面间距

(D) 衍射晶面中两原子间的距离

4. 布拉格方程 $2d\sin\theta = n\lambda$ 中的 n 是指(　　)

(A) 反射级数　(B) 干涉级数　(C) 相干级数　(D) 非相干级数

5. 布拉格方程 $2d\sin\theta = n\lambda$ 与劳埃方程组之间存在以下关系(　　)

(A) 一致性　(B) 不一致性　(C) 共格性　(D) 半共格性

6. 衍射矢量方程两边取模化简可得(　　)

(A) 三维劳埃方程组　(B) 布拉格方程　(C) 一维劳埃方程　(D) 二维劳埃方程组

7. 衍射矢量方程两边在三基矢上的分别投影化简可得(　　)

(A) 三维劳埃方程组　(B) 布拉格方程

(C) 布拉格方程+劳埃方程　(D) 布拉格方程+劳埃方程组

8. 布拉格方程(　　)

(A) 只是解决了衍射的方向问题

(B) 只是解决了衍射的强度问题

(C) 既解决了衍射的方向问题又解决了衍射的强度问题

(D) 不能解决衍射的方向问题

9. 衍射(　　)

(A) 是无选择的反射，是非相干衍射线作用的结果

(B) 是有选择的反射，是相干散射线干涉的结果

(C) 是有选择的反射，是非相干散射线干涉的结果

(D) 是无选择的反射，是相干衍射线作用的结果

10. 减小入射X射线的波长，参与衍射的晶面数(　　)

(A) 增加　(B) 减少　(C) 不确定　(D) 不变

答案：AACAA，BAABA

3.3 知识点 2-布拉格方程图解与衍射方法

3.3.1 知识点 2 注意点

(1) 布拉格方程的厄瓦尔德图解，本质是入射矢量、衍射矢量与晶面的倒易矢量如果能组成一个矢量三角形，则其对应的倒易矢量的端点必在厄瓦尔德球上，该晶面必然满足布拉格方程，即满足衍射的方向条件。

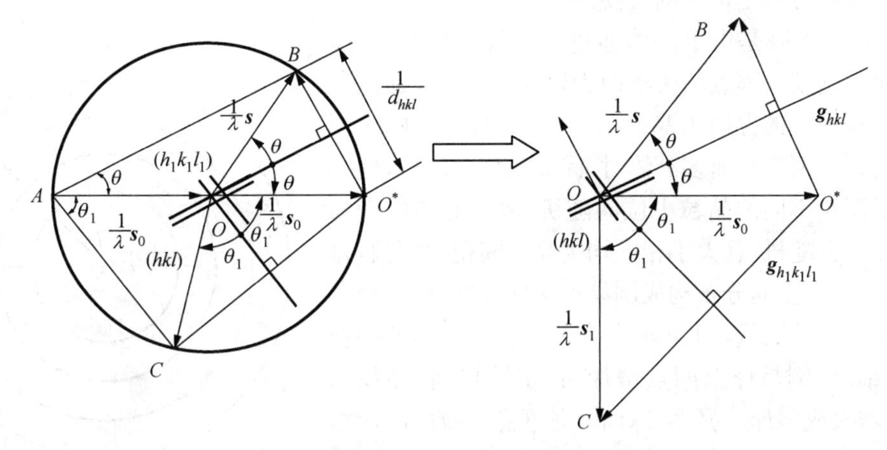

图 3-3 衍射矢量三角形及厄瓦尔德球

由布拉格方程 $2d\sin\theta=\lambda$ 得：

$$\sin\theta=\frac{\lambda}{2d}=\frac{\frac{1}{d}}{2\times\frac{1}{\lambda}} \tag{3-11}$$

凡满足布拉格方程的 d、λ 和 θ 均可表示成一直角三角形的对边与斜边的正弦关系，见图 3-3。设入射和反射的单位矢量分别为 $\boldsymbol{s}_0$ 和 $\boldsymbol{s}$，则入射矢量和反射矢量分别为 $\frac{1}{\lambda}\boldsymbol{s}_0$ 和 $\frac{1}{\lambda}\boldsymbol{s}$，即 $\overrightarrow{AO}=\overrightarrow{OO^*}=\frac{1}{\lambda}\boldsymbol{s}_0$，$\overrightarrow{OB}=\frac{1}{\lambda}\boldsymbol{s}$。

由矢量三角形法则得

$$\overrightarrow{O^*B}=\overrightarrow{OB}-\overrightarrow{OO^*}=\frac{1}{\lambda}\boldsymbol{s}-\frac{1}{\lambda}\boldsymbol{s}_0=\frac{1}{\lambda}(\boldsymbol{s}-\boldsymbol{s}_0) \tag{3-12}$$

因为 $|\overrightarrow{O^*B}|=\frac{1}{d_{hkl}}$，且 $\overrightarrow{O^*B}\perp(hkl)$，所以，$\overrightarrow{O^*B}$ 为反射面 (hkl) 的倒易矢量，O^* 点为倒易点阵的原点，B 点即为反射面所对应的倒易阵点。凡是晶面所对应的倒易阵点在圆周上，均满足布拉格方程，晶面将参与衍射。考虑到三维晶体时，晶体的所有晶面对应的倒易阵点构成了三维倒易点阵，该圆就成了球，凡是位于球上的倒易阵点，如球上的 C 点，连接 AC，O^*C，作 O^*C 的垂直平分线，该方向即为衍射晶面方向，其对应的晶面 $(h_1k_1l_1)$，通过 O 点，

连接 OC，则 OC 即为衍射方向，且 $\overrightarrow{O^*C}$ 即为该衍射晶面的倒易矢量。凡不在球面上的倒易阵点均不满足布拉格方程的几何条件，不参与衍射。厄瓦尔德用几何方法解决了衍射的方向问题，直观明了，起到了布拉格方程的等同作用，因此，该方法称为厄瓦尔德图解，这个球称为厄瓦尔德球，又称反射球。该球也是衍射的判据，只需将反射球置入倒易点阵中，入射矢量的端点为倒易点阵的原点，此时凡在反射球面上的阵点所对应的晶面均满足布拉格衍射方程参与衍射。

(2) 布拉格方程只是满足衍射的方向条件，能否产后衍射花样还取决于衍射强度不为零。即布拉格方程是衍射的必要条件而非充分条件。

(3) 倒易点阵是由单晶体通过倒易规则转变而来，从原点出发到某一阵点的矢量即为该阵点对应晶面的倒易矢量。该矢量的方向为晶面的法线方向，矢量的大小为晶面间距的倒数。而多晶体时，因晶粒位向随机，同一指数的晶面在不同的晶粒中位向随机，故其对应的倒易矢量的方向也随机，且大小相同均为晶面间距的倒数，显然，矢量端点的空间分布构成倒易点网球，网眼的大小取决于矢量端点的数量，即网球的致密性取决于晶粒的粒度，粒度细时，倒易球上网点增加，致密性提高，晶粒粗化，网眼增大成漏球。显然，球面上各网点对应的晶面指数相同。晶面指数不同时，其对应的倒易球为同心球，当晶面指数由低向高变化时，球径逐渐增加。图 3-4 为简单立方多晶体所对应的系列倒易球。晶面指数由低到高如(100)、(110)、(111)、(200)等，对应的晶面间距分别为：$\frac{a}{\sqrt{1^2}}$、$\frac{a}{\sqrt{1^2+1^2}}$、$\frac{a}{\sqrt{1^2+1^2+1^2}}$、$\frac{a}{\sqrt{2^2}}$，则对应倒易矢量的大小即倒易球(反射球)的半径分别为 $\frac{1}{a}$、$\frac{\sqrt{2}}{a}$、$\frac{\sqrt{3}}{a}$、$\frac{2}{a}$，由小到大。

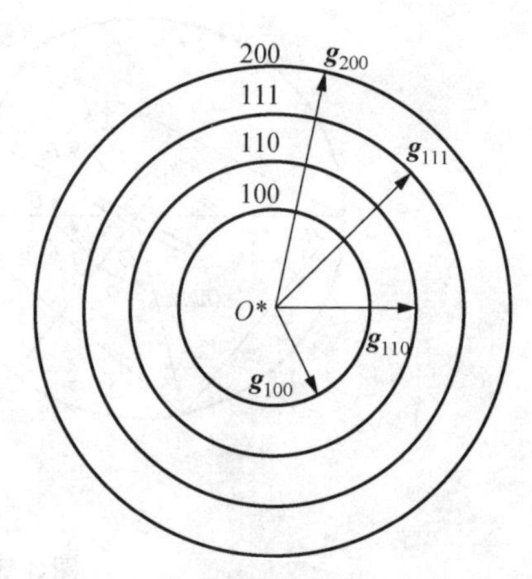

图 3-4　简单立方多晶体所对应的系列倒易球

(a) 单晶体　　(b) 多晶体

图 3-5　单晶(a)、多晶体(b)与反射球相截时的示意图

因此，单晶体按倒易点阵规则能形成独立的倒易点阵，反射球与其相截，阵点在球面上时，该阵点对应的晶面满足布拉格方程，符合衍射的方向条件，见图 3-5(a)，感光成像时则为斑点像。多晶体时，反射球与同心系列倒易球相截，产生系列交线圆，见图 3-5(b)，交线

圆上每一个点即为满足布拉格方程的一阵点，该阵点对应的晶面同样满足布拉格方程参与衍射，从 X 射线作用点即反射球球心出发与交线圆上各点相连形成同轴系列衍射锥。

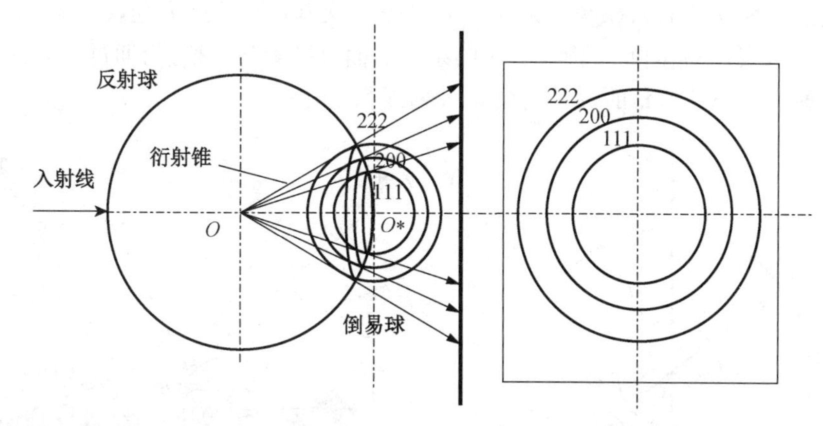

图 3-6　感光片垂直于 X 射线入射方向的多晶衍射成像

当投影面为平面且垂直于衍射锥轴时，衍射图谱为同心环，见图 3-6。当投影面为柱状时，则衍射图谱为对对弧，见图 3-7。当用计数器沿柱状绕行 360°，即可收集全部衍射锥在虚线圆上的衍射 X 光子。由于对称性，仅需收集 0°～90°范围，即形成 X 射线的衍射图谱。此时的试样为柱状试样，且不转动，但强度受吸收影响较大，对定量分析不利，因此，一般为平面试样，见图 3-8(a)。此时试样位于转动的样品台上，以设定的速度转动。计数器两倍于样品转动的速度转动，当样品从 0°转动到 90°时，计数器从 0°转动到 180°，即可分别收集到平行于试样表面晶面间距不等的系列晶面的衍射束，见图 3-8(b)，从而形成衍射花样，见图 3-8(c)。

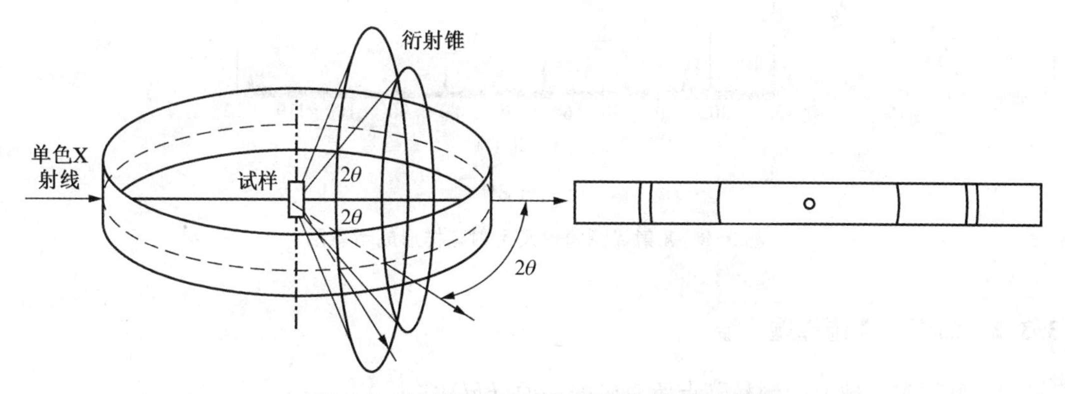

图 3-7　柱状感光片时多晶衍射成像示意图

为什么反映的是平行于试样表面的晶面衍射呢？

由于 X 射线有穿透性，能进入试样表面一定深度作用于多个晶体，设平行于试样表面的晶面有 $(h_1k_1l_1)$、$(h_2k_2l_2)$、$(h_3k_3l_3)$、…，晶面间距由大到小依次排列。因入射 X 射线方向固定，当试样在样品台上转到某一位置时，入射线与试样表面夹角设为 θ_1，由布拉格方程 $2d_1\sin\theta_1=\lambda$ 可知参与衍射的晶面为 $(h_1k_1l_1)$，衍射角为 $2\theta_1$，即在 $2\theta_1$ 处可能会有衍射束存在，如果计数器恰好位于 $2\theta_1$ 处，必然收到衍射束，这就要求计数器的转动速度应为样品转动速度的 2 倍。同理，样品连续转动到 θ_2 时，晶面$(h_2k_2l_2)$满足布拉格方程 $2d_2\sin\theta_2=\lambda$，衍射角为 $2\theta_2$。依次类推，试样从 0° 转动到 90° 时，依次经过 θ_1、θ_2、θ_3 等角度，这样试样中平行于试样表面的晶面$(h_1k_1l_1)$、$(h_2k_2l_2)$、$(h_3k_3l_3)$、… 依次满足布拉格方程，在 $2\theta_1$、$2\theta_2$、$2\theta_3$、…处分别产生衍射束，即晶面间距由大到小的系列晶面分别参与了衍射，通过计数器分别收集就可获得衍射强度与衍射角的关系曲线即 X 射线衍射花样。

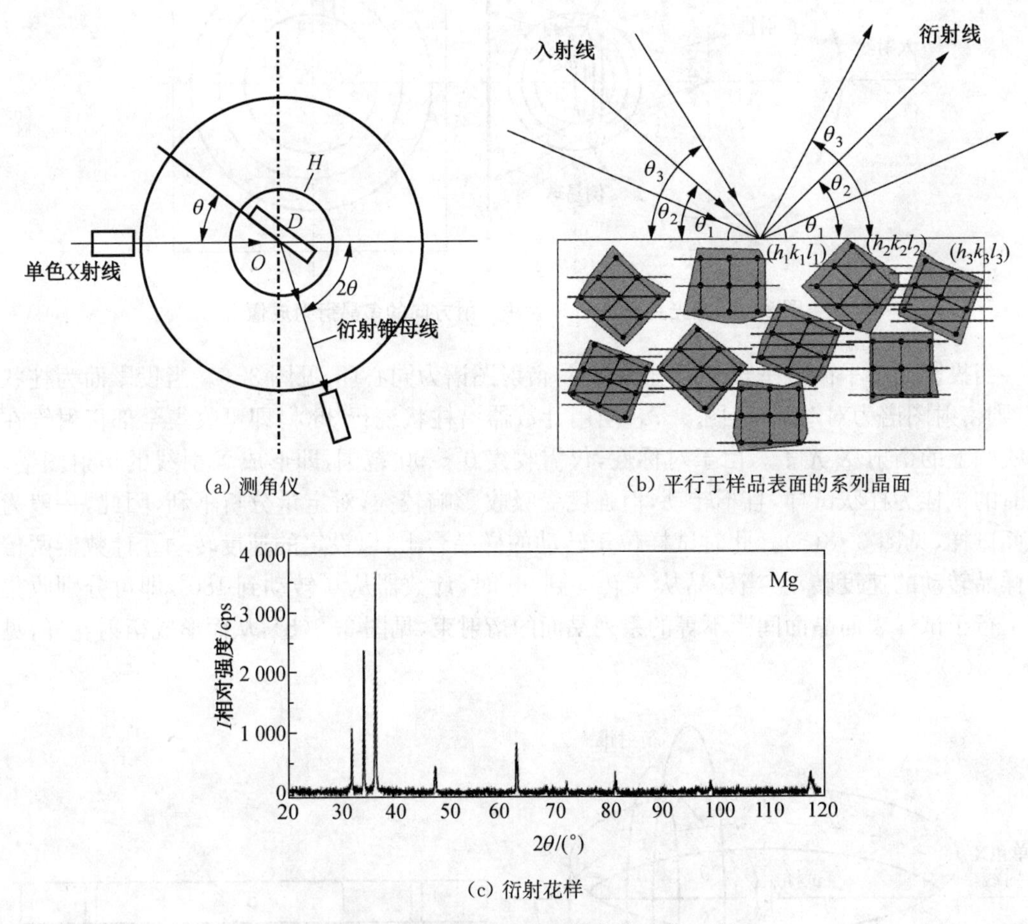

图 3-8　X 射线测角仪及衍射花样形成示意图

3.3.2　知识点 2 选择题

1. 厄瓦尔德球上的倒易阵点所对应的晶面(hkl)(　　)

(A) 不满足布拉格方程

(B) 满足布拉格方程

(C) 条件不足，不能确定是否满足布拉格方程

(D) 不满足劳埃方程组

2. 不在厄瓦尔德球上的倒易阵点所对应的晶面(hkl)(　　)

(A) 不满足布拉格方程，该晶面不衍射

(B) 满足布拉格方程，该晶面衍射

(C) 满足布拉格方程,无论何种条件该晶面均不衍射
(D) 不满足布拉格方程,但该晶面衍射

3. 已知波长的 X 射线照射晶体,由测量得到的衍射角求得对应的晶面间距,获得晶体(　　)

(A) 结构信息　　(B) 形貌信息
(C) 成分种类信息　　(D) 成分含量信息

4. 已知晶面间距的分光晶体来衍射从晶体中发射出来的特征 X 射线,通过测定衍射角,算得特征 X 射线的波长,再由莫塞莱定律获得晶体的(　　)

(A) 成分信息　　(B) 形貌信息
(C) 结构信息　　(D) 晶面间距值

5. 采用连续 X 射线照射不动的单晶体以获得衍射花样的方法是(　　)

(A) 劳埃法　　(B) 转晶法　　(C) 粉末法　　(D) 不确定

6. 采用单一波长的 X 射线照射转动着的单晶体以获得衍射花样的方法是(　　)

(A) 劳埃法　　(B) 转晶法　　(C) 粉末法　　(D) 不确定

7. 采用单色 X 射线照射多晶试样以获得多晶体衍射花样的方法是(　　)

(A) 劳埃法　　(B) 转晶法　　(C) 粉末法　　(D) 不确定

8. 粉末法中的当晶粒尺寸粗化时,倒易球球面的致密性(　　)

(A) 增加　　(B) 减小甚至成漏球
(C) 不变　　(D) 不能确定

9. 衍射锥的锥顶角为(　　)

(A) θ　　(B) 2θ　　(C) 3θ　　(D) 4θ

10. 反射球的直径为(　　)

(A) $1/\lambda$　　(B) $2/\lambda$　　(C) $3/\lambda$　　(D) $4/\lambda$

答案: BAAAA, BCBDB

3.4　知识点 3-电子、原子、单胞对 X 射线散射

3.4.1　知识点 3 注意点

1) 布拉格方程解决了衍射方向问题,能否产生衍射图谱还取决于衍射是否有强度,本知识点即从最小的作用单元电子开始介绍,依次介绍原子、单胞、单晶多胞、多晶单相、多相等对 X 射线的散射强度,最后获得 X 射线的衍射强度。

2) 由于热损耗及其他损失,X 射线衍射强度很微弱,最后呈现的 X 射线衍射强度是通过放大后形成的。

3) 原子中讨论的电子间散射的光程差与单胞中的两原子间散射的光程差有着本质的不同。前者的对象是电子,无晶面,入射矢量与散射矢量的差不是某晶面的倒易矢量,不构成衍射矢量三角形,后者的对象是原子,入射矢量与散射矢量的差为某晶面的倒易矢量,三者构成衍射矢量三角形。

4) 本知识点主要讨论电子、原子和单胞对 X 射线的散射强度,核心分别为

(1) 电子

① 入射偏振，散射非偏振，反之则反：

入射 X 射线偏振时，P 点的散射强度：

$$I_P = I_0 \frac{e^4}{(4\pi\varepsilon_0)^2 m^2 c^4 R^2} \sin^2\varphi \tag{3-13}$$

入射 X 射线非偏振时，P 点的散射强度：

$$I_P = I_0 \frac{e^4}{(4\pi\varepsilon_0)^2 m^2 c^4 R^2} \cdot \frac{1+\cos^2 2\theta}{2} \tag{3-14}$$

通常均为非偏振入射。

② 一个电子对 X 射线的散射强度非常小，仅有入射强度的 10^{-26} 倍。

③ $\theta = 0°$ 时，$I_P = I_{\max}$；$\theta = 2\pi$ 时，$I_P = I_{\min}$，且 $I_{\max}/I_{\min} = 2$。

④ 核的散射可忽略，中子不带电故对 X 光子无散射。

(2) 原子-原子散射因子 f_a。

$$f_a = \frac{A_a}{A_e} = \frac{一个原子相干散射波的振幅}{一个电子相干散射波的振幅} \tag{3-15}$$

原子散射因子的平均值：

$$f_a = \frac{A_a}{A_e} = \int_0^{\infty} U(r) \frac{\sin Kr}{Kr} \mathrm{d}r \tag{3-16}$$

原子散射因子 f_a 可通过电子径向分布函数的积分计算获得。

原子散射因子的瞬时值：

$$f_a = \frac{A_a}{A_e} = \sum_{j=1}^{Z} \mathrm{e}^{\mathrm{i}\varphi_j} \tag{3-17}$$

原子散射因子的讨论：

① 当核外的相干散射电子集中于一点时，各电子的散射波之间无相位差，即 $\varphi = 0°$，$A_a = A_e \sum_{j=1}^{Z} \mathrm{e}^{\mathrm{i}\varphi_j} = A_e Z$，$f = Z$。

② 当 $2\theta \to 0$ 时，$K = \frac{4\pi \sin\theta}{\lambda} \to 0$，由罗贝塔法则得$\frac{\sin Kr}{Kr} = 1$，这样 $f = \int_0^{\infty} U(r)\mathrm{d}r = Z$，说明当散射线方向与入射线同向时，原子散射波的振幅 A_a 为单个电子散射波振幅的 Z 倍，这就相当于将核外发生相干散射的电子集中于一点。

③ 当入射波长一定时，随着散射角 2θ 的增加，f 减小，即原子的散射因子 f 降低，均小于其原子序数 Z。

④ 当入射波长接近原子的吸收限时，X 射线会被大量吸收，f 显著变小，此现象称为反常散射。此时，需要对 f 进行修整，即 $f' = f - \Delta f$，Δf 为修整值，可由附录查得；f' 为修整后的原子散射因子。

(3) 单胞-结构因子 F_{HKL}^2

$$F_{HKL}=\frac{A_b}{A_e}=\frac{\text{单胞中所有原子的相干散射波的合成振幅}}{\text{单电子相干散射波的振幅}}=\sum_{j=1}^{n}f_j e^{i\varphi_j} \tag{3-18}$$

$$F_{HKL}^2=F_{HKL}\times F_{HKL}^*=\sum_{j=1}^{n}f_j e^{i\varphi_j}\times\sum_{j=1}^{n}f_j e^{-i\varphi_j} \tag{3-19}$$

$$F_{HKL}^2=\left[\sum_{j=1}^{n}f_j\cos 2\pi(HX_j+KY_j+LZ_j)\right]^2+\left[\sum_{j=1}^{n}f_j\sin 2\pi(HX_j+KY_j+LZ_j)\right]^2 \tag{3-20}$$

注意:在原子散射因子中

$$\varphi=\frac{2\pi}{\lambda}\times\delta=\frac{2\pi}{\lambda}\boldsymbol{r}\cdot(\boldsymbol{s}-\boldsymbol{s}_0)=\frac{2\pi}{\lambda}\mid\boldsymbol{r}\mid\mid\boldsymbol{s}-\boldsymbol{s}_0\mid\cos\alpha=\frac{4\pi}{\lambda}r\cos\alpha\sin\theta \tag{3-21}$$

结构因子中

$$\varphi_j=\frac{2\pi}{\lambda}\times\delta=\frac{2\pi}{\lambda}\boldsymbol{r}_j(\boldsymbol{s}-\boldsymbol{s}_0)=2\pi\boldsymbol{r}_j\cdot\frac{1}{\lambda}(\boldsymbol{s}-\boldsymbol{s}_0)=2\pi\boldsymbol{r}_j\cdot\boldsymbol{g}_j \tag{3-22}$$

均有矢量 $\frac{\boldsymbol{s}-\boldsymbol{s}_0}{\lambda}$,原子中不是倒易矢量,没有晶面,而在结构因子中原子组成了晶面,为倒易矢量,可以表示为 $\boldsymbol{g}$。

3.4.2 知识点 3 选择题

1. 布拉格方程是满足衍射的(　　)

(A) 必要条件　　(B) 充分条件

(C) 充要条件　　(D) 附加条件

2. 满足布拉格方程,其衍射强度(　　)

(A) 等于零　　(B) 大于零

(C) 小于零　　(D) 不确定,还与消光条件有关

3. X 射线作用原子产生反冲电子,出现康普顿效应,其反冲电子来源于(　　)

(A) 原子束缚松的外层电子　　(B) 原子束缚紧的内层电子

(C) 原子核中的中子　　(D) 原子核中的质子

4. 单电子对偏振 X 射线的散射强度(　　)

(A) 具偏振性

(B) 具非偏振性

(C) 有时具偏振性,有时不具偏振性,不确定

(D) 与入射 X 射线的偏振与否无关

5. 单电子对非偏振入射 X 射线的散射强度(　　)

(A) 具偏振性

(B) 具非偏振性

(C) 有时具偏振性,有时不具偏振性,不确定

(D) 与入射 X 射线的偏振与否无关

6. 带电质子受迫振动，质子的散射强度为电子的(　　)

(A) $\dfrac{1}{1\ 836^2}$　　(B) 1 836　　(C) $1\ 836^2$　　(D) 1/1 836

7. 原子中不能对 X 射线产生散射作用的是(　　)

(A) 中子　　(B) 电子　　(C) 质子　　(D) 原子核

8. 原子核外有 Z 个电子，受核束缚较紧，且集中于一点，单个原子对 X 射线的散射强度为单个电子的散射强度的(　　)

(A) Z^2 倍　　(B) Z^1 倍　　(C) Z^0 倍　　(D) Z^3 倍

9. $f=\dfrac{A_a}{A_e}=\dfrac{\text{一个原子相干散射波的振幅}}{\text{一个电子相干散射波的振幅}}=\int_0^\infty U(r)\dfrac{\sin Kr}{Kr}\mathrm{d}r$ 则原子散射因子为(　　)

(A) f^2　　(B) f^1　　(C) f^0　　(D) f^3

10. $F_{HKL}=\dfrac{A_b}{A_e}=\dfrac{\text{单胞中所有原子的相干散射波的合成振幅}}{\text{单电子相干散射波的振幅}}=\sum_{j=1}^{n}f_j e^{\mathrm{i}\varphi_j}$ 则结构因子为(　　)

(A) F^2_{HKL}　　(B) F^1_{HKL}　　(C) F^3_{HKL}　　(D) F^0_{HKL}

答案：ADABA，AAABA

3.5　知识点 4-点阵消光与系统消光

3.5.1　知识点 4 注意点

1) 布拉格方程能反映晶胞的形状和大小。满足布拉格方程只是衍射的必要条件，而非充要条件，因此还需使结构因子不为零。结构因子的大小与点阵类型、原子种类、原子位置和数目有关，而与点阵参数(a、b、c、α、β、γ)无关。

2) 消光是指虽然满足布拉格方程，但其结构因子为 0，即无衍射强度的现象。布拉菲点阵的消光规律见表 3-1。

表 3-1　常见点阵的消光规律

点阵类型	简单点阵							底心点阵		体心点阵			面心点阵	
消光规律 $F^2_{HKL}=0$	简单单斜	简单斜方	简单正方	简单立方	简单六方	菱方	三斜	底心单斜	底心斜方	体心斜方	体心正方	体心立方	面心立方	面心斜方
	无点阵消光							H、K 奇偶混杂，L 无要求		$H+K+L$=奇数			H、K、L 奇偶混杂	

常见的四种立方系点阵晶体的衍射线分布如图 3-9 所示。

消光规律仅与点阵类型有关，同种点阵类型的不同结构具有相同的消光规律。例如，体心立方、体心正方、体心斜方的消光规律相同，即 $H+K+L$ 为奇数时三种结构均出现消光。

3) 当晶胞中有异种原子时，结构因子的计算与同种原子的计算一样，只是 f_j 分别用各自的原子散射因子代入即可。

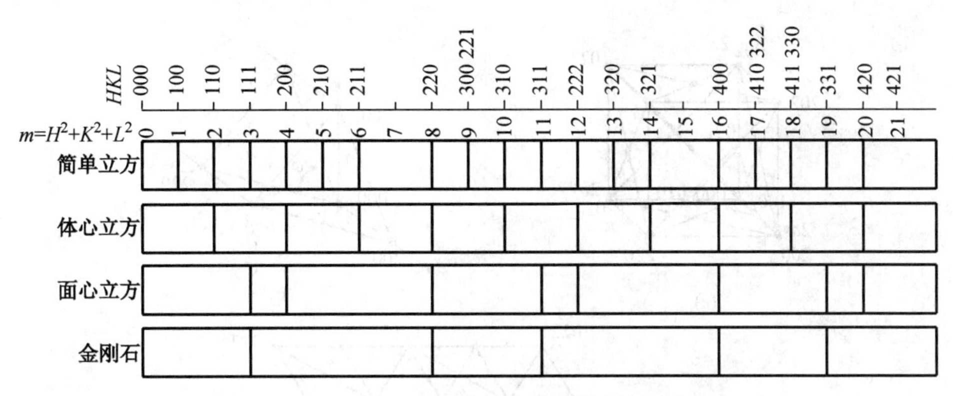

图 3-9　四种立方点阵晶体衍射线分布示意图

4) 简单点阵无消光,并非指所有晶面均能衍射,仍然只是满足布拉格方程的晶面才能衍射,满足布拉格方程的晶面中,无消光时定有衍射强度。

5) 消光规律反映了点阵类型与衍射花样之间的具体关系,它仅决定于点阵类型,我们称这种消光为点阵消光。复式点阵仍满足原组成点阵的消光规律,只是在其基础上又增加了新的消光规律及结构消光。密排六方结构是由两个简单点阵套构而成的一种复式点阵,简单点阵无消光问题,但其结构因子为

$$F_{HKL}^2 = 4f^2\cos^2\left(\frac{H+2K}{3}+\frac{L}{2}\right)\pi \tag{3-23}$$

在 $H+2K=3n, L=2n+1$ 时,$F_{HKL}^2=0$,出现了消光。该消光即为结构消光。点阵消光与结构消光合称系统消光。

6) 产生衍射的充要条件有两条:(1)满足衍射矢量方程;(2) $F_{HKL}^2 \neq 0$

举例:计算体心立方点阵的结构因子,画出体心立方晶体的$(111)_0^*$,标出各阵点的指数。

解:(1) 作出体心立方的倒易点阵

对于体心立方点阵,晶胞中具有 2 个原子,分别位于 000,$\frac{1}{2}\frac{1}{2}\frac{1}{2}$;$f_1=f_2=f$。

则

$$F_{HKL} = f[1+e^{\pi i(H+K+L)}] = f[1+\cos(H+K+L)\pi] \tag{3-24}$$

当 $H+K+L$ 为偶数时,$F_{HKL}=2f$, $F_{HKL}^2=4f^2$。

当 $H+K+L$ 为奇数时,$F_{HKL}=0$, $F_{HKL}^2=0$,点阵消光。

故体心立方的倒易点阵如图 3-10(a)所示,为面心立方阵胞,晶胞三维长度 $2a^*=2b^*=2c^*$。

(2) 在倒阵空间作出$(111)^*$阵面,见图 3-10(a),阵面的三个顶点 100、010 和 001 均为消光点,为此放大偶数倍,三顶点即为 200、020 和 002。

(3) 平移倒易阵面至原点,平移方向可沿三个坐标轴的方向,一般取 $\boldsymbol{a}^*$ 方向,见图 3-10(b)。为作图精准,可先运用晶面夹角公式 $\cos\varphi=\dfrac{h_1h_2+k_1k_2+l_1l_2}{\sqrt{h_1^2+k_1^2+l_1^2}\sqrt{h_2^2+k_2^2+l_2^2}}$ 计算两晶面$(\bar{2}02)$与$(\bar{2}20)$之间的夹角 φ 为 60°作图。

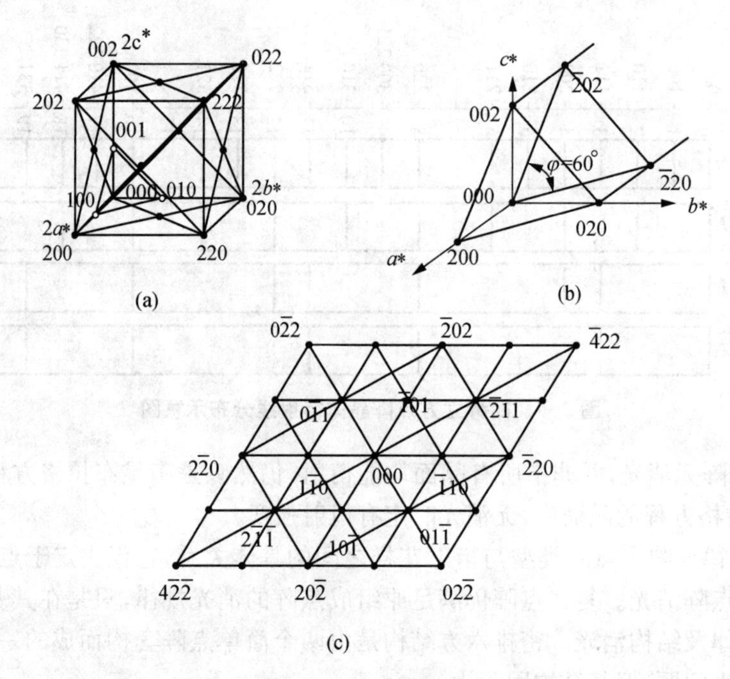

图 3-10　体心立方点阵的 $(111)_0^*$

(4) 运用矢量合成法得到该阵面上的其他阵点，见图 3-10(c)，即为体心立方点阵的 $(111)_0^*$。

3.5.2　知识点 4 选择题

1. 结构因子的大小与以下因素无关的是(　　)

(A) 点阵类型　　(B) 原子的种类

(C) 原子在晶胞中的位置和数目　　(D) 点阵大小

2. 简单点阵无消光意味着(　　)

(A) 所有晶面均能衍射，产生衍射花样

(B) 凡满足布拉格方程的晶面均衍射，产生衍射花样

(C) 所有晶面均不能衍射，无衍射花样产生

(D) 凡满足布拉格方程的晶面均无衍射

3. 底心点阵在 $H+K=$奇数时消光，意味着(　　)

(A) $H+K=$奇数的晶面均不满足布拉格方程，无衍射产生

(B) 满足布拉格方程的所有晶面中，当 $H+K=$奇数，L 无要求，这样的晶面消光无衍射产生

(C) 满足布拉格方程的所有晶面中，当 $H+K=$奇数，L 为偶数，这样的晶面消光无衍射产生

(D) 满足布拉格方程的所有晶面中，当 $H+K=$奇数，L 为奇数，这样的晶面消光无衍射产生

4. 体心点阵在 $H+K+L$ 为奇数消光，意味着(　　)

(A) 在 $H+K+L$ 为奇数时，即使满足布拉格方程的晶面也无衍射花样产生

(B) 在 $H+K+L$ 为奇数时，不满足布拉格方程的晶面也能衍射，产生衍射花样

(C) 在 $H+K+L$ 为奇数时，满足布拉格方程的晶面会有衍射花样产生

(D) 在 $H+K+L$ 为偶数时，晶面一定衍射产生衍射花样

5. 面心点阵在 H、K、L 奇偶混杂时消光，意味着(　　)

(A) 在 H、K、L 为奇偶混杂时，即使满足布拉格方程的晶面也无衍射花样产生

(B) 在 H、K、L 为奇偶混杂时，不满足布拉格方程的晶面也能衍射，产生衍射花样

(C) 在 H、K、L 为奇偶混杂时，满足布拉格方程的晶面会有衍射花样产生

(D) 在 H、K、L 全奇全偶时，晶面一定衍射产生衍射花样

6. 金刚石结构除了遵循面心立方点阵的消光规律外，还有附加消光，即 H、K、L 全偶，$H+K+L \neq 4n$ 时，$F_{HKL}^2 = 0$。意味着(　　)

(A) 在 H、K、L 为奇偶混杂时，满足布拉格方程的晶面也无衍射花样产生

(B) 在 H、K、L 为奇偶混杂时，不满足布拉格方程的晶面也能产生衍射花样

(C) 在 H、K、L 全奇或全偶时，满足布拉格方程的晶面中，当 $H+K+L \neq 4n$ 时，$F_{HKL}^2 = 0$ 消光，仍无衍射花样产生

(D) 在 H、K、L 全奇或全偶时，晶面一定衍射产生衍射花样

7. 密排六方结构，在 $H+2K=3n$，$L=2n+1$ 时，$F_{HKL}^2 = 0$，出现了消光，意味着(　　)

(A) 密排六方结构所有晶面中，在 $H+2K=3n$，$L=2n+1$ 时消光，其他晶面均不能产生衍射花样

(B) 密排六方结构所有晶面中，仅 $H+2K=3n$，$L=2n+1$ 的晶面不能产生衍射花样

(C) 密排六方结构所有晶面中，在 $H+2K=3n$，$L=2n+1$ 时消光，其他晶面还需满足布拉格方程才能产生衍射花样

(D) 密排六方结构所有晶面中，在 $H+2K=3n$，$L=2n+1$ 时消光，其他晶面均能产生衍射花样

8. 晶体产生衍射的条件是(　　)

(A) 晶面满足衍射矢量方程

(B) $F_{HKL}^2 \neq 0$

(C) 晶面满足衍射矢量方程，且 $F_{HKL}^2 \neq 0$

(D) 晶体无缺陷

9. 超点阵结构是指(　　)

(A) 无序时，异类原子形成某种点阵遵循该点阵的消光规律，降温时，原消光的阵点重新出现的点阵结构

(B) 无序时，同类原子形成某种点阵遵循该点阵的消光规律，升温时，原消光的阵点重新出现的点阵结构

(C) 无序时，同类原子形成某种点阵遵循该点阵的消光规律，降温时，原消光的阵点重新出现的点阵结构

(D) 无序时，异类原子形成某种点阵遵循该点阵的消光规律，升温时，原消光的阵点重新出现的点阵结构

10. 消光是指满足布拉格方程的晶面中，当结构因子为零时无衍射强度，不产生衍射花

样的现象，包括(　　)

(A) 结构消光+点阵消光　　(B) 结构消光+系统消光

(C) 点阵消光+系统消光　　(D) 系统消光+结构消光+点阵消光

答案：DBBAA，CCCAA

3.6　知识点 5-单晶体对 X 射线的散射与干涉函数

3.6.1　知识点 5 注意点

X 射线作用多胞单晶体时，由于胞与胞之间的作用，产生干涉函数 G^2，定义

$$G=\frac{\text{单晶体的散射振幅}}{\text{单胞的散射振幅}} \tag{3-25}$$

$$G=\frac{A_m}{A_b}=\frac{A_m}{A_e F_{HKL}}=\sum_{j=1}^{N} e^{i\varphi_j} \tag{3-26}$$

$$\varphi_j=2\pi \boldsymbol{r}_j \boldsymbol{g}_j=2\pi(m\boldsymbol{a}+n\boldsymbol{b}+p\boldsymbol{c})\cdot(\xi\boldsymbol{a}^*+\eta\boldsymbol{b}^*+\zeta\boldsymbol{c}^*)=2\pi(m\xi+n\eta+p\zeta) \tag{3-27}$$

式中，$\boldsymbol{r}_j$ 和 $\boldsymbol{g}_j$ 分别是晶胞的位置矢量和流动倒易矢量，坐标分别是(m, n, p)和(ξ, η, ζ)。

$$G=\sum_{m=0}^{N_1-1} e^{2\pi m\xi_i}\sum_{n=0}^{N_2-1} e^{2\pi n\eta_i}\sum_{p=0}^{N_3-1} e^{2\pi p\zeta_i} \tag{3-28}$$

$$G^2=\frac{\sin^2\pi N_1\xi}{\sin^2\pi\xi}\cdot\frac{\sin^2\pi N_2\eta}{\sin^2\pi\eta}\cdot\frac{\sin^2\pi N_3\zeta}{\sin^2\pi\zeta}=G_1^2\cdot G_2^2\cdot G_3^2 \tag{3-29}$$

$$\frac{I_m}{I_b}=G^2,\ I_m=I_b G^2=I_e G^2 F_{HKL}^2 \tag{3-30}$$

干涉函数 G^2 的物理意义为单晶体的散射强度与单胞的散射强度之比，G^2 的空间分布代表了单晶体的散射强度在 ξ、η、ζ 三维空间中的分布规律。

1) 干涉函数 G^2 的分布

干涉函数 G^2 由 G_1^2、G_2^2、G_3^3 三部分组成，分别表示散射强度在三维方向上的分布规律。以 G_1^2 为例，它表示散射强度在 ξ 方向上的分布规律，设 $N_1=5$，其曲线如图 3-11 所示。

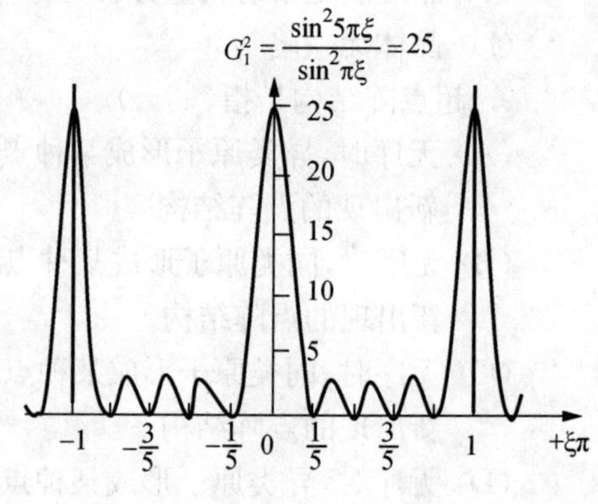

图 3-11　G_1^2 函数分布曲线($N_1=5$)

由图 3-11 可知：

(1) 曲线由主峰和副峰组成，主峰的强度较高，可由罗贝塔法则得，在 $\xi\to 0$ 时，$\lim\limits_{\xi\to 0}G_1^2=N_1^2$。副峰位于相邻主峰之间，副峰的个数为 N_1-2，副峰强度很弱。

(2) 主峰的分布范围即底宽为 $2\times\frac{1}{N_1}\pi$，而副

峰底宽为$\frac{1}{N_1}\pi$，仅为主峰的一半。主峰高为 N_1^2，在 N_1 高于 100 时，强度几乎全部集中于主峰，副峰强度就可忽略不计。单晶体中，N_1 远高于该值，因此，我们仅分析主峰即可。

(3) $G_1^2-\xi\pi$ 曲线位于横轴 $\xi\pi$ 以上，当 $\xi\pi=H\pi$，即 $\xi=H$（H 为整数）时，G_1^2 取得最大值 N_1^2；当 $\xi=\pm\frac{1}{N_1}$ 时，$G_1^2=0$，即在 $\xi=H\pm\frac{1}{N_1}$ 范围内，主峰都有强度值。同理可得 $G_2^2-\eta\pi$、$G_3^2-\zeta\pi$ 的强度分布曲线。在 $\xi=H$、$\eta=K$、$\zeta=L$ 时，G^2 取得最大值 $G_{\max}^2=N_1^2\cdot N_2^2\cdot N_3^2=N^2$，主峰强度的有值范围是：$\xi=H\pm\frac{1}{N_1}$、$\eta=K\pm\frac{1}{N_2}$、$\zeta=L\pm\frac{1}{N_3}$。

干涉函数 G^2 的分布规律：

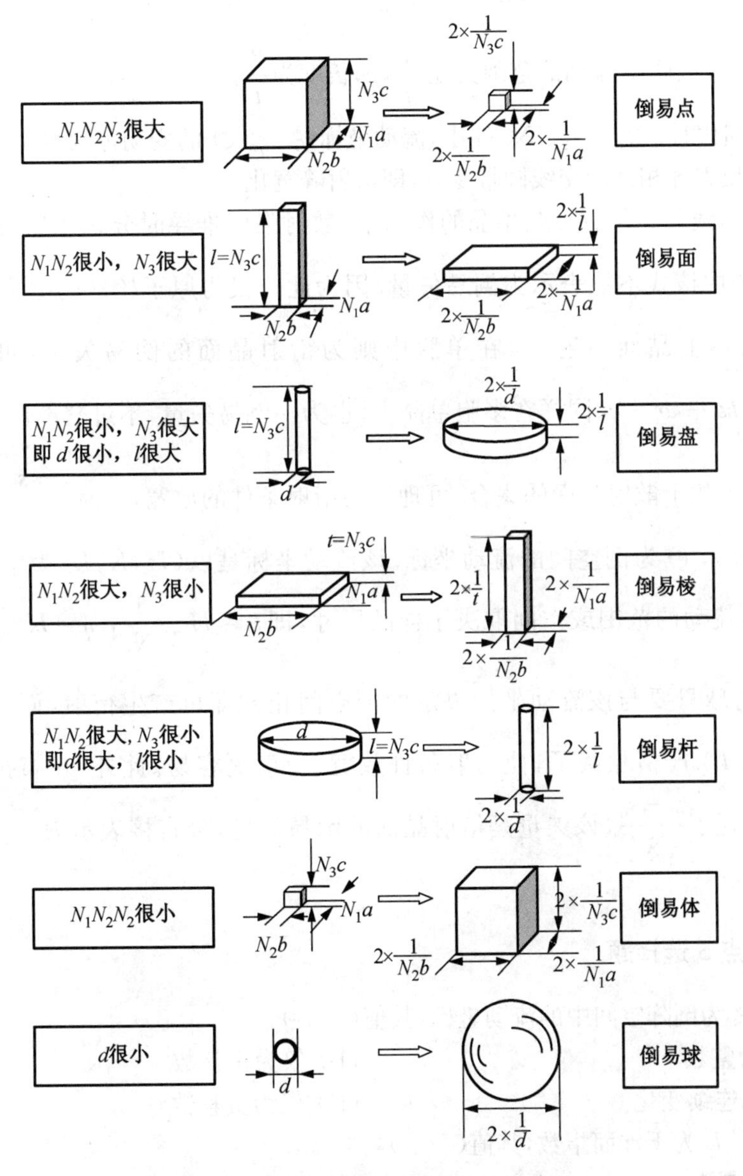

图 3-12　干涉函数 G^2 的空间分布规律

显然 G^2 在空间的分布形态取决于 N_1、N_2、N_3 的大小，而 N_1、N_2、N_3 又决定了晶体的形状，故称 G^2 为形状因子。

(4) 晶体对X射线的衍射只在一定的方向上产生衍射线，且每条衍射线本身还具有一定的强度分布范围。

2) 不同的试样形状决定了干涉函数 G^2 的空间分布，该空间分布同时也是流动坐标(ξ、η、ζ) 的取值范围，即倒易点阵的空间扩展范围。据范围大小不同，从而形成倒易点、倒易球、倒易杆、倒易面等不同形态。扩展方向上的尺寸均为试样相应方向尺寸的倒数的2倍。见图3-12，主峰分布范围：$\xi = H \pm \frac{1}{N_1}$ 即以 H 为中心，左右移动$\frac{1}{N_1}$，意味着 ξ 可在 $\pm\frac{1}{N_1}$ 范围流动。流动坐标 ξ 的单位为 a^*，又因 $a^* = \frac{1}{a}$，故 ξ 流动的范围为 $\pm\frac{1}{N_1}a^* = \pm\frac{1}{N_1 a}$，而 $N_1 a$ 即为样品厚度 t，因此，ξ 流动的范围为 $\pm\frac{1}{t}$，即长度为$\frac{2}{t}$。

3) 晶粒细化时，N_1、N_2、N_3 变小，流动坐标(ξ、η、ζ) 的变动范围增大，对应的倒易球厚度增加，与反射球相截的交线圆带变宽，即衍射峰宽化。

4) 在X射线与原子、单胞、单晶的作用中，散射强度推导时分别产生矢量三角形，即$\frac{\boldsymbol{s}-\boldsymbol{s}_0}{\lambda}$，在原子中该式不能表示为倒易矢量，因为此时仅为原子核外的电子散射，没有构成晶面，故谈不上晶面衍射。而在单胞中则为衍射晶面的倒易矢量，可直接表示为$\frac{\boldsymbol{s}-\boldsymbol{s}_0}{\lambda} = \boldsymbol{g} = h\boldsymbol{a} + k\boldsymbol{b} + l\boldsymbol{c}$。同样在多胞单晶中，也为一倒易矢量，不过它不代表某个具体的晶面，而是多个相干散射晶面的集合，可理解为衍射条件的放宽，此时$\frac{\boldsymbol{s}-\boldsymbol{s}_0}{\lambda} = \boldsymbol{g} = \xi\boldsymbol{a}^* + \eta\boldsymbol{b}^* + \zeta\boldsymbol{c}^*$，($\xi$, η, ζ) 为倒空间的流动坐标。该流动坐标是以(H,K,L) 为中心，在一定的范围内流动，流动的范围或空间取决于样品尺寸，即 $\xi = H \pm \frac{1}{N_1}$，$\eta = K \pm \frac{1}{N_2}$，$\zeta = L \pm \frac{1}{N_3}$，此时反射球只要与该流动坐标决定的倒空间相截即可产生衍射，而不需要与倒易阵点(H, K, L) 严格相截了，使衍射条件放宽，衍射更容易。此外，在布拉格方程的推导中，同样出现了$\frac{\boldsymbol{s}-\boldsymbol{s}_0}{\lambda}$，该矢量是衍射晶面的倒易矢量，可直接表示为$\frac{\boldsymbol{s}-\boldsymbol{s}_0}{\lambda} = \boldsymbol{g} = h\boldsymbol{a} + k\boldsymbol{b} + l\boldsymbol{c}$。

3.6.2 知识点5选择题

1. ξ、η、ζ 为倒阵空间中的流动坐标，其值(　　)

(A) 仅为整数　　(B) 仅为正整数

(C) 可以连续变化　　(D) 仅为负整数

2. H、K、L 为干涉面指数，其值(　　)

(A) 仅为整数　　(B) 仅为正整数

(C) 可以连续变化　　　　　　　　　　(D) 仅为负整数

3. 干涉函数为(　　)

(A) G^2　　(B) G　　(C) G^{-1}　　(D) G^{-2}

4. 干涉函数的物理意义即为(　　)

(A) 单晶体的散射强度与单胞的散射强度之比

(B) 单晶体的散射振幅与单胞的散射振幅之比

(C) 单晶体的散射强度与单胞的散射振幅之比

(D) 单晶体的散射振幅与单胞的散射强度之比

5. G^2 的空间分布代表了(　　)

(A) 多晶体的散射强度在 ξ、η、ζ 三维空间中的分布规律

(B) 单晶体的散射强度在 X、Y、Z 三维空间中的分布规律

(C) 单晶体的散射强度在 H、K、L 三维空间中的分布规律

(D) 单晶体的散射强度在 ξ、η、ζ 三维空间中的分布规律

6. G^2 在空间的分布取决于(　　)

(A) 单晶体的三维晶胞数 N_1、N_2、N_3 的大小

(B) 单晶体的三维晶胞数 N_1、N_2 的大小,而与 N_3 无关

(C) 单晶体的三维晶胞数 N_1 的大小,而与 N_2、N_3 无关

(D) 单晶体的形状,而与晶体的大小无关

7. 流动坐标 ξ、η、ζ 分别(　　)

(A) $\xi = H \pm \frac{1}{N_1},\ \eta = K \pm \frac{1}{N_2},\ \zeta = L \pm \frac{1}{N_3}$

(B) $\xi = H \pm \frac{1}{N_1},\ \eta = K \pm \frac{1}{N_2}$, ζ 为常数

(C) $\xi = H \pm \frac{1}{N_1}$, η、ζ 为常数

(D) 均为整数

8. 干涉函数意味着晶面衍射的条件(　　)

(A) 放宽了　　　　　　　　　　(B) 更严格

(C) 不变　　　　　　　　　　　(D) 有时放宽有时更严格

9. 流动坐标 ξ、η、ζ 意味着倒易阵点(　　)

(A) 发生扩展,扩展范围取决于单晶体在三维方向上单胞的数量与胞的尺寸

(B) 发生收缩,收缩范围取决于单晶体在三维方向上单胞的数量与胞的尺寸

(C) 发生扩展与收缩,变动范围取决于单晶体的热胀冷缩

(D) 对特定的单晶体不会发生变化

10. 干涉函数又称干涉因子,是由(　　)

(A) 单晶体中多胞干涉产生　　　　(B) 单胞中多原子间作用产生

(C) 多晶体中各单晶体间干涉产生　　(D) 多晶体与多晶体干涉产生

答案: CAAAD, AAAAA

3.7 知识点6-多晶单相与多相对X射线的散射

3.7.1 知识点6注意点

单相多晶衍射强度：

$$I=\frac{I_0}{32\pi R}\cdot\frac{e^4}{(4\pi\varepsilon_0)^2m^2c^4}\cdot F_{HKL}^2\frac{\lambda^3}{V_0^2}\cdot V\cdot\frac{1+\cos^2 2\theta}{\sin^2\theta\cos\theta}\cdot P\cdot A\cdot \mathrm{e}^{-2M} \tag{3-31}$$

式中V为辐照体积,V_0为单胞体积。

多相多晶衍射强度：

$$I_j=\frac{I_0}{32\pi R}\cdot\frac{e^4}{(4\pi\varepsilon_0)^2m^2c^4}\cdot F_{HKL}^2\frac{\lambda^3}{V_{0j}^2}\cdot V_j\cdot\frac{1+\cos^2 2\theta}{\sin^2\theta\cos\theta}\cdot P\cdot A\cdot \mathrm{e}^{-2M} \tag{3-32}$$

式中V_j为j相辐照体积,V_{0j}为j相单胞体积。

再进一步简化：

单相多晶衍射强度：

$$I_{相对}=I_0\cdot F_{HKL}^2\frac{\lambda^3}{V_0^2}\cdot V\cdot\frac{1+\cos^2 2\theta}{\sin^2\theta\cos\theta}\cdot P\cdot A\cdot \mathrm{e}^{-2M} \tag{3-33}$$

多相多晶衍射强度：

$$I_{j相对}=I_0\cdot F_{HKL}^2\frac{\lambda^3}{V_{0j}^2}\cdot V_j\cdot\frac{1+\cos^2 2\theta}{\sin^2\theta\cos\theta}\cdot P\cdot A\cdot \mathrm{e}^{-2M} \tag{3-34}$$

(1) 吸收因子A本身与衍射角2θ密切相关,但采用平面试样后利用不同角度入射的X射线光子与试样作用的体积基本不变,故其吸收总量也基本不变,这样基本消除2θ对吸收的影响。

(2) 温度因子e^{-2M}总小于1,原因是温度导致原子离开平衡位置,使晶面扭曲变形,从而使衍射强度下降。

(3) 多重因子P总大于1,使衍射强度增加。

(4) 式(3-34)是物相定量分析的理论基础。

3.7.2 知识点6选择题

1. 多晶体中某晶面对应的倒易点构成(　　)

(A) 倒易球　(B) 倒易杆　(C) 倒易点　(D) 倒易面

2. 多晶体中某衍射晶面的衍射线构成(　　)

(A) 衍射点　(B) 衍射斑　(C) 衍射锥　(D) 衍射球

3. 立方晶系中{111}的多重因子数为(　　)

(A) 4　(B) 6　(C) 8　(D) 12

4. 正方晶系中{110}的多重因子数为(　　)

(A) 12　(B) 4　(C) 6　(D) 8

5. 吸收因子的影响因素有(　　)

(A) 试样的线性吸收系数、形状、尺寸和衍射角

(B) 试样的质量吸收系数和衍射角

(C) 试样的线性吸收系数、体积和衍射角

(D) 试样的质量吸收系数和形状

6. 平板试样的吸收因子近似为常数,可表示为(　　)

(A) $A=\dfrac{1}{2\mu_l}$　　(B) $\dfrac{1}{2\mu_m}$　　(C) $\dfrac{1}{2\mu_m+2\mu_l}$　　(D) $\dfrac{1}{2\mu_m-2\mu_l}$

7. X射线衍射仪用的试样一般为(　　)

(A) 平板试样　　(B) 圆柱试样　　(C) 球形试样　　(D) 薄膜试样

8. 考虑到热振动对衍射强度的影响而引入温度因子,其值(　　)

(A) >1　　(B) 1～2　　(C) 0～1　　(D) >2

9. 温度愈高,原子热振动的振幅愈大,偏离衍射条件愈远,衍射强度(　　)

(A) 增加　　(B) 减小　　(C) 不变　　(D) 不确定

10. 当温度一定时,θ愈高,M愈大,其衍射强度(　　)

(A) 增加愈多　　(B) 减小愈多　　(C) 不变　　(D) 不确定

答案: ACCBA, AACBB

3.8　本章思考题选答

3.1　试证明布拉格方程与劳埃方程的等效性。

证明:利用一维劳埃方程导出布拉格方程,见解图 3-1。设三维点阵中任意一直线点阵,点阵周期为a,入射X射线$\boldsymbol{s}_0$与直线点阵的交角为α_0,衍射线$\boldsymbol{s}$与直线点阵的交角为α,由一维劳埃方程$a\cos\alpha-a\cos\alpha_0=h\lambda$将上式展开得$2a\sin\left(\dfrac{\alpha+\alpha_0}{2}\right)\sin\left(\dfrac{\alpha-\alpha_0}{2}\right)=h\lambda$。过入射点$O_1$、$O_2$分别作$MM'$和$NN'$线代表点阵面$(hkl)$,使这组面与入射线和衍射线的夹角为$\theta$,此时$\alpha-\theta=\alpha_0+\theta$,得$\theta=\dfrac{\alpha-\alpha_0}{2}$。

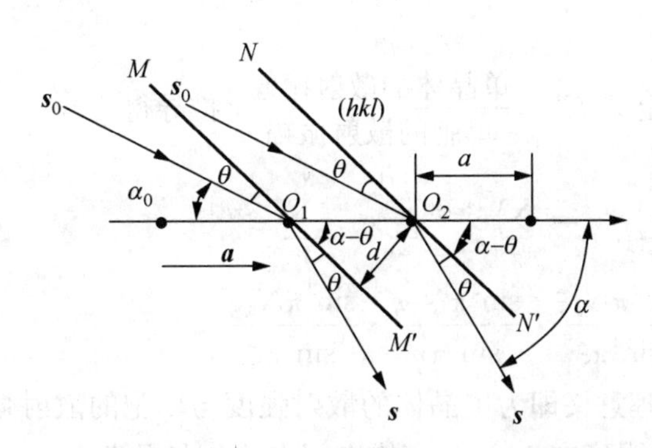

解图 3-1　一维劳埃方程与布拉格方程的等效证明示意图

又设 MM' 和 NN' 所代表的点阵面间距为 d，由解图 3-1 得 $d = a\sin(\alpha-\theta) = a\sin\left(\frac{\alpha+\alpha_0}{2}\right)$，化简 $2a\sin\left(\frac{\alpha+\alpha_0}{2}\right)\sin\left(\frac{\alpha-\alpha_0}{2}\right) = h\lambda$ 得布拉格方程：$2d\sin\theta = h\lambda$，h 为整数，可见两者是等效的。

3.2 满足布拉格方程的晶面是否一定有衍射花样，为什么？

答：满足布拉格方程只是必要条件，尚需满足结构因子（F_{HKL}^2）不为零才能产生衍射强度，产生衍射花样。

3.3 试述原子散射因子 f、结构因子 F_{HKL}^2、结构振幅 $|F_{HKL}|$ 和干涉函数 $|G^2|$ 的物理意义，其中结构因子与哪些因素有关？

答：原子散射因子 f：$f = \frac{A_a}{A_e} = \frac{\text{一个原子相干散射波的振幅}}{\text{一个电子相干散射波的振幅}} = \int_0^\infty U(r)\frac{\sin Kr}{Kr}\mathrm{d}r$

(1) 当核外的相干散射电子集中于一点时，各电子的散射波之间无相位差，即 $\varphi = 0$，$A_a = A_e\sum_{j=1}^{Z}\mathrm{e}^{\mathrm{i}\varphi_j} = A_e Z$，$f = Z$。

(2) 当 $2\theta \to 0$ 时，$K = \frac{4\pi\sin\theta}{\lambda} \to 0$，由罗贝塔法则得 $\frac{\sin Kr}{Kr} = 1$，这样 $f = \int_0^\infty U(r)\mathrm{d}r = Z$，说明当散射线方向与入射线同向时，原子散射波的振幅 A_a 为单个电子散射波振幅的 Z 倍，这就相当于将核外发生相干散射的电子集中于一点。

(3) 当入射波长一定时，随着散射角 2θ 的增加，f 减小，即原子的散射因子 f 降低，均小于其原子序数 Z。

(4) 当入射波长接近原子的吸收限 λ_K 时，X 射线会被大量吸收，f 显著变小，此现象称为反常散射。此时，需要对 f 进行修整。

结构因子 F_{HKL}^2：$F_{HKL}^2 = F_{HKL}\cdot F_{HKL}^* = \sum_{j=1}^{n} f_j\mathrm{e}^{\mathrm{i}\varphi_j}\cdot\sum_{j=1}^{n} f_j\mathrm{e}^{-\mathrm{i}\varphi_j}$

$$= \left[\sum_{j=1}^{n} f_j\cos 2\pi(HX_j+KY_j+LZ_j)\right]^2 + \left[\sum_{j=1}^{n} f_j\sin 2\pi(HX_j+KY_j+LZ_j)\right]^2$$

结构振幅 $|F_{HKL}|$：$F_{HKL} = \frac{A_b}{A_e} = \frac{\text{单胞体中所有原子的相干散射波的合成振幅}}{\text{单电子相干散射波的振幅}} = \sum_{j=1}^{n} f_j\mathrm{e}^{\mathrm{i}\varphi_j}$

干涉函数 $|G^2|$：定义：$G = \frac{\text{单晶体的散射振幅}}{\text{单胞的散射振幅}}$，推导得

$$G = \frac{A_m}{A_e F_{HKL}} = \sum_{j=1}^{N}\mathrm{e}^{\mathrm{i}\varphi_j} = \sum_{m=0}^{N_1-1}\mathrm{e}^{2\pi m\xi\mathrm{i}}\sum_{n=0}^{N_2-1}\mathrm{e}^{2\pi n\eta\mathrm{i}}\sum_{p=0}^{N_3-1}\mathrm{e}^{2\pi p\zeta\mathrm{i}}$$

共轭后得 $G^2 = \frac{\sin^2\pi N_1\xi}{\sin^2\pi\xi}\cdot\frac{\sin^2\pi N_2\eta}{\sin^2\pi\eta}\cdot\frac{\sin^2\pi N_3\zeta}{\sin^2\pi\zeta}$

干涉函数 G^2 的物理意义即为单晶体的散射强度与单胞的散射强度之比，G^2 的空间分布代表了单晶体的散射强度在 ξ、η、ζ 三维空间中的分布规律。

结构因子 F_{HKL}^2 的影响因素：原子种类、原子数量、点阵结构等。

3.4 简单点阵不存在消光现象，是否意味着简单点阵的所有晶面均能满足衍射条件，且衍射强度不为零，为什么？

答：简单点阵不存在消光现象，只是指满足布拉格方程的条件下，一定有衍射强度，不存在消光现象。如果不满足布拉格方程，肯定没有衍射花样出现。满足布拉格方程是产生一切衍射的必要条件。

3.5 α-Fe 属于立方晶系，点阵参数 $a=0.286\ 6$ nm，如用 CrK_αX 射线（$\lambda=0.229\ 1$ nm）照射，试求(110)、(200)、(211)可发生衍射的衍射角。

答：立方晶体的晶面间距 $d=\dfrac{a}{\sqrt{h^2+k^2+l^2}}$，得

$$d_{110}=\frac{a}{\sqrt{h^2+k^2+l^2}}=\frac{0.286\ 6}{\sqrt{2}}=0.202\ 3$$

$$d_{200}=\frac{a}{\sqrt{h^2+k^2+l^2}}=\frac{0.286\ 6}{2}=0.143\ 3$$

$$d_{211}=\frac{a}{\sqrt{h^2+k^2+l^2}}=\frac{0.286\ 6}{\sqrt{6}}=0.116\ 8$$

由体心立方的消光规律可知，三个晶面均不存在消光。$\lambda=0.2291$ nm，由布拉格方程 $2d\sin\theta=\lambda$，得

$$(110):\ \sin\theta=\frac{\lambda}{2d}=0.566\ 4,\ 2\theta=2\arcsin 0.566\ 4=69^\circ$$

$$(200):\ \sin\theta=\frac{\lambda}{2d}=0.801\ 0,\ 2\theta=2\arcsin 0.801\ 0=106.5^\circ$$

$$(211):\ \sin\theta=\frac{\lambda}{2d}=0.980\ 9,\ 2\theta=2\arcsin 0.980\ 9=157.6^\circ$$

3.6 Cu 为面心立方点阵，$a=0.409\ 0$ nm。若用 CrK_α（$\lambda=0.229\ 1$ nm）摄照周转晶体相，X 射线平行于[001]方向。试用厄瓦尔德图解法原理判断下列晶面能否参与衍射：(111)、(200)、(311)、(331)、(420)。

答：作出 Cu 面心点阵的倒易点阵。即 $a^*=b^*=c^*=\dfrac{1}{a}=\dfrac{1}{0.409\ 0}=2.445\ \text{nm}^{-1}$，$\boldsymbol{a}^*\perp\boldsymbol{b}^*\perp\boldsymbol{c}^*$

反射球半径 $=\dfrac{1}{\lambda}=\dfrac{1}{0.229\ 1}=4.365\ \text{nm}^{-1}=1.785a^*$，直径为 $3.571a^*$。

五个晶面不存在消光，分别对应于倒空间中 A、B、C、D、E 五个点，见解图 3-2。

晶体转动，如[010]转动时：

(111) 晶面对应于 A 阵点显然与反射球相截，即产生衍射斑点花样。

(200) 晶面对应于 B 阵点显然与反射球相截，即产生衍射斑点花样。

(311) 晶面对应于 C 阵点，转晶时，C 点的转动点为 M，连接 MC，则 MC 为转动半径，此时 $MC=\sqrt{3^2+1^2}=\sqrt{10}=3.160$，过 M 点的垂直线交反射球上交点为 Q，MQ 与水平半径相交于 S 点，则 $MQ=1.785+\sqrt{1.785^2-1^2}=3.264$。

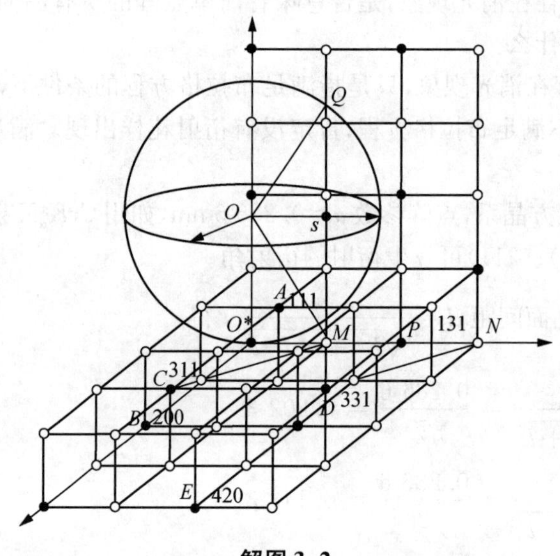

解图 3-2

所以 $MQ > MC$，故点与球相截，产生斑点衍射花样。

(331)晶面对应于 D 阵点，转动点为 N，$O^* N = 3a^*$ 大于球半径 $1.785a^*$，故转晶时 D 点在球外，不会与球相截，即不产生衍射斑点花样。

(420)晶面对应于 E 阵点，转动点为 P，$O^* P = 2a^*$ 大于球半径 $1.785a^*$，故转晶时 E 点在球外，不会与球相截，即不产生衍射斑点花样。

3.7 在结构因子 F^2_{HKL} 的计算中，原子的坐标是否可以在晶胞中任选？比如面心点阵中 4 个原子的位置坐标是否可以选为(1, 1, 1)、(1, 1, 0)、$\left(\frac{1}{2}, \frac{1}{2}, 0\right)$、$\left(\frac{1}{2}, 1, \frac{1}{2}\right)$，计算结果如何？选取原子坐标时应注意什么？

答：面心点阵共有 4 个原子，坐标为：(0, 0, 0)、$\left(\frac{1}{2},\frac{1}{2}, 0\right)$、$\left(\frac{1}{2}, 0,\frac{1}{2}\right)$$\left(0, \frac{1}{2},\frac{1}{2}\right)$为四个不重复的原子，分别位于顶点和三个相邻面的面心结构因子大小为 $F^2_{HKL} = [f + f\cos(K + L)\pi - f\cos(L + H)\pi + f\cos(1 + K)\pi]^2_0$。而(1, 1, 1) 与(1, 1, 0) 同为顶点处原子，两者重复。$\left(\frac{1}{2}, \frac{1}{2}, 0\right)$与$\left(\frac{1}{2}, 1, \frac{1}{2}\right)$也重复，以此计算的结构因子大小为 $F^2_{HKL} = [2f + f\cos(H + K)\pi + f\cos(H + L + 2K)\pi]^2$。

计算结果不同故选取坐标时不能重复！

3.8 辨析以下概念：X 射线的散射、衍射、反射、选择反射。

答：X 射线的散射：X 射线作用物质，如电子、原子等均会发生 X 射线方向变化的现象，即为 X 射线的散射。若从散射前后 X 射线的能量是否变化看，波长变化的散射为非弹性散射，波长不变的散射为弹性散射。若从多波源考虑，则 X 射线散射分为相干散射与非相干散射。X 射线与束缚紧的内层电子作用，电子仅在原位振动，形成振动源，多源之间的作用，由于波长相同，在光程差等于波长的整数倍时发生相干现象，该种散射称相干散射。反之，X 射线与束缚松的外层电子作用，电子被打飞成自由电子，X 射线的能量下降，方向改变，多波源之间的波

长不一,该种散射为非相干散射。

衍射:是相干的散射。

反射:任何条件下均能发生,无条件,任意角度下均能进行。

选择反射:是一种有条件的反射。即满足布拉格方程的那些方向上产生的反射,同时保证不消光,即结构因子不为零。

3.9 多重因子、吸收因子和温度因子是如何引入多晶体衍射强度公式的?衍射分析时如何获得它们的值?

答: 多重因子 P:晶面(hkl)发生衍射时,它是{hkl}晶面族中的一个,晶面族中其他晶面的晶面间距相同,同样满足布拉格方程,符合衍射条件,产生衍射强度,且具有相同的衍射角,因此引入多重因子 P,P 的大小即为晶面族中晶面的个数。

吸收因子 A:物质对 X 射线的吸收不可避免,只是多少而已,吸收必然导致衍射强度降低。平面试样时,X 射线作用试样的体积基本为常数,与衍射角无关,此时的吸收即可看成常数,即引入吸收因子 A,大小可查表获得。

温度因子 e^{-2M}:假定原子静止不动,发生衍射时,原子所在的晶面严格满足衍射条件,实际上晶体中的原子是绕其平衡位置不停地做热振动,且温度愈高,其振幅愈大。这样,在热振动过程中,原子离开了平衡位置,破坏了原来严格满足的衍射条件,从而使该原子所在反射面的衍射强度减弱。因此,需要引入温度因子,衍射分析时可查表获得。

3.10 "衍射线的方向仅取决于晶胞的形状与大小,而与晶胞中原子的位置无关","衍射线的强度则仅取决于晶胞中原子的位置,而与晶胞形状及大小无关"这两句表述对吗?

答: 布拉格方程 $2d\sin\theta=\lambda$ 决定衍射方向,衍射角度 2θ 与入射的波长,晶胞的形状、大小密切相关,与胞中原子种类及其数量、位置无关。而衍射线的强度为

$$I_{相对}=F_{HKL}^2\cdot\frac{1+\cos^2 2\theta}{\sin^2\theta\cos\theta}\cdot P\cdot A\cdot e^{-2M}\cdot\frac{V}{V_0^2}$$

影响因子很多,主要有结构因子、角度因子、温度因子、吸收因子、多重因子等。结构因子

$$\begin{aligned}F_{HKL}^2&=F_{HKL}\cdot F_{HKL}^*=\sum_{j=1}^{n}f_j e^{i\varphi_j}\cdot\sum_{j=1}^{n}f_j e^{-i\varphi_j}\\&=\Big[\sum_{j=1}^{n}f_j\cos 2\pi(HX_j+KY_j+LZ_j)\Big]^2+\Big[\sum_{j=1}^{n}f_j\sin 2\pi(HX_j+KY_j+LZ_j)\Big]^2\end{aligned}$$

结构因子与原子的种类、位置、数量密切相关。因此前一句衍射方向的表述是对的,而后一句关于衍射强度的表述不对。

3.11 采用 CuK_α(λ=0.154 0 nm)照射 Cu 样品,已知 Cu 的点阵常数 a=0.361 0 nm,分别采用布拉格方程和厄瓦尔德球求其(200)晶面的衍射角。

答: 运用铜靶产生的 X 射线照射铜,理论上讲入射的特征 X 射线会被 1 试样大量吸收,使衍射强度大幅下降,但不影响衍射方向的讨论。

1) 布拉格方程:Cu 为面心立方,晶面(200)的晶面间距 $d=\frac{a}{\sqrt{h^2+k^2+l^2}}=\frac{a}{2}=$ 0.180 5 nm

$\sin\theta = \dfrac{\lambda}{2d} = 0.4266$，即 $\theta = \arcsin 0.4266$，衍射角 $2\theta = 50.50°$。

2）厄瓦尔德球解：球半径为 $\dfrac{1}{\lambda} = \dfrac{1}{0.154} = 6.4935\ \text{nm}^{-1}$，晶面间距 $d = \dfrac{a}{\sqrt{h^2+k^2+l^2}} = \dfrac{a}{2} = 0.1805\ \text{nm}$，以垂直面厄瓦尔德圆讨论，圆心为 O。$\dfrac{1}{d} = 5.5401$，以 O^* 为圆心，$\dfrac{1}{d}$ 长为半径，作圆弧交厄瓦尔德圆于 A，见解图 3-3，连接 OA 即为衍射方向，OO^* 为入射方向，$\angle O^*OA = 2\theta$ 为衍射角。

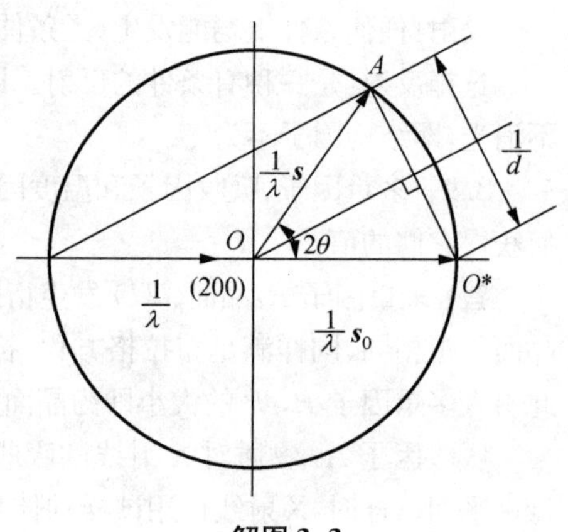

解图 3-3

3.12 多重因子的物理意义是什么？试计算立方晶系中{010}、{111}、{110}的多重因子值。

答： 多重因子 P：晶面(hkl)发生衍射时，它是{hkl}晶面族中的一个，晶面族中其他晶面的晶面间距相同，同样满足布拉格方程，符合衍射条件，产生衍射强度，且具有相同的衍射角，多重因子 P 的物理意义即为晶面族中该晶面的个数。立方系{010}、{111}、{110}的多重因子分别为 6，8，12。

3.13 今有一张用 CuK_α(λ=0.1540 nm)照射 W 粉末试样，摄得其衍射花样。试计算头四根衍射线的相对积分强度，不计算吸收因子和温度因子，并设定最强线的强度为 100。头四根衍射线的 θ 值分别如下：

20.2°、29.2°、36.7°、43.6°。

答： CuK_α 的 λ=0.1540 nm，W 粉的结构为体心立方，其衍射的相对强度为

$$I_{相对} = F_{HKL}^2 \cdot \frac{1+\cos^2 2\theta}{\sin^2\theta\cos\theta} \cdot P \cdot A \cdot e^{-2M} \cdot \frac{V}{V_0^2}$$

其中吸收因子 A、温度因子 e^{-2M} 及 $\dfrac{V}{V_0^2}$，对于同一衍射条件平面试样的吸收与衍射角无关，可不考虑其影响。

此时相对强度主要考虑 $I_{相对} = F_{HKL}^2 \dfrac{1+\cos^2 2\theta}{\sin^2\theta\cos\theta} \cdot P$

W 衍射时 $F_{HKL}^2 = 4f^2$，原子散射因子与衍射角有关，不同衍射角会影响其衍射强度。头四根衍射峰结合消光规律得对应的衍射晶面分别为{110}、{200}、{211}和{220}。

{110}：$P = 12$，$\theta_1 = 20.2°$，$\dfrac{\sin\theta_1}{\lambda} = 2.24$，由附录表通过线性插值法得 $f_1 = 58$；

{200}：$P = 6$，$\theta_2 = 29.2°$，$\dfrac{\sin\theta_2}{\lambda} = 3.17$，由附录表通过线性插值法得 $f_2 = 51$；

{211}：$P = 24$，$\theta_1 = 36.7°$，$\dfrac{\sin\theta_3}{\lambda} = 3.88$，由附录表通过线性插值法得 $f_3 = 46$；

$\{220\}$：$P=12$，$\theta_1=43.6°$，$\dfrac{\sin\theta_1}{\lambda}=4.48$，由附录表通过线性插值法得 $f_4=42$。

此时 $I_{相对1}=4f^2\cdot\dfrac{1+\cos^2 2\theta_1}{\sin^2\theta_1\cos\theta_1}\cdot P=2\ 279\ 913$

$$I_{相对2}=4f^2\cdot\frac{1+\cos^2 2\theta_2}{\sin^2\theta_2\cos\theta_2}\cdot P=382\ 954$$

$$I_{相对3}=4f^2\cdot\frac{1+\cos^2 2\theta_3}{\sin^2\theta_3\cos\theta_3}\cdot P=767\ 273$$

$$I_{相对4}=4f^2\cdot\frac{1+\cos^2 2\theta_4}{\sin^2\theta_4\cos\theta_4}\cdot P=246\ 442$$

令 $I_{相对1}$ 为 100，则 $I_{相对2}$、$I_{相对3}$、$I_{相对4}$ 的相对强度分别为 15、23 和 8。

3.14 多晶衍射强度中，为什么平面试样的吸收因子与 θ 角无关。

答：见解图 3-4，衍射角小时，辐照面积大，但深度浅，当衍射角大时，辐照面积小，但作用深度深，X 射线的作用体积基本不变，故吸收因素与 θ 角无关，仅与样品的线吸收系数 μ_l 有关，并可证明平板试样的吸收因子为常数，即 $A=\dfrac{1}{2\mu_l}$。

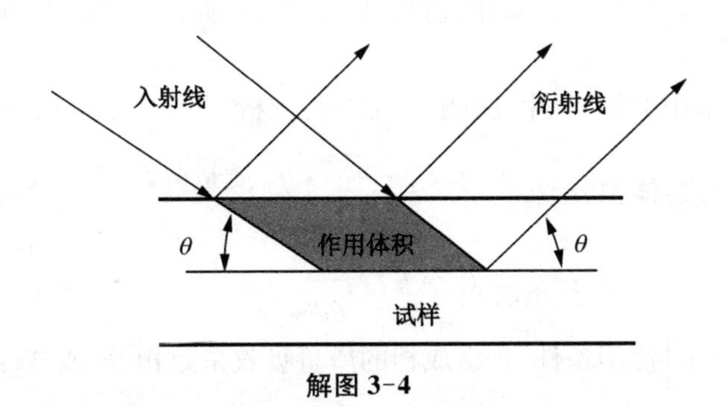

解图 3-4

3.15 X 射线作用于固体物质后发生了衍射，试问所产生的衍射花样可以反映晶体的哪些有用信息？

答：X 射线作用于固体物质后发生了衍射，所产生的衍射花样可以反映晶体的多种有用信息。衍射方向可以反映晶胞的形状、大小；衍射强度可以反映晶胞中原子的种类、位置、数目等，两者结合可以反映晶体的相结构、相对量、内应力和织构等信息。

第 4 章　X 射线的多晶衍射法及其应用

本章主要介绍了 X 射线的多晶衍射法及其在材料研究中的应用，主要包括物相分析、宏观残余应力、微观残余应力、薄膜厚度测定及织构分析等，共分 9 个知识点介绍。

4.1　本章小结

X 射线仪：在 X 射线入射方向不变的情况下，通过测角仪保证样品的转动角速度为计数器的一半，当样品从 0°转到 90°时，记录系统可以连续收集并记录试样中所有符合衍射条件的各晶面所产生的衍射束的强度，从而获得该样品的 X 射线衍射花样。由此花样可以分析试样的晶体结构、物相种类及其含量、宏观应力、微观应力、精确测量晶体的点阵参数以及多晶体织构等。

物相分析
- 定性分析
  - 依据：I 的大小取决于晶体结构的基本参数：点阵类型、单胞大小、单胞中原子位置、数目等，不同的物相（固溶体、单质、化合物）具有不同的衍射花样
  - 方法：采用 PDF 卡片或电脑程序进行分析
- 定量分析
  - 基本公式：体积分数：$I_j = C_j \cdot \frac{1}{\rho\mu_m} \cdot f_j$　质量分数：$I_j = C_j \cdot \frac{1}{\rho_j\mu_m} \cdot \omega_j$
  - 计算方法
    - 1）单线条法 $I_j = C_j \cdot \frac{1}{\rho_j\mu_m} \cdot \omega_j = C_j^* \cdot \omega_j$，$\frac{I_j}{I_{j0}} = \frac{C_j^* \cdot \omega_j}{C_j^*} = \omega_j$
      使用条件：各组成相的质量吸收系数相等，或试样由同素异构体组成
    - 2）内标法 $\frac{I'_A}{I_S} = K_S \cdot \omega_A$ 需先制定内标曲线得 K_S
    - 3）K 值法 $\frac{I'_A}{I_S} = K_S^A \cdot \frac{(1-\omega_S)}{\omega_S} \cdot \omega_A$ 不需制定内标曲线
    - 4）参比强度法及绝热法

点阵参数的精确测量
- 研究思路：理论上在 θ 为 90°时，衍射线的分辨率最高，点阵参数的测量误差最小，但实际上无法收集到衍射线，故不能直接获得 θ 为 90°时的点阵参数值，故采用间接法如外延法来获取
- 测量方法
  - 标准样校正法
  - 外延法
    - $a - \cos^2\theta$
    - $a - \frac{1}{2}\left(\frac{\cos^2\theta}{\sin\theta} + \frac{\cos^2\theta}{\theta}\right)$
    - 最小二乘法，获得拟合直线再外延至 90°

宏观残余应力测量
- 研究思路：宏观残余应力→晶体中较大范围内均匀变化→d 变化→$\sin\theta=\frac{n}{2d}\lambda$ 变化→峰位位移→$\Delta\theta\rightarrow\frac{\Delta d}{d}=\varepsilon\rightarrow\sigma$
- 基本前提：① 单元体表面无剪应力；② 所测应力为平面应力
- 基本公式：$\sigma_\phi=K\cdot M$ 式中：$K=-\frac{E}{2(1+\nu)}\cdot\cot\theta_0\cdot\frac{\pi}{180}$，$M=\frac{\partial(2\theta_\psi)}{\partial\sin^2\psi}$
- K 的获取方法：查表法和测量计算法
- M 的获取方法：两点法(0－45°) 和多点法(拟合)
- 测量仪器：(1) X 射线仪：小试样可动，仪器固定
  (2) X 射线应力仪：大试样固定，仪器可动

微观残余应力测量
- 研究思路：微观残余应力→晶体中数个晶粒或单晶粒中数个晶胞甚至数个原子范围存在→d 有的增加有的减小，呈统计分布→衍射线宽化但无位移→宽化程度决定其微观应力的大小
- 计算公式：$\sigma=E\cdot\varepsilon=E\frac{n}{4\tan\theta_0}$，式中 n 为峰线宽度；E 为弹性模量

非晶态物质的研究
- 研究思路：非晶态物质不存在周期性，无点阵等概念，也无尖锐衍射峰，而是一漫散峰，通过系列处理获得非晶态物质的径向分布函数
- 表征函数：径向分布函数
- 结构常数：配位数、最近邻原子的平均距离、短程有序畴、原子的平均位移
- 晶化过程：衍射峰由漫散过渡到尖锐

晶粒尺寸测量
- 研究思路：晶粒细化→参与衍射的晶粒数增加→倒易球的面密度提高增厚→与反射球的交线宽度增加→衍射线宽化，峰位未发生移动，宽化程度决定了晶粒细化的程度
- 计算公式：$L=\frac{K\lambda}{m\cos\theta}$，式中 m 为峰线宽度，L 为晶粒尺寸，K 为常数，θ 和 λ 分别为布拉格角和 X 射线的波长

织构
- 概念
  - 择优：多晶体中部分晶粒取向规则分布的现象
  - 织构：指多晶体中众多已经处于“择优取向”位置的晶粒的协调一致的排列状态
  - 关系：织构是择优取向的结果
- 后果：各向异性
  - 利：变压器硅钢片，减少涡流损失
  - 弊：板料冲压
- 织构分类
  - 丝织构：多晶体中晶粒因择优取向而使其晶向〈uvw〉趋于平行的一种位向状态
  - 板织构：多晶体中晶粒的某一晶面{hkl}平行于多晶体材料某一特定的外观平面，而且某一晶向〈uvw〉必须平行于某一特定的方向
- 织构的表征
  - 指数法
  - 极图法
  - 反极图法
  - 三维取向分布函数法

小角X射线散射

定义：当X射线透过试样时，在靠近原光束2°～5°的小角度范围内发生的相干散射

原因：在于物质内部存在着尺度在1～100 nm范围内的电子密度起伏

影响因素：散射体尺寸、形状、分散情况、取向及电子密度分布等

原理：1) Guinier公式 $I(h)=I_e n^2 M\exp\left(-\frac{h^2}{3}R_g^2\right)$

散射粒子的旋转半径 $R_g=\sqrt{-3\alpha}=0.77R$

当粒子为椭圆形球体，两轴半径为 a，另一轴半径为 νa，则 $R_g=\sqrt{\frac{2+\nu^2}{5}}a$

2) Porod公式

$$I(h\to\infty)=I_e(\rho_A-\rho_B)^2\frac{2\pi s}{h^4}$$

对于两相边界分明的体系，其散射强度在无限长狭缝准直系统情况下满足：$\lim\limits_{h\to\text{大值}}[h^3 I(h)]=K_p$

K_p 为Porod常数，当h趋于大值时，$h^3 I(h)$ 趋于一个常数，表明粒子具有明锐的相界面；若 $h^3 I(h)$ 不趋于一常数，则表明粒子没有明锐的界面，即表现为对Porod定律的偏离

应用：表征物质的长周期、准周期结构、界面层以及呈无规则分布的纳米体系；测定金属和非金属纳米粉末、胶体溶液、生物大分子以及各种材料中所形成的纳米级微孔、合金中的非均匀区和沉淀析出相尺寸分布以及非晶合金在加热过程中的晶化和相分离等方面的研究

残余奥氏体的测量

原理：根据同一衍射花样中残余奥氏体和邻近马氏体线条强度的测定比较求得

扫描速度：一般为每分钟(1/2)°或(1/4)°，当残余奥氏体量较少时扫描速度应更慢

当淬火钢由马氏体和残余奥氏体两相组成时，由 $\frac{I_r}{I_\alpha}=\frac{C_r\cdot f_r}{C_\alpha\cdot f_\alpha}$ 与 $f_r+f_\alpha=1$ 联列方程组求得 f_r

当淬火钢由马氏体、残余奥氏体及未溶碳化物（渗碳体）三相组成时，可分别由 I_r/I_c、C_r/C_c 算出 f_r/f_c，I_α/I_c、C_α/C_c 算出 f_α/f_c，再利用 $f_r+f_c+f_\alpha=1$ 算得 f_r

薄膜厚度测定

研究思路：利用有膜和无膜时物质对X射线吸收程度的不同，从而导致衍射强度的变化来进行薄膜厚度测量

计算公式：$t=\frac{\sin\theta}{2\mu_l}\cdot\ln\frac{I_0}{I_f}$ 式中 θ 为布拉格角，μ_l 为线吸收系数，I_0 和 I_f 分别为无膜和有膜下的衍射强度，t 为薄膜厚度

薄膜应力测定
- 研究思路：薄膜应力宏观上表现为平面应力，理论上薄膜晶体可采用平面应力测量方法进行，实际上由于薄膜的衍射强度低，常规应力测量误差大，需对其进行改进。一般采用掠射法、侧倾法和内标法，三者结合测定薄膜的内应力
- 计算公式：$\sigma=\left(\frac{\partial 2\theta'}{\partial \sin^2\psi}\right)=K\left[\frac{\partial(2\theta-2\theta_c)}{\partial \sin^2\psi}\right]$式中$\psi$为测量面$(hkl)$法线与试样表面法线的夹角，$\theta$为掠射角，$K$为应力常数，$\sigma$为薄膜应力

4.2 知识点1-X射线衍射仪原理

4.2.1 知识点1注意点

1）测角仪中的衍射几何本质上为布拉格方程的厄瓦尔德球解的几何图。测角仪中随着试样的转动，计数器以两倍试样角速度随之转动，试样为平板试样，测试的始终是平行于试样表面的晶面衍射。随着θ从0°～90°转动，试样中所有平行于试样表面的晶面，晶面间距由大到小依次参与衍射。并非所有的平行于试样表面的晶面均能参与衍射，只有晶面间距大于入射X射线波长之半的晶面且满足布拉格方程，其结构因子$F_{HKL}^2\neq 0$方能参与衍射，产生衍射花样。

多晶衍射图谱中各衍射峰反映的衍射晶面与试样表面平行。

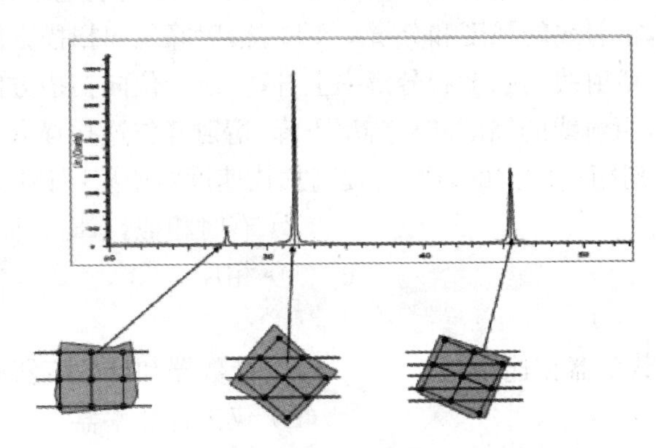

图4-1　多晶衍射图谱各衍射峰对应的衍射晶面

因计数管与样品台保持联动，角速率之比为2∶1，随着样品的转动，θ从0°→90°，由布拉格方程可得晶面间距$d=\frac{\lambda}{2\sin\theta}$将从最大降到最小($\lambda/2$)，从而使得晶体表层区域中晶面间距不等的所有平行于表面的晶面均参与了X射线散射，当θ由小增大时，反映的晶面间距由大到小，见图4-1，但并非所有平行于表面的晶面都能产生衍射花样，仅有晶面间距大于波长之半、满足布拉格方程、结构因子不为零的晶面才有衍射花样。

2）聚焦圆的大小和圆心均动态变化。

3）扫描速度愈快，衍射峰愈平滑，衍射线的强度和分辨率下降，衍射峰位向扫描方向漂移，引起衍射峰的不对称宽化。但也不能过慢，否则扫描时间过长，一般以3°～4°/min为宜。

4）连续扫描:计数器和计数率器相连,常用于物相分析。

5）步进扫描:计数器与定标器相连,常用于精确测量衍射峰的强度、确定衍射峰位、线形分析等定量分析工作。

4.2.2 知识点1选择题

1. 测角仪中聚焦圆的作用(　　)

(A) 可使晶面衍射前会聚,减少入射线的散失,提高入射强度

(B) 可使晶面衍射后会聚,减少衍射线的散失,提高衍射强度和分辨率

(C) 可使晶面衍射前会聚,减少入射线的散失,提高入射分辨率

(D) 可使晶面衍射后会聚,增加衍射线的散失,提高衍射强度和分辨率

2. 测角仪中聚焦圆(　　)

(A) 圆心和大小均随样品的转动而变化

(B) 圆心和大小均不随样品的转动而变化

(C) 圆心随样品的转动而变化,但大小不变

(D) 大小随样品的转动而变化,但圆心不变

3. 计数管与样品台保持联动,角速度之比为(　　)

(A) 2∶1　　(B) 3∶1　　(C) 4∶1　　(D) 1∶2

4. 扫描速度愈快,则(　　)

(A) 衍射峰平滑,衍射线的强度和分辨率下降,衍射峰位向扫描方向漂移

(B) 衍射峰粗糙,衍射线的强度和分辨率下降,衍射峰位向扫描方向漂移

(C) 衍射峰平滑,衍射线的强度和分辨率上升,衍射峰位向扫描方向漂移

(D) 衍射峰平滑,衍射线的强度和分辨率下降,衍射峰位逆扫描方向漂移

5. 增加时间常数对衍射图谱的影响与提高扫描速度对衍射图谱的影响(　　)

(A) 类似　　(B) 有时相似,有时不同

(C) 无关　　(D) 相反

6. 连续扫描时(　　)

(A) 计数器和计数率器相连　　(B) 计数器和计数率器脱开

(C) 仅需计数器　　(D) 仅需计数率器

7. 步进扫描(　　)

(A) 计数器与定标器相连　　(B) 计数器与定标器脱离

(C) 仅需计数器　　(D) 仅需定标器

8. 测角仪中的发射光源为(　　)

(A) 点状光源　　(B) 柱状光源

(C) 多点光源　　(D) 两点光源

9. 样品的转动,θ 从 $0° \to 90°$,则衍射晶面间距(　　)

(A) 从最大降到最小($\lambda/2$)　　(B) 从最小升至最大

(C) 不变　　(D) 晶面间距先减小后增大

10. 测角仪中样品转动,θ 从 $0° \to 90°$,产生衍射花样的衍射晶面与试样表面(　　)

(A) 垂直　　(B) 平行　　(C) 成 θ 角　　(D) 成 2θ 角

答案： BAAAA，AABAB

4.3 知识点2-物相定性分析

4.3.1 知识点2注意点

1）X射线衍射花样是衍射方向和衍射强度的综合反映，衍射方向θ由布拉格方程获得，反映晶体中的晶胞大小、点阵类型，而衍射强度I则反映了原子种类、原子数目和原子排列等规律。每种物相均有自己特定的结构参数，因而表现出不同的衍射特征，即衍射线的数目、峰位和强度。即使该物相存在于混合物中，也不会改变其衍射花样。$I-2\theta$衍射图谱综合反映了物相的特定结构，两者一一对应。

2）每种物相理论上需8个衍射峰对应方可确认，为什么呢？这是由于在消光规律中：

简单立方：$m=H^2+K^2+L^2$无消光，值分别为1、2、3、4、5、6、(7)、8、…；

体心立方：$H+K+L=$奇数时消光，值分别为2、4、6、8、10、12、14、16、…。

显然，体心立方为简单立方的两倍，前6个峰位均一样，只是高度不同，第7峰时出现差异，故需第8峰验证，即理论上需要8个峰才能确切区分物相。

4.3.2 知识点2选择题

1. 物相是指(　　)

(A) 材料中成分一致、性质不同、结构相同并与其他部分以界面分开的部分

(B) 材料中成分不同、性质一致、结构相同并与其他部分以界面分开的部分

(C) 材料中成分和性质一致、结构相同并与其他部分以界面分开的部分

(D) 材料中成分和性质不同、结构相同并与其他部分以界面分开的部分

2. 物相根据组成元素是否作用分为(　　)

(A) 纯元素、固溶体和化合物　　(B) 固溶体和化合物

(C) 固溶体　　(D) 化合物

3. 物相分析是指(　　)

(A) 确定所研究的材料由哪些物相组成和确定各种组成物相的相对含量的分析过程

(B) 确定所研究的材料由哪些物相组成的分析过程

(C) 确定各种组成物相相对含量的分析过程

(D) 确定所研究的材料由哪些元素组成和确定各种组成元素相对含量的分析过程

4. 利用特征X射线波长与原子序数之间的对应关系(莫塞莱公式)，能获得材料的(　　)

(A) 元素信息　　(B) 物相形貌信息

(C) 物相结构信息　　(D) 物相定性和定量信息

5. X射线衍射分析可以获得(　　)

(A) 元素定性信息　　(B) 物相形貌信息

(C) 物相结构信息　　(D) 元素定量信息

6. 合金的谱分析(　　)

(A) 仅能给出该合金组成元素的种类和相对含量，却不能给出合金相的种类和相对含量
(B) 既能给出该合金组成元素的种类和相对含量，又能给出合金相的种类和相对含量
(C) 不能给出该合金组成元素的种类和相对含量，却能给出合金相的种类和相对含量
(D) 既不能给出该合金组成元素的种类和相对含量，也不能给出合金相的种类和相对含量

7. 物相的定性分析是(　　)
(A) 确定物质是由何种元素组成的分析过程
(B) 确定物质是由何种物相组成的分析过程
(C) 确定物质是由何种固溶体组成的分析过程
(D) 确定物质是由何种化合物组成的分析过程

8. X 射线衍射花样(　　)
(A) 反映晶体中的晶胞大小、点阵类型、原子种类、原子数目和原子排列等规律
(B) 反映试样中的原子种类、原子数目和原子排列等规律，不能反映点阵类型和晶胞大小
(C) 反映晶体中的晶胞大小、点阵类型及点阵对称性等规律
(D) 反映晶体中的晶胞大小、点阵类型和对称性，但不能反映原子种类、原子数目和原子排列等规律。

9. X 射线衍射花样的衍射特征，即(　　)
(A) 衍射峰的数目、峰位和形状　　(B) 衍射峰的数目、峰位和峰的对称性
(C) 衍射峰的数目、分布和形状　　(D) 衍射峰的数目、峰位和强度

10. 物相分析时与 PDF 卡片上的对应峰位数理论上需要(　　)
(A) 4 个　　(B) 5 个　　(C) 7 个　　(D) 8 个

答案： CAAAC, ABADD

4.4 知识点 3-物相定量分析

4.4.1 知识点 3 注意点

因为 X 射线辐照平面试样时作用的体积 V 为常数，与衍射半角 θ 无关，可以设 $V=1$，则体积分数 $f_j=\frac{V_j}{V}=\frac{V_j}{1}=V_j$，此外 $\mu_m=\frac{\mu_l}{\rho}$，故 $\mu_l=\rho\mu_m$，因此

$$I_j=F_{HKL}^2\cdot\frac{1+\cos^2 2\theta}{\sin^2\theta\cos\theta}\cdot P\cdot\frac{1}{2}\cdot\frac{1}{\rho\mu_m}\cdot e^{-2M}\cdot\frac{f_j}{V_{0j}^2}\tag{4-1}$$

令 $C_j=F_{HKL}^2\cdot\frac{1+\cos^2 2\theta}{\sin^2\theta\cos\theta}\cdot P\cdot\frac{1}{2}\cdot e^{-2M}\cdot\frac{1}{V_{0j}^2}$，则

体积分数 f_j 的计算式：

$$I_j=C_j\cdot\frac{1}{\rho\mu_m}\cdot f_j\tag{4-2}$$

同理,质量分数 $\omega_j = \frac{M_j}{M} = \frac{\rho_j V_j}{\rho V} = \frac{\rho_j f_j}{\rho}$,则 $f_j = \frac{\rho}{\rho_j}\omega_j$,因此

质量分数 ω_j 的计算式:

$$I_j = C_j \cdot \frac{1}{\rho_j \mu_m} \cdot \omega_j \tag{4-3}$$

物相的定量分析有多种,外标法、内标法、K 值法、参比强度法、绝热法等。

1) 外标法

$$\frac{I_j}{I_{j0}} = \frac{\rho_j}{\rho} \cdot \omega_j = \frac{\rho_j}{\sum_{i=1}^{n} \rho_i \omega_i} \cdot \omega_j \tag{4-4}$$

当 $\rho = \rho_j$ 即 $\rho_j = \sum_{i=1}^{n} \rho_i \omega_i$ 时,$\frac{I_j}{I_{j0}} = \omega_j$。因此外标法使用条件苛刻,各组成相的质量吸收系数应相同或试样为同素异构物质组成。当组成相的质量吸收系数不等时,该法仅适用于两相,此时,可事先配制一系列不同质量分数的混合试样,制作定标曲线,应用时可直接将所测曲线与定标曲线对照得出所测相的含量。

为什么需要同素异构呢?原因是该法在混合相的质量吸收系数与所求相相同时,才能求得所求相的质量分数。而混合相的质量吸收系数是各组成相的吸收系数与其对应的质量分数乘积的和,仅当各组成相的质量吸收系数相同即同素异构时,两者才能相等即 $\rho = \rho_j$,运用该法才能获得所求相的质量分数 ω_j。

2) 内标法

在所测试样中加入已知的标准相 S,测定混合样的衍射花样,分别获得所测相 A 和标准相 S 的衍射强度 I'_A 和 I_S,再通过实验指定内标曲线,获得其斜率 K_S,代入公式:$\frac{I'_A}{I_S} = K_S \cdot \omega_A$ 即可获得所测相 A 的质量分数 ω_A。内标法需先制定内标曲线,且要求试样为粉末态,这样方可加入标准相。

3) K 值法

同样需要加入标准相 S,已知其质量分数 ω_S,测定混合样的衍射花样,分别获得所测相 A 和标准相 S 的衍射强度 I'_A 和 I_S,此时通过查表计算得 $K_S^A = \frac{C_A \cdot \rho_S}{C_S \cdot \rho_A}$,代入 $\frac{I'_A}{I_S} = K_S^A \cdot \frac{(1-\omega_S)}{\omega_S}\omega_A$,即可获得所测相 A 的质量分数 ω_A。也可实验确定,仅需配制一次,即取各占一半的纯 A 和纯 S($S = A' = 50\%$),分别测定混合样的 I_S 和 I'_A,由 $\frac{I'_A}{I_S} = \frac{C_A \cdot \rho_S}{C_S \cdot \rho_A} \cdot \frac{\omega'_A}{\omega_S} = \frac{C_A \cdot \rho_S}{C_S \cdot \rho_A} = K_S^A$ 得 K_S^A。K 值法是内标法的简化,无需测定内标曲线。

4) 参比强度法

该法采用刚玉($\alpha - Al_2O_3$)作为统一的标准相 S,某相 A 的 K_S^A 已标于卡片的右上角或数字索引中,无需通过计算或实验即可获得 K_S^A 了。

当待测试样中仅有两相时,定量分析不必加入标准相,此时存在以下关系:

$$\begin{cases}\dfrac{I_1}{I_2} = K_2^1 \cdot \dfrac{\omega_1}{\omega_2} = \dfrac{K_S^1}{K_S^2} \cdot \dfrac{\omega_1}{\omega_2} \\ \omega_1 + \omega_2 = 1\end{cases} \tag{4-5}$$

解该方程组即可获得两相的相对含量了。

参比强度法是 K 值法的再简化，适合粉体试样，仅有两相时也可适用于块体试样。

5）绝热法

绝热法无需添加标准相，而是以自身某相为标准相，但需知道试样的所有组成相。

总之，X 射线衍射定量分析方法较多，需全面理解各自的应用条件，各方法之间的关系，在具体应用时应明确公式中各符号代表的含义，切勿误解。

例如：已知某混合物由 $TiO_2 + Al_2O_3$ 组成，用内标法测定其晶相的含量，混合物与加入标准物质（Al_2O_3）质量比为 80∶20。TiO_2 与 Al_2O_3 衍射峰强度为 1.7∶3，已知 TiO_2 的 K_S^A 为 3.40，求原混合物中 TiO_2 质量分数。

解：原位两相混合物，采用内标法进行定量分析，关键是加入的标准相 Al_2O_3 与原混合相中的一组成相一样，因此在使用公式时应注意使用条件。方法有多种，现介绍四种。

解法一：设混合物中 TiO_2 质量分数为 ω_{TiO_2}，则由 K 值法得

$$\frac{I'_{TiO_2}}{I_{Al_2O_3}} = \frac{1.7}{3} = K_S^A \frac{\omega'_{TiO_2}}{\omega_{Al_2O_3}} = 3.4\frac{0.8\omega_{TiO_2}}{1-0.8\omega_{TiO_2}}$$

得 $\omega_{TiO_2} = 17.8\%$。

解法二：由已知条件可假定混合物质量为 80 g，加入的标准相 Al_2O_3 为 20 g，再设混合物中 TiO_2 为 x g，则混合物中的 Al_2O_3 为 $(80-x)$ g。则加入 20 g 标准物质 Al_2O_3 后，Al_2O_3 总量为 $20+(80-x)=(100-x)$ g，此时 TiO_2 和 Al_2O_3 的质量分数分别为 $\omega'_{TiO_2} = \dfrac{x}{100}$ 和 $\omega'_{Al_2O_3} = \dfrac{100-x}{100}$。

由 K 值法 $\dfrac{I'_{TiO_2}}{I'_{Al_2O_3}} = K_S^A \dfrac{\omega'_{TiO_2}}{\omega'_{Al2O_3}}$ 得方程 $\dfrac{x}{100-x} = \dfrac{1}{6}$，解之得 $x = \dfrac{100}{7}$。此时原混合物中 TiO_2 的相对量为 $\dfrac{x}{80} = 17.8\%$。

解法三：设混合物 80 g 为整数 1，TiO_2 质量分数为 $x\%$，则加入标准相 20 g 后总量为 1.25。

此时由 K 值法得方程：$\dfrac{I'_{TiO_2}}{I'_{Al_2O_3}} = K_S^A \dfrac{x}{1.25-x} = \dfrac{1.7}{3}$，解之得 $x = 17.8\%$。

解法四：设待测相 TiO_2 为 A，混合物中的余相为 X，标准相为 S，$\omega_A = \dfrac{A}{A+X}$。因混合物与加入标准相 Al_2O_3 的质量比为 80∶20，则得方程(1)：$\dfrac{S}{A+X+S} = \dfrac{20}{20+80} = \dfrac{1}{5}$，再由已知条件

$$\frac{I'_{TiO_2}}{I'_{Al_2O_3}} = K_S^A \frac{\omega'_A}{\omega'_S} = 3.4\frac{\dfrac{A}{A+X+S}}{\dfrac{X+S}{A+X+S}} = 3.4\frac{A}{A+X} = \frac{1.7}{3}$$，得方程(2) $\frac{A}{A+X} = \frac{1}{6}$，解方程组(1)、(2)得

$$\begin{cases} X = \dfrac{23}{7}S, \\ A = \dfrac{5}{7}S, \end{cases}$$ 代入 $\omega_A = \frac{A}{A+X}$ 得 $\omega_A = 17.8\%$。

4.4.2 知识点3选择题

1. 定量分析的依据：各相衍射峰的(　　)

(A) 相对强度　(B) 峰位　(C) 数目　(D) 分布

2. $I_j = F_{HKL}^2 \cdot \frac{1+\cos^2 2\theta}{\sin^2\theta\cos\theta} \cdot P \cdot \frac{1}{2\mu_l} \cdot e^{-2M} \cdot \frac{V_j}{V_{0j}^2}$ 中结构因子是(　　)

(A) P　(B) F_{HKL}^2　(C) $\frac{1+\cos^2 2\theta}{\sin^2\theta\cos\theta}$　(D) $\frac{1}{2\mu_l}$

3. 外标法比较简单，但使用条件苛刻，要求各组成相的质量吸收系数(　　)

(A) 应相同或组成相为同素异构　(B) 应不同，且相差较大

(C) 应不同，且相差较小　(D) 很大

4. 当组成相为两相时，可事先配制一系列不同质量分数的混合试样，制作定标曲线，直接将所测曲线与定标曲线对照得出所测相的含量，此时两组成相(　　)

(A) 质量吸收系数应相同　(B) 质量吸收系数可以不同，也可以不同

(C) 质量吸收系数必须不同　(D) 必须是同素异构

5. 内标法适合于(　　)

(A) 固体试样　(B) 粉体试样　(C) 非晶试样　(D) 液体试样

6. K 值法源于内标法(　　)

(A) 它不需制定内标曲线　(B) 它需制定内标曲线

(C) 它要求组成相为同素异构　(D) 它要求组成相质量吸收系数相同

7. K 值法适合于(　　)

(A) 固体试样　(B) 粉体试样　(C) 非晶试样　(D) 液体试样

8. 绝热法不仅适用于粉末试样，也适用于块体试样，但需知道试样的(　　)

(A) 所有组成相　(B) 所有组成元素

(C) 所有组成相的线吸收系数　(D) 所有组织组成物

9. 物相定量分析是分析(　　)

(A) 各组成相的相对量　(B) 各组成相中元素的相对量

(C) 各组织组成物的相对量　(D) 各组织组成物中元素的相对量

10. 参比强度法(　　)

(A) 当待测试样中仅有两相时，定量分析时不必加入标准相

(B) 当待测试样中仅有两相时，定量分析时仍需加入标准相
(C) 当待测试样中有两相以上时，定量分析时不必加入标准相
(D) 当待测试样中有三相以上时，定量分析时才需加入标准相

答案： ABABB，ABAAA

4.5 知识点4-点阵常数的精确测定

4.5.1 知识点4注意点

1) X射线测量点阵常数精度高，特别是在$\theta \to 90^\circ$时精度最高，这是由于布拉格方程中的$\sin\theta$函数在90°时相同的$\Delta\theta$，函数值变化最小。在$\theta = 90^\circ$处的误差最小，然而90°时，$2\theta = 180^\circ$，衍射光子与入射光子平行，无法正确收集衍射的X光子，但可通过外延法获得$\theta = 90^\circ$处的点阵常数值。

电子衍射同样可以获得晶格常数，但由于电子衍射时θ较小，一般在$10^{-1} \sim 10^{-3}$ rad，显然此时的误差较大。

2) 外延函数的制定主观性强，最小二乘法的计算又较烦琐，常用简捷的方法是标准试样法。即采用比较稳定物质如Si、Ag、SiO_2等作标样，其点阵常数已精确测定。将标准物质的粉末掺入待测试样的粉末中混合均匀，或在待测块状试样的表层均匀铺上一层标准试样的粉末，于是在衍射图中就会出现两种物质的衍射花样。由标准物的点阵常数和已知的波长计算出相应θ角的理论值，再与衍射花样中相应的θ角相比较，其差值即为测试过程中的所有因素综合造成的，并以这一差值对所测数据进行修正，就可得到较为精确的点阵常数。该法的测量精度基本取决于标准物的测量精度。

4.5.2 知识点4选择题

1. 点阵常数的测量误差是指测量的(　　)
(A) 偶然误差　(B) 系统误差
(C) 偶然误差＋系统误差　(D) 均方差
2. 为使点阵常数的测量误差最小，θ应取$0^\circ \sim 90^\circ$中的(　　)
(A) 0°　(B) 90°　(C) 45°　(D) 60°
3. 峰顶法适合于(　　)
(A) 尖锐峰　(B) 漫散峰　(C) 分裂峰　(D) 各种形态的峰
4. 半高宽法一般适用于(　　)
(A) 尖锐峰　(B) 漫散峰　(C) 分裂峰　(D) 各种形态的峰
5. 用抛物线拟合法特别适用于(　　)
(A) 尖锐峰　(B) 漫散峰　(C) 分裂峰　(D) 各种形态的峰
6. 外延法的外延函数最佳为(　　)
(A) $f(\theta) = \cos^2\theta$　(B) $f(\theta) = \frac{1}{2}\left(\frac{\cos^2\theta}{\sin\theta} + \frac{\cos^2\theta}{\theta}\right)$
(C) $f(\theta) = \sin\theta$　(D) $f(\theta) = \sin^2\theta$

7. 不能用于晶格常数测量的方法是(　　)

(A) 外延法　　(B) 最小二乘法

(C) 标准样校正法　　(D) K 值法

8. 对于同一个 θ 角时，$\Delta\theta$ 愈小，晶格常数的测量误差(　　)

(A) 愈大　　(B) 不变　　(C) 随机变化　　(D) 愈小

9. 对于一定的 $\Delta\theta$，当 θ 愈大，晶格常数测量精度(　　)

(A) 愈高　　(B) 愈低　　(C) 不变　　(D) 随机变化

10. 影响精确测量点阵常数的关键因素是(　　)

(A) $\sin\theta$　　(B) $\sin^2\theta$　　(C) $\cos^2\theta$　　(D) $1+\sin^2\theta$

答案： CBAAB，BDDAA

4.6 知识点5-宏观应力分析

4.6.1 知识点5注意点

1) 内应力根据其存在的范围可分为三类：

第一类内应力：在较大范围内存在并保持平衡着的应力，又称宏观内应力。释放该应力可使物体的体积或形状发生变化。衍射效应：衍射峰位同一方向漂移，X射线仪测量的理论基础——漂移值。

第二类内应力：在数个晶粒范围内存在并保持平衡着的应力，也称微观内应力。释放此应力时，有时也会引起宏观体积或形状发生变化。衍射效应：衍射峰漫散宽化。X射线测量的理论基础——宽化值。

第三类内应力：在若干个原子范围存在并平衡着的应力，有时称超微观内应力。释放此应力时，不会引起宏观体积和形状的改变。衍射效应：衍射强度下降。

因此，这三类应力均可依据衍射效应进行测定。

2) 宏观内应力测定思路：

宏观应力→较大范围内引起均匀变形→产生均匀应变→使不同晶粒中的衍射面 HKL 的面间距同增或同减→由布拉格方程 $2d\sin\theta=\lambda$→2θ 变化，残余应力愈大，衍射峰峰位位移量就愈大。

峰位位移量⟷宏观应力

X射线衍射法就是通过建立衍射峰位的位移量与宏观应力之间的关系来测定宏观应力的。

具体步骤：

(1) 分别测定工件有宏观应力和无宏观应力时的衍射花样；

(2) 分别定出衍射峰位，获得同一衍射晶面所对应衍射峰的位移量；

(3) 通过布拉格方程的微分式求得该衍射面间距的弹性应变量；

(4) 由应变与应力的关系求出宏观应力的大小。

$\sigma_\phi=-\dfrac{E}{2(1+\nu)}\cdot\cot\theta_0\cdot\dfrac{\pi}{180}\cdot\dfrac{\partial(2\theta_\psi)}{\partial\sin^2\psi}$，设 $K=-\dfrac{E}{2(1+\nu)}\cdot\cot\theta_0\cdot\dfrac{\pi}{180}$，$M=\dfrac{\partial(2\theta_\psi)}{\partial\sin^2\psi}$，

则 $\sigma_\phi = K \cdot M$。

K 恒小于零，所以当 $M > 0$ 时，$\sigma_\phi < 0$，此时衍射角增加，晶面间距减小，表现为压应力；反之，$M < 0$ 时，晶面间距增加，表现为拉应力。

注意：

(1) 测量仪器有两种：X 射线衍射仪和 X 射线应力仪。X 射线衍射仪用于小试样，试样可安装于样品台测角仪上，采用固定 ψ 法，同倾即测量平面与衍射平面共面。X 射线应力仪则用于大试样，在工地上现场测量，采用固定 ψ_0 法，侧倾即测量平面与衍射平面垂直。

(2) 计算 M 值一般采用两点法和多点法两种。两点法简单，多点法精确，但计算麻烦。注意这里的 ψ 是指与试样表面法线方向成 ψ 角的晶面，衍射角 $2\theta_\psi$，晶面指数相同的晶面有不同的 ψ 角，此时转动试样即不同的 ψ 角，而计数器位置不动，还在原位附近扫动，记录的还是设定的晶面(hkl)，不过是与试样表面法线成不同角度(ψ) 的晶面(hkl)，即不同方位相同晶面指数(hkl) 的晶面。

(3) 固定 ψ 法即在样品台上转动试样为选定了的某一 ψ 后，固定试样于样品台，同倾扫描，扫描过程中 ψ 保持固定不变，用于 X 射线衍射仪法。同样，固定 ψ_0 法，即调整 X 射线应力仪的入射方向为某一设定的 ψ_0 后，固定应力仪于大型工件上，侧倾扫描，扫描过程中 ψ_0 保持固定不变，用于 X 射线应力仪法。两者本质相同，可利用 ψ_0 与 ψ 之间的几何关系：$\psi = \psi_0 + 90° - \theta$，同样运用两点法、多点法测量计算获得 M。

3) 第二类内应力(微观内应力)在数个晶粒范围内存在并保持平衡着的应力。释放之，有时也会引宏观体积或形状发生变化。衍射效应：衍射峰漫散宽化。运用 X 射线测量微观内应力的理论基础是测量其衍射峰的宽化值。

4) 晶粒细化的衍射效应同样是衍射线宽化，两者存在区别。前者是不同晶粒中同一晶面间距有的增加有的减小，致使衍射峰向两边扩展宽化。后者是由于点阵扩展，倒易球增厚，与反射球相截的交线圆带变宽，衍射峰宽化。

4.6.2 知识点 5 选择题

1. 内应力是指(　　)

(A) 产生应力的各种因素不复存在时，在物体内部存在并保持平衡着的应力称为内应力

(B) 产生应力的各种因素存在时，在物体内部产生的应力，而当产生应力的各种因素不存在时，该应力又消失，这种应力称为内应力

(C) 产生应力的各种因素不复存在时，在物体内部存在并逐渐消失的应力称为内应力

(D) 产生应力的各种因素不复存在时，在物体内部存在并逐渐增强的应力称为内应力

2. 第一类应力(宏观应力)的衍射效应(　　)

(A) 衍射峰位不变，只是高度增加

(B) 衍射峰位不变，只是高度降低

(C) 衍射峰位向某一方向发生漂移，漂移方向取决于应力的性质

(D) 衍射峰消失

3. 第一类内应力释放时(　　)

(A) 可使物体的体积或形状发生变化　　(B) 衍射峰漫散宽化

(C) 衍射峰漂移　　　　　　　　　　(D) 不会使物体的体积或形状发生变化

4. 第二类内应力的衍射效应(　　)

(A) 衍射峰窄化　　　　　　　　　　(B) 衍射峰漫散宽化

(C) 衍射峰不变　　　　　　　　　　(D) 衍射峰漂移

5. 第二类内应力释放时(　　)

(A) 有时也会引宏观体积或形状发生变化(B) 一定会引宏观体积或形状发生变化

(C) 峰位左移　　　　　　　　　　(D) 峰位右移

6. 第三类内应力释放此应力时(　　)

(A) 会引起宏观体积和形状改变

(B) 不会引起宏观体积和形状改变

(C) 有时会引起宏观体积和形状改变

(D) 不会引起宏观体积改变,但会使形状改变

7. 第三类内应力的衍射效应(　　)

(A) 衍射强度下降　　　　　　　　(B) 衍射强度上升

(C) 衍射强度不变　　　　　　　　(D) 衍射峰漂移

8. X射线衍射仪测定的宏观应力为(　　)

(A) 二维平面应力　　　　　　　　(B) 一维线应力

(C) 三维体应力　　　　　　　　　(D) 零维应力

9. $\sigma_\phi = K \cdot M$ 中 $K = -\frac{E}{2(1+\nu)} \cdot \cot\theta_0 \cdot \frac{\pi}{180}$ 恒小于零,故在 $M>0$ 时,应力性质为(　　)

(A) 拉应力　　　　　　　　　　　(B) 压应力

(C) 既可能为拉应力也可能为压应力　　(D) 交变应力

10. 测量平面是指(　　)

(A) 样品表面法线 ON 与所测晶面的法线 OA 构成的平面

(B) 入射线、所测晶面的法线 OA 和衍射线构成的平面

(C) 样品表面法线 ON 与入射线构成的平面

(D) 衍射线、所测晶面的法线 OA 和衍射线构成的平面

答案: ACABA, BAABA

4.7　知识点6-非晶分析

4.7.1　知识点6注意点

1) 非晶是指质点短程有序排列而长程无序排列的物质,无晶面,故谈不上晶面衍射,但可运用X射线对其作用,产生非晶物质的图谱,并成为区分晶体与非晶体物质的依据,对非晶物质进行系列表征。

2) 非晶物质主要由原子的径向分布函数来反映,并用四个参数进行表征:

(1) 配位数 n——径向分布函数的第一个峰的面积所包含的原子数

(2) 最近邻原子的平均距离 r——径向分布函数的第一个峰峰位距中心的距离

(3) 短程原子有序畴 r_s——径向分布函数振荡趋于停止的点距中心的距离

(4) 原子的平均位移 σ——径向分布函数第一峰的半高宽的 1/2.36。

3) 非晶物质的X射线图谱为一个或多个漫散峰，是区分晶态和非晶态的最显著标志，并可提供以下信息：

(1) 漫散峰的峰位对应于相邻分子或原子间的平均距离，其近似值 d 可由非晶衍射的准布拉格方程 $2d\sin\theta = 1.23\lambda$ 获得。

(2) 漫散峰的半高宽对应于短程有序区的大小 r_s，其近似值可通过谢乐公式 $L\beta\cos\theta = k\lambda$ 中的 L 来表征。

(3) 多个漫散峰意味着短程有序区有多个。

4.7.2 知识点6选择题

1. 非晶态物质是指(　　)

(A) 质点长短程均无序的物质　　(B) 质点短程有序而长程无序排列的物质

(C) 质点长短程均有序的物质　　(D) 质点短程无序而长程有序排列的物质

2. 晶态与非晶态物质的质点近程排列有序，两者具有相似的最近邻关系，因而表现为(　　)

(A) 密度相近，特性相似　　(B) 密度相差较大，特性相似

(C) 密度相近，特性相差较大　　(D) 密度、特性均相差较大

3. 非晶态物质具有(　　)

(A) 结构均匀、各向同性　　(B) 各向异性

(C) 结构不均匀　　(D) 元素分布不均匀、各向异性

4. 非晶态与晶态相比，其热力学(　　)

(A) 很稳定　　(B) 不稳定，会自动向晶态转变

(C) 不稳定，但也不会自动向晶态转变　　(D) 稳定，但在一定条件下会向晶态转变

5. 非晶态物质虽不具有长程有序，但近程有序，近程的范围是指(　　)

(A) 数个晶粒范围　　(B) 数个原子范围

(C) 数个电子范围　　(D) 数个分子范围

6. 非晶态物质虽不具有长程有序，但近程有序，具有确定的结构，该结构可用(　　)

(A) 电子径向分布函数 (*RDF*) 来表征　　(B) 原子径向分布函数 (*RDF*) 来表征

(C) 分子径向分布函数 (*RDF*) 来表征　　(D) 中子径向分布函数 (*RDF*) 来表征

7. 配位数 n (　　)

(A) 即为最近邻球形壳层中的电子数目

(B) 即为最近邻球形壳层中的分子数目

(C) 即为最近邻球形壳层中的原子数目

(D) 由径向分布函数的分布曲线上所有峰下的面积

8. 最近邻原子的平均距离 r(　　)

(A) 可由径向分布函数第一峰的峰位求得

(B) 可由径向分布函数第二峰的峰位求得

(C) 可由径向分布函数第三峰的峰位求得

(D) 可由径向分布函数第一峰的半高宽求得

9. 短程原子有序畴 r_s (　　)

(A) 是指短程原子有序的尺寸大小　　(B) 是指短程分子有序的尺寸大小

(C) 是指短程电子有序的尺寸大小　　(D) 是指短程中子有序的尺寸大小

10. 原子的平均位移 σ (　　)

(A) 大小为 $RDF(r)$ 第一峰半高宽的 $\frac{1}{2.36}$

(B) 大小为 $RDF(r)$ 第一峰的半高宽

(C) 大小为 $RDF(r)$ 第一峰半高宽的 2 倍

(D) 大小为 $RDF(r)$ 第一峰半高宽的 2.36 倍

答案：BAABB，BCAAA

4.8 知识点 7-丝织构

4.8.1 知识点 7 注意点

1) 织构发生于多晶物质，是部分晶粒在外力作用下取向规则分布的现象。有丝织构、面织构和板织构之分，其中面织构可看成板织构的特例，故一般又分为丝织构和板织构两类。

2) 极图是多晶材料中晶粒的某一晶面法线与投影球面的交点(极点)的极射赤面二维投影，投影面为试样宏观坐标系中轧向与横向组成的轧面。

3) 极图的研究对象是多晶材料，而标准投影极图有时也称标准极图则是单晶材料，单晶材料谈不上织构。

4) 极图是测定某晶面 $\{hkl\}$ 的法向的球面投影，再在试样上宏观坐标组成的投影面上的投影，反映晶面法向的密度分布，因此，极图是以测定的晶面(hkl) 命名，即称为$\{hkl\}$ 极图。标准投影极图或标准极图则是测量单晶体的各重要晶面法向的球面投影，反映单晶体中各晶面法向或晶向的取向关系，再以低指数晶面(hkl) 为投影面进行的再投影，标准投影极图即以该低指数晶面(hkl) 命名。

5) 反极图表示某一选定的试样上的宏观坐标(如丝轴、板料的轧向、横向等)相对于微观晶轴(晶体学微观坐标轴)的取向分布。反极图以单晶体的标准投影图为基础坐标，由于晶体的对称特点，只需取其单位投影三角形即可，如立方晶体通常取 001，011，111 构成标准投影三角形，在这个固定的三角形上标注出宏观坐标(如丝织构轴，板材表面法向或轧向)的取向分布密度，也即表明选定的宏观坐标在标准投影极图中不同区域出现的概率，这就形成了反极图。在投影三角形中，如果宏观坐标呈现明显的聚集，表明多晶材料中存在着织构。

6) 反极图虽然只能间接地展示多晶体材料中的织构，但却能直接定量地表示出织构各组成部分的相对数量，适用于定量分析，显然也较适合于复杂的或复合型多重织构的表征。

7) 织构圆锥不同于衍射锥。织构圆锥是由反射晶面的倒矢量(衍射晶面的法线)为母线形成的对顶圆锥，而衍射锥则是衍射晶面的衍射线为母线形成的对顶圆锥。

8) 由丝织构的 I_φ—φ 曲线确定丝织构指数的过程：

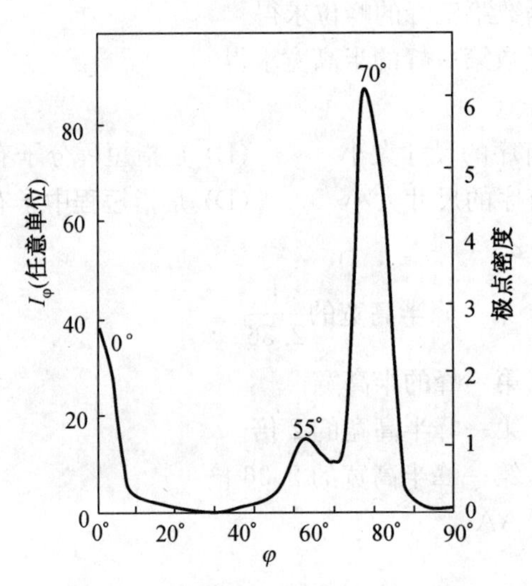

图 4-2 冷拉铝丝(111)的 I_φ—φ 曲线

图 4-2 为冷拉铝丝(111)的 I_φ—φ 曲线。结果表明在 $\varphi=0°$ 即丝轴方向，$\varphi=70°$ 即与丝轴夹 70° 处具有较高的(111)衍射强度，即高的〈111〉极密度。此时：$\cos\varphi_1=\dfrac{1\times1+1\times1+1\times1}{\sqrt{1^2+1^2+1^2}\cdot\sqrt{1^2+1^2+1^2}}=1$，$\varphi_1=0°$；$\cos\varphi_2=\dfrac{1\times1+1\times1+1\times\bar{1}}{\sqrt{1^2+1^2+1^2}\cdot\sqrt{1^2+1^2+\bar{1}^2}}=\dfrac{1}{3}$，$\varphi_2=70°$。表明丝材具有很强的〈111〉织构。图中在 $\varphi=55°$ 处存在一定大小的(111)的极密度峰，表示丝材中还有弱的〈100〉织构，即有部分〈100〉平行于丝轴方向。铝为立方晶系，此时：$\cos\varphi_3=\dfrac{1\times1+1\times0+1\times0}{\sqrt{1^2+1^2+1^2}\cdot\sqrt{1^2+0^2+0^2}}=\dfrac{\sqrt{3}}{3}$，$\varphi_3=54.73°$，其〈100〉与〈111〉的夹角为54.73°。每种织构的分量正比于 I_φ—φ 曲线上相应峰的面积。计算结果得〈111〉织构体积分数为 0.85，〈100〉织构体积分数为 0.15。

4.8.2 知识点 7 选择题

1. 织构发生于(　　)

(A) 单晶体中　(B) 多晶体中　(C) 非晶体中　(D) 液态金属中

2. 织构会导致材料(　　)

(A) 各向异性，显著影响性能，有利有弊

(B) 各向异性，显著影响性能，有利无弊

(C) 各向异性，显著影响性能，百害无一利

(D) 各向同性，显著影响性能

3. 织构可分为(　　)

(A) 丝织构、面织构　(B) 丝织构、板织构

(C) 面织构+板织构　(D) 丝织构、面织构和板织构

4. 择优取向(　　)

(A) 侧重于描述单个晶粒的位向分布所呈现出的不对称性
(B) 侧重于描述多晶体中单个晶粒的位向分布所呈现出的不对称性
(C) 侧重于描述单晶体中某单个晶胞的位向分布所呈现出的不对称性
(D) 侧重于描述多晶体中单个晶胞的位向分布所呈现出的不对称性
5. 织构是指(　)
(A) 多晶体中已经处于择优取向位置的众多晶粒所呈现出的排列状态
(B) 单晶体中已经处于择优取向位置的众多晶胞所呈现出的排列状态
(C) 单晶体中已经处于择优取向位置的某一晶胞所呈现出的排列状态
(D) 多晶体中已经处于择优取向位置的众多晶胞所呈现出的排列状态
6. 丝织构(　　)
(A) 是指单晶体中大多数晶胞均以某一晶体学方向 $\langle uvw \rangle$ 与材料的某个特征外观方向,如拉丝方向或拉丝轴平行或近于平行
(B) 是指单晶体中少数晶粒均以某一晶体学方向 $\langle uvw \rangle$ 与材料的某个特征外观方向,如拉丝方向或拉丝轴平行或近于平行
(C) 是指多晶体中少数晶粒均以某一晶体学方向 $\langle uvw \rangle$ 与材料的某个特征外观方向,如拉丝方向或拉丝轴平行或近于平行
(D) 是指多晶体中大多数晶粒均以某一晶体学方向 $\langle uvw \rangle$ 与材料的某个特征外观方向,如拉丝方向或拉丝轴平行或近于平行
7. 面织构(　　)
(A) 是指一些多晶材料在锻压或压缩时,少数晶粒的某一晶面法线方向平行于压缩力轴向所形成的织构
(B) 是指一些多晶材料在锻压或压缩时,少数晶胞的某一晶面法线方向平行于压缩力轴向所形成的织构
(C) 是指一些多晶材料在拉伸或拉拔时,多数晶粒的某一晶面法线方向平行于压缩力轴向所形成的织构
(D) 是指一些多晶材料在锻压或压缩时,多数晶粒的某一晶面法线方向平行于压缩力轴向所形成的织构
8. 板织构(　　)
(A) 是指一些多晶材料在轧制时,多数晶粒的某晶向 $\langle uvw \rangle$ 平行于轧制方向、某晶面 $\{hkl\}$ 平行于轧制表面所形成的织构
(B) 是指一些单晶材料在轧制时,多数晶胞的某晶向 $\langle uvw \rangle$ 平行于轧制方向、某晶面 $\{hkl\}$ 平行于轧制表面所形成的织构
(C) 是指一些单晶材料在轧制时,少数晶胞的某晶向 $\langle uvw \rangle$ 平行于轧制方向、某晶面 $\{hkl\}$ 平行于轧制表面所形成的织构
(D) 是指一些多晶材料在轧制时,少数晶粒的某晶向 $\langle uvw \rangle$ 平行于轧制方向、某晶面 $\{hkl\}$ 平行于轧制表面所形成的织构
9. 织构中(　　)
(A) 会有多重织构,有的甚至达 3 种以上,但有主次之分
(B) 仅有单一织构

(C) 会有多重织构,但不会超过 3 种,有主次之分

(D) 会有多重织构,但不会超过 2 种,有主次之分

10. 极图法(　)

(A) 是指多晶体中某晶面族 $\{hkl\}$ 的极点在空间分布的极射赤面投影表征织构的方法

(B) 是指单晶体中某晶面族 $\{hkl\}$ 的极点在空间分布的极射赤面投影表征织构的方法

(C) 是指单晶体中某晶面 (hkl) 的极点在空间分布的极射赤面投影表征织构的方法

(D) 是指多晶体中某晶面 (hkl) 的极点在空间分布的极射赤面投影表征织构的方法

答案: BADBA, DDAAA

4.9 知识点 8-板织构

4.9.1 知识点 8 注意点

1) 有些试样不仅具有一种织构,即用一张标准晶体投影极图不能使所有极点高密度区均得到较好地吻合,须再与其他标准投影极图对照才能使所有极点高密度区得到归属,显然,此时试样具有双织构或多重织构。

2) 当试样中的晶粒粗大时,入射光斑不能覆盖足够的晶粒,其衍射强度的测量就失去了统计意义,此时利用极图附件中的振动装置使试样在做 β 转动的同时进行 γ 振动,以增加参加衍射的晶粒数。

3) 当试样中的织构存在梯度时,表面与内部晶向的择优取向程度就不同,α 变化时 X 射线的穿透深度也不同,这样会造成一定的织构测量误差。

4) 为使反射法与透射法衔接,通常 α 角需有 10°左右的重叠。

5) 理论上讲,完整极图需要透射法与反射法结合共同完成,从制备和测量方面考虑,一般不采用透射法。透射法的试样制备要求较高,需足够薄,否则会产生较大的测量误差。反射法的 α 角可以从 0°到 90°,只是在 α 低角区时散焦严重,强度迅速下降,但反射法扫测角度范围宽,制作方便,若晶面选得合适,往往只需测反射区极图即可基本判定织构。Meieran 等人对试样进行适当改进形成复合试样或采用不完整极图测算 ODF 法均可省去透射法。反射法便于测表层织构和逐层测试,结果比较准确,故被广泛应用。

4.9.2 知识点 8 选择题

1. 哪种不属于板材织构的表征方法(　)

(A) 极图法　　(B) 反极图法

(C) 三维取向分布函数法　　(D) 标准极图法

2. 板织构的透射法对试样(　)

(A) 要求厚,从而具有强度和强度　　(B) 要求薄,从而实现透射

(C) 无要求　　(D) 要求具有金相表面,便于反射

3. 透射法适合(　)

(A) $0^\circ\sim\theta$ 低角区　　(B) $\theta\sim90^\circ$ 高角区

(C) α 在 $10^\circ\sim30^\circ$ 低角区　　(D) α 在 $5^\circ\sim45^\circ$ 低角区

4. 板织构的反射法 α 的变化范围(　　)
(A) 0°～90°，但 α 低角区时散焦严重，强度迅速下降
(B) 30°～60°
(C) 30°～45°
(D) 60°～80°
5. 反极图测量的光源要求(　　)
(A) 光源强度要高，波长尽量短，以获得尽可能多的衍射线
(B) 光源强度要高，波长尽量长，以获得尽可能多的衍射线
(C) 光源强度要高，波长尽量长，以获得尽可能少的衍射线
(D) 光源强度要高，波长可不作要求
6. 反极图投影面上的坐标是(　　)
(A) 多晶体的标准投影图　　(B) 单晶体的标准投影图
(C) 多晶体的极图　　(D) 多晶体的极射赤面投影图
7. 反极图测量的扫描方式(　　)
(A) 以常规的 $\theta/2\theta$ 进行，扫描速度较慢以获得准确的积分强度
(B) 以常规的 θ/θ 进行，扫描速度较慢以获得准确的积分强度
(C) 以常规的 θ/θ 进行，扫描速度较快以获得准确的积分强度
(D) 以常规的 $\theta/2\theta$ 进行，扫描速度较快以获得准确的积分强度
8. 对于单一的纤维织构(或丝织构)，用反极图表示出该织构的类型，需要反极图的最少张数为(　　)
(A) 1 张　　(B) 2 张　　(C) 3 张　　(D) 4 张
9. 用反极图全面反映板织构的形态和织构指数时，至少需要反极图的张数为(　　)
(A) 1 张　　(B) 2 张　　(C) 3 张　　(D) 4 张
10. 板织构的反极图命名用(　　)
(A) 宏观坐标(轧面、轧向或轧面法向)　　(B) 微观坐标(100)、(110)、(111)等
(C) 晶向族指数〈*hkl*〉　　(D) 晶向指数[*hkl*]
答案：DBAAA，BAABA

4.10　知识点 9-X 射线衍射的其他应用

4.10.1　知识点 9 注意点

1) 微观应力是发生在数个晶粒甚至单个晶粒中数个原子范围内存在并平衡着的应力，因微应变不一致，有的晶粒受压，有的晶粒受拉，还有的弯曲，且弯曲程度也不同，这些均会导致晶面间距有的增加有的减小，致使晶体中不同区域的同一衍射晶面所产生的衍射线发生位移，从而形成一个在 $2\theta_0 \pm \Delta 2\theta$ 范围内存在强度的宽化峰。由于晶面间距有的增加有的减小，服从统计规律，因而宽化峰的峰位基本不变，只是峰宽同时向两侧增加，宽化峰的峰位基本不变，只是峰宽同时向两侧增加。

2) 细化到亚微米以下时，衍射峰宽化才明显，测量精度才高，否则由于参与衍射的晶粒

数太少，峰形宽化不明显，峰廓不清晰，测定精度低，计算的晶粒尺寸误差也较大。

3）晶粒细化与微观应力均会导致衍射峰宽化，两者本质不同。前者是由于流动坐标的流动范围扩大，倒易球增厚，与反射球相截的圆环带变宽所致。而后者微观应力导致数个晶粒甚至单个晶粒内的晶面间距有的增加有的减小，使峰向两边扩展所致。

4）淬火钢中残余奥氏体一般采用X射线法测量，即根据衍射花样中某一奥氏体衍射线条的强度和标准试样中含有已知份量残余奥氏体的同一衍射指数线条强度相比得出。然而在实际工作中这一标准试样不一定会有，为此可根据同一衍射花样中残余奥氏体和邻近马氏体线条强度的测定比较求得。理论基础为物相的定量分析。

5）膜厚测量是利用基体有膜和无膜时对X射线吸收的变化所引起衍射强度的差异来测量的。

6）膜应力测量是掠射法（能获得更多的薄膜衍射信息）、侧倾法（可确保衍射几何的对称性）、内标法（能降低系统测量误差）三者结合进行。类似于宏观应力测定中的侧倾法。

4.10.2　知识点9选择题

1. 微观应力的衍射效应是(　　)
(A) 衍射峰宽化　　(B) 衍射峰变窄
(C) 衍射峰左漂移　　(D) 衍射峰右漂移

2. 微观应力的存在范围为(　　)
(A) 数十晶粒的较大范围　　(B) 数个晶粒甚至单个晶粒中数个原子范围
(C) 单个原子范围　　(D) 数个电子范围

3. 晶粒细化(<0.1 μm)时的衍射效应是(　　)
(A) 衍射峰宽化　　(B) 衍射峰变窄
(C) 衍射峰左漂移　　(D) 衍射峰右漂移

4. 晶粒细化，其对应的倒易球(　　)
(A) 减薄　　(B) 不变　　(C) 增厚　　(D) 消失

5. 晶粒细化，这样严格满足及稍微偏移布拉格条件的晶粒数增加，其对应衍射环带(　　)
(A) 增宽　　(B) 变窄　　(C) 不变　　(D) 消失

6. 晶粒粗化，其对应的倒易球的致密性(　　)
(A) 增加　　(B) 减小
(C) 不变　　(D) 可能增加也可能减小，不确定

7. 残余奥氏体逐渐转变为马氏体，引起工件体积(　　)
(A) 收缩　　(B) 膨胀
(C) 既可能膨胀又可能收缩　　(D) 不会变化

8. 残余奥氏体逐渐转变为马氏体，工件(　　)
(A) 会产生压应力　　(B) 会产生拉应力
(C) 无应力产生　　(D) 产生强烈变形

9. 薄膜内应力是一种(　　)
(A) 二维平面应力　　(B) 三维体应力

(C) 交变应力　　　　　　　　　　　　(D) 疲劳应力

10. 三法合一测量薄膜内应力，其中内标法(　　)

(A) 能降低系统测量误差　　　　　　(B) 能增加系统测量误差

(C) 能降低测量偶然误差　　　　　　(D) 能增加系统测量偶然误差

答案：ABACA，BBAAA

4.11 本章思考题选答

4.1 X 射线衍射花样可以分析晶体结构，确定不同的物相，为什么？

答：衍射方向可以反映晶胞的形状、大小；衍射强度可以反映晶胞中原子的种类、位置、数目等，两者结合可以反映晶体的相结构、相对量、内应力和织构等信息。

4.2 为什么不能用 X 射线进行晶体微区形貌分析？

答：X 射线用于晶体结构的衍射分析，可获得晶体的相结构、相对量、内应力、织构等信息，但 X 射线作用物质，难以通过一般手段使其汇聚成像，故不能用于晶体微区的形貌分析。通常医学上 X 光片、胸透等是利用物质各点对 X 射线的吸收能力的差异，导致穿透物质后各点的强度不同，从而感光成像。

4.3 X 射线的成分分析与物相分析的机理有何区别？

答：X 射线的成分分析是通过电子束作用物质产生特征 X 射线，检测特征 X 射线的波长，利用波长与物质的原子序数一一对应的关系即莫塞莱公式 $\sqrt{\frac{1}{\lambda}} = K(z-\sigma)$ 进行分析的。

物相分析是通过衍射的方向反映晶胞的形状、大小；衍射的强度反映晶胞中原子的种类、位置、数目等信息相结合来进行物相分析的。

4.4 运用厄瓦尔德图解说明多晶衍射花样的形成原理？倒易球与反射球的区别是什么？两球的球心位置有何关系？衍射锥的顶点、母线、轴各表示什么含义？

答：

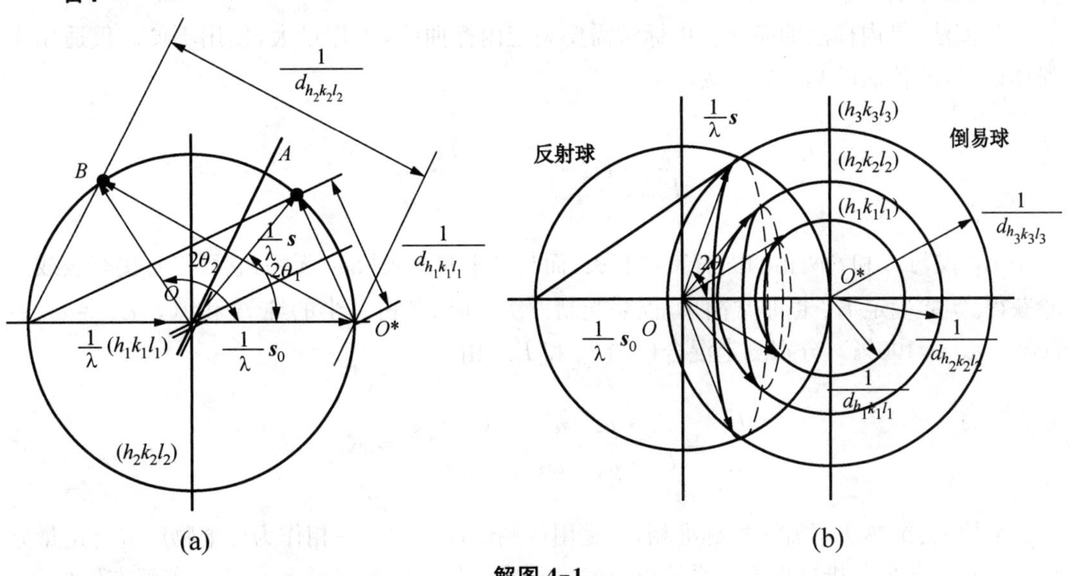

解图 4-1

解图 4-1(a)为厄瓦尔德图解说明单晶衍射花样的形成原理图，根据倒易点阵的定义可将单晶体中各晶面转化为对应的倒易矢量，矢量端点组成倒易点阵。当倒易阵点在厄瓦尔德球面上，如倒易阵点 A 和 B，连接反射球球心与阵点，则 OA 和 OB 即为衍射方向。衍射晶面分别为$(h_1k_1l_1)$和$(h_2k_2l_2)$，衍射角分别为 $2\theta_1$ 和 $2\theta_2$。当试样为多晶体时，每个晶粒均可形成一个对应的倒易点阵，由于每一晶面对应的倒易矢量大小为晶面间距的倒数，方向与晶面垂直，同一个晶面由于在不同的晶粒中，且有相当数量，这样该晶面对应的倒易矢量方向随机分布，长度相同，矢量端点将构成一球面，该球面称倒易球，球的致密性取决于晶粒的大小与晶粒的数目。显然，晶粒愈细，辐照数目愈多，倒易球面就愈致密。反之，球面为漏球。反射球即为厄瓦尔德球，球半径为入射 X 射线波长的倒数。倒易球有多个，半径为对应晶面间距的倒数。倒易球球心位于反射球半径的另一端。这样反射球与系列倒易球相截，形成系列交线圆，从反射球球心出发，连接交线圆形成系列衍射锥，衍射锥的母线即为衍射方向。锥顶点为反射球的球心，锥轴为入射方向。如投影面与锥轴垂直，则衍射花样为同心圆。如投影面为柱状桶，则投影面展开后的衍射花样为对对弧。

4.5 常见物相定量分析的方法有哪些？它们之间的区别与联系是什么？

答：根据测试过程中是否向试样中添加标准相，定量分析方法可分为内标法和外标法两种。外标法又称单线条法或直接对比法；内标法又派生出了 K 值法和参比强度法等多种方法。

外标法仅一种单线条法或直接对比法，使用条件苛刻，各组成相的质量吸收系数应相同或试样为同素异构物质组成。当组成相的质量吸收系数不等时，该法仅适用于两相。

内标法：是指在待测试样中加入已知含量的标准相组成混合试样，比较待测试样和混合试样同一衍射线的强度，以获得待测相含量的分析方法。仅适用于粉体试样，内标法的基本方程为 $\frac{I'_A}{I_S} = K_S \cdot \omega_A$。

内标法中 K_S 值随 ω_S 的变化而变化，在具体应用时，需要通过实验方法制定内标曲线，先求出 K_S 值方可。

K 值法：是内标法的简化。内标法需要制定内标曲线，工作量大，使用不便。仅适用于粉体试样，K 值法的基本方程为

$$\frac{I'_A}{I_S} = K_S^A \cdot \frac{(1-\omega_S)}{\omega_S} \cdot \omega_A$$

式中 K_S^A 仅与 A 和 S 两相的固有特性有关，而与 S 相的加入量 ω_S 无关，它可以直接查表或实验获得。实验确定 K_S^A 也非常简单，仅需配制一次，即取各占一半的纯 A 和纯 S($\omega_S = \omega'_A = 50\%$，$\omega_A = 100\%$)，分别测定混合样的 I_S 和 I'_A，由

$$\frac{I'_A}{I_S} = \frac{C_A \cdot \rho_S}{C_S \cdot \rho_A} \cdot \frac{\omega'_A}{\omega_S} = \frac{C_A \cdot \rho_S}{C_S \cdot \rho_A} = K_S^A$$

绝热法：绝热法不需添加标准相，它是用待测试样中的某一相作为标准物质进行定量分析的，因此，定量分析过程不与系统以外发生关系。其原理类似于 K 值法。需解方程组

$$
\begin{cases}
\dfrac{I_1}{I_j} = K_j^1 \cdot \dfrac{\omega_1}{\omega_j} \\
\dfrac{I_2}{I_j} = K_j^2 \cdot \dfrac{\omega_2}{\omega_j} \\
\quad \cdots\cdots \\
\dfrac{I_{n-1}}{I_j} = K_j^{n-1} \cdot \dfrac{\omega_{n-1}}{\omega_j} \\
\sum\limits_{j=1}^{n} \omega_j = 1
\end{cases}
$$

绝热法也是内标法的一种简化，标准相不是来自外部而是试样本身，该法不仅适用于粉末试样，同样也适用于块体试样，其不足是必须知道试样中的所有组成相。

参比强度法：参比强度法实际上是对 K 值法的再简化，它适用于粉体试样，当待测试样仅含两相时也可适用于块体试样。该法采用刚玉($\alpha\text{-}Al_2O_3$)作为统一的标准相 S，某相 A 的 K_S^A 已标于卡片的右上角或数字索引中，无需通过计算或实验即可获得 K_S^A 了。

当待测试样中仅有两相时，定量分析时不必加入标准相，此时存在以下关系：

$$
\begin{cases}
\dfrac{I_1}{I_2} = K_2^1 \cdot \dfrac{\omega_1}{\omega_2} = \dfrac{K_S^1}{K_S^2} \cdot \dfrac{\omega_1}{\omega_2} \\
\omega_1 + \omega_2 = 1
\end{cases}
$$

解该方程组即可获得两相的相对含量了。

4.6 运用 PDF 卡片定性分析物相时，一般要求对照八强峰而不是七强峰，为什么？

答：

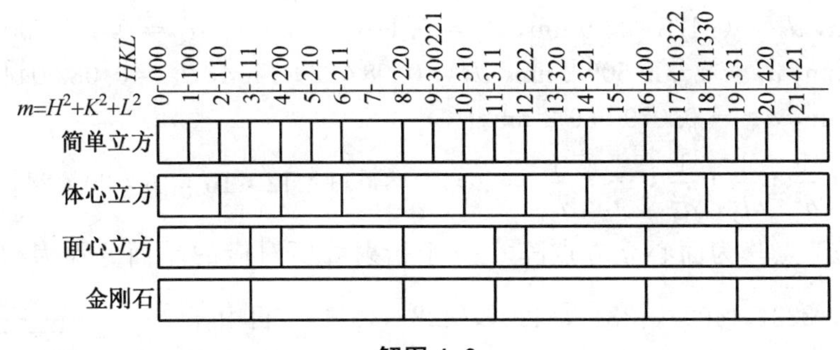

解图 4-2

由解图 4-2 消光规律可知，简单立方与体心立方的 $m^2 = H^2 + K^2 + L^2$ 变化规律为

简单立方：1、2、3、4、5、6、8、9、…

体心立方：2、4、6、8、10、12、14、16、18、20、…

当体心立方提取公因式 2 后为 1、2、3、4、5、6、7、8、9、10、…

与简单立方相比前 6 峰均相同无差异，表现在花样上仅是强度上差 2 倍，而峰位相同，不能区分两相，因此需增加峰的数目，在第 7 峰时显差异，保险起见取第 8 峰，仍有差异说明为两不同的相，故一般物相鉴定需 8 峰确定。其他结构不同的相远少于 8 峰即可区分。

4.7 题表 1 和表 2 为未知物相的衍射数据，请运用 PDF 卡片及索引进行物相鉴定。

题表 1

d/nm	I/I_0	d/nm	I/I_0	d/nm	I/I_0
0.366	50	0.146	10	0.106	10
0.317	100	0.142	50	0.101	10
0.224	80	0.131	30	0.096	10
0.191	40	0.123	10	0.085	10
0.183	30	0.112	10		
0.160	20	0.108	10		

题表 2

d/nm	I/I_0	d/nm	I/I_0	d/nm	I/I_0
0.240	50	0.125	20	0.081	20
0.209	50	0.120	10	0.08	20
0.203	100	0.106	20		
0.175	40	0.102	10		
0.147	30	0.093	10		
0.126	10	0.085	10		

答: 由三强峰查找手册得对应的 PDF 卡片,若三强峰不属于同一相时,由第四强峰代替第三强峰,再查手册,若仍不符合,用第 5 强峰代第三强峰,以此类推。若第三强峰被所有次强峰替代均未符合同一相要求,则表明第一强峰与第二强峰不属于同一相,需依次替换第二相,直至三强峰为同一相为止,得其对应的卡片,勾去对应的峰,将剩余峰进行归一化处理,再重新由三强峰查找,直至所有峰对照完毕。答案、过程略。

4.8 采用 CuK_α 射线作用 Ni_3Al 所得 $I-2\theta$ 衍射花样(0°~90°),共有十强峰,其衍射半角 θ 分别是 21.89°, 25.55°, 37.59°, 45.66°, 48.37°, 59.46°, 69.64°, 69.99°, 74.05°和 74.61°。已知 Ni_3Al 为立方系晶体,试标定各线条衍射晶面指数,确定其布拉菲点阵,计算其点阵常数。

答: 因为 Ni_3Al 为立方晶系,$a=b=c$,$\lambda=0.154$ nm。$\theta_1=21.89°$,$\theta_2=25.55°$,$\theta_3=37.59°$,$\theta_4=45.66°$,$\theta_5=48.37°$,$\theta_6=59.46°$,$\theta_7=69.64°$,$\theta_8=69.99°$,$\theta_9=74.05°$和 $\theta_{10}=74.61°$。

可由布拉格方程计算得十强峰所对应晶面的晶面间距: $d=\dfrac{\lambda}{2\sin\theta}$,得:$d_1=0.206\ 777$ nm,$d_2=0.178\ 743\ 9$ nm,$d_3=0.126\ 378\ 9$ nm,$d_4=0.107\ 790\ 1$ nm,$d_5=0.103\ 139\ 9$ nm,$d_6=0.089\ 509\ 2$ nm,$d_7=0.082\ 229\ 3$ nm,$d_8=0.082\ 044\ 8$ nm,$d_9=0.080\ 178\ 7$ nm,$d_{10}=0.079\ 959\ 2$ nm。

再由 $\dfrac{1}{d_1^2}:\dfrac{1}{d_2^2}:\dfrac{1}{d_3^2}:\dfrac{1}{d_4^2}:\cdots:\dfrac{1}{d_{10}^2}=3:4:8:11:12:16:19:20:24:27$

得该布拉菲点阵为面心立方点阵。10 个衍射峰所对应的晶面分别为{111},{200},{220},{311},{222},{400},{331},{420},{422},{511}。再由 $d=\dfrac{a}{\sqrt{h^2+k^2+l^2}}$ 得晶格常数 $a=b=c=0.358\ 1$ nm。

4.9 某立方晶系采用 CuK_α 测得其衍射花样,部分高角度线条数据见题表 3 所示,请运用 $a-\cos^2\theta$ 图解外推法求其点阵常数(精确至小数点后 5 位)。

题表 3

HKL	522, 611	443, 540, 621	620	541
θ/(°)	72.68	77.93	81.11	87.44

答: $\theta_1=72.68°$,$\cos^2\theta_1=8.863\times10^{-2}$,因立方晶系,故(522):$a_{11}=\dfrac{\lambda}{2\sin\theta_1}\cdot$

$\sqrt{h^2+k^2+l^2}=0.463\ 339$，(611)：$a_{12}=\dfrac{\lambda}{2\sin\theta_1}\sqrt{h^2+k^2+l^2}=0.497\ 203$。

同理：$\theta_2=77.93°$，$\cos^2\theta_2=4.373\times10^{-2}$；(443)：$a_{21}=\dfrac{\lambda}{2\sin\theta_2}\sqrt{h^2+k^2+l^2}=0.459\ 435$；(540)：$a_{22}=\dfrac{\lambda}{2\sin\theta_2}\sqrt{h^2+k^2+l^2}=0.504\ 188$；(621)：$a_{23}=\dfrac{\lambda}{2\sin\theta_2}\sqrt{h^2+k^2+l^2}=0.504\ 188$

$\theta_3=81.11°$，$\cos^2\theta_3=2.388\times10^{-2}$，(620)：$a_{31}=\dfrac{\lambda}{2\sin\theta_3}\sqrt{h^2+k^2+l^2}=0.492\ 910$

$\theta_4=87.44°$，$\cos^2\theta_4=0.199\ 5\times10^{-2}$，(541)：$a_{41}=\dfrac{\lambda}{2\sin\theta_4}\sqrt{h^2+k^2+l^2}=0.492\ 548$

作图得解图 4-3。

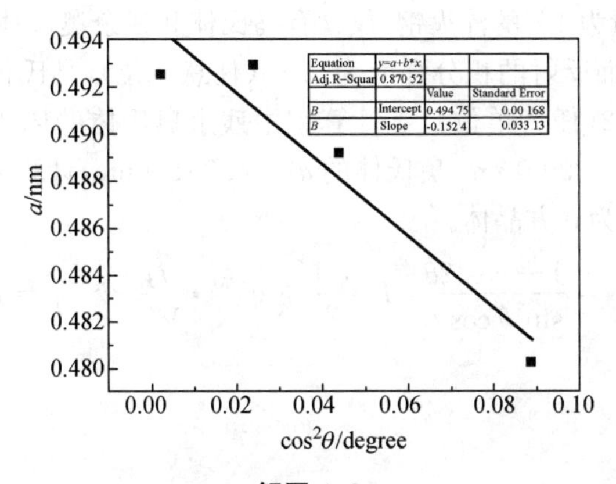

解图 4-3

得函数 $y=0.494\ 75-0.152\ 42x$

外延 $\theta=90°$ 时，即 $x=0$ 时，$a=0.494\ 75$ nm。

4.10 一根无残余应力的钢丝试样，从垂直丝轴方向用单色 X 射线照射，其平面底片像为同心圆环，假定试样受到轴向拉伸或压缩（未发生弯曲）时，其衍射花样发生怎样的变化？为什么？

答：

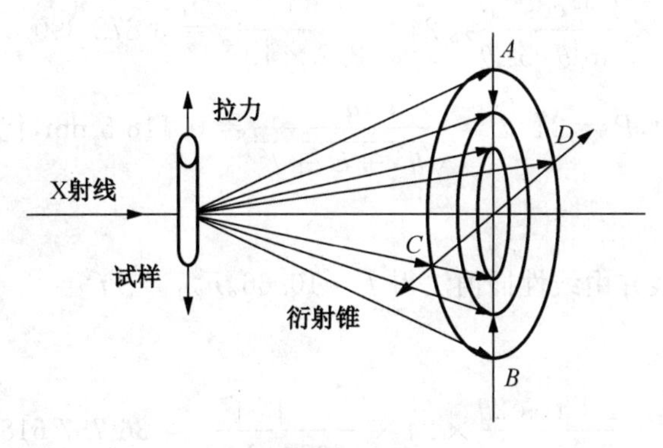

解图 4-4

试样受拉时，产生同心圆垂直方向的两点 A 和 B 的衍射束所对应的晶面间距增加，由布拉格方程 $\sin\theta = \dfrac{\lambda}{2d}$ 可得衍射角减小，致使 A 点和 B 点向中心移动。与此同时，产生同心圆水平方向两点 C 和 D 的衍射束所对应的晶面间距减小，由布拉格方程 $\sin\theta = \dfrac{\lambda}{2d}$ 可得衍射角增加，致使 C 点和 D 点向外侧移动。最终使同心圆变为椭圆，水平轴为长轴，垂直轴为短轴。当试样受压时，变化结果与之相反。

4.11 非晶态物质的X射线衍射花样与晶态物质的有何区别？表征非晶态物质的结构参数有哪些？

答：非晶态的X射线衍射花样为少量的包状漫散峰，漫散峰的数量取决于短程有序区的个数。其表征参数有配位数 n、最近邻原子的平均距离 r、短程原子有序畴 r_s 和原子的平均位移 σ。

4.12 有一碳含量为1%的淬火钢，仅含有马氏体和残余奥氏体两种物相，用 $\mathrm{Co}K_\alpha$ 射线测得奥氏体(311)晶面反射的积分强度为2.33(任意单位)，马氏体的(112)与(211)线重合，其积分强度为16.32(任意单位)，试计算钢中残余奥氏体的体积分数。已知马氏体的 $a = 0.2860\ \mathrm{nm}$，$c = 0.2990\ \mathrm{nm}$，奥氏体的 $a = 0.3610\ \mathrm{nm}$，计算多重因子 P 和结构因子 F 时，可将马氏体近似为立方晶体。

答：因为 $I_j = F_{HKL}^2 \cdot \dfrac{1+\cos^2 2\theta}{\sin^2\theta\cos\theta} \cdot P \cdot \dfrac{1}{2\mu_l} \cdot e^{-2M} \cdot \dfrac{f_j}{V_{0j}^2}$，令 $C_j = F_{HKL}^2 \cdot \dfrac{1+\cos^2 2\theta}{\sin^2\theta\cos\theta} \cdot P \cdot \dfrac{1}{2V_{0j}^2} \cdot e^{-2M}$ 则

$$I_j = C_j \cdot \frac{1}{\mu_l} \cdot f_j。$$

计算 C_A：(311) 面，$P = 24$，$d = \dfrac{a}{\sqrt{h^2+k^2+l^2}} = 0.1088\ \mathrm{nm}$，代入布拉格方程得衍射角 $2\theta = 110.6°$

$\dfrac{\sin\theta}{\lambda} = 4.59$，查表并由线性插值法得 $f = 12.3$。$F_{311}^2 = 16f^2 = 16\times 12.3^2$，$V_{0j}^2 = (a^3)^2 = 2.2\times 10^{-3}\ \mathrm{nm}^6$。

$$C_A = 16\times 12.3^2 \times \frac{1+\cos^2 2\theta}{\sin^2\theta\cos\theta} \times 24 \times \frac{1}{2.2\times 10^{-3}} = 3\,872\,390$$

计算 C_M：(211) 面，$P = 24$，$d = \dfrac{a}{\sqrt{h^2+k^2+l^2}} = 0.1185\ \mathrm{nm}$，代入布拉格方程得衍射角 $2\theta = 100.6°$

$\dfrac{\sin\theta}{\lambda} = 4.20$，查表并由线性插值法得 $f = 10.66$。$F_{211}^2 = 4f^2 = 4\times 10.66^2$，$V_{0j}^2 = (a^2c)^2 = 5.98\times 10^{-4}\ \mathrm{nm}^6$。

$$C_M = 4\times 10.66^2 \times \frac{1+\cos^2 2\theta}{\sin^2\theta\cos\theta} \times 24 \times \frac{1}{5.98\times 10^{-4}} = 36\,757\,618$$

$\frac{I_A}{I_M}=\frac{C_A}{C_M}\cdot\frac{f_A}{f_M}=\frac{2.33}{16.32}=0.144$，又 $f_A+f_M=1$ 解得 $f_M=88\%$，$f_A=12\%$。

4.13 测定轧制某黄铜试样的宏观残余应力，用 CoK_α 照射(400)晶面，当 $\psi=0°$ 时，测得的 $2\theta=150.1°$，当 $\psi=45°$ 时，$2\theta=150.99°$，试求试样表面的宏观残余应力有多大？(已知 $a=0.369\ 5$ nm，$E=9.0\times10^4$ MPa，$\nu=0.35$)

答： 由布拉格方程 $2d\sin\theta_0=\lambda$，得 $\theta_0=75.67°$，代入 $K=-\frac{E}{2(1+\nu)}\cdot\cot\theta_0\cdot\frac{\pi}{180}$

得 $K=-148.62$，再由 $M=\frac{2\theta_{\psi=45°}-2\theta_{\psi=0°}}{\sin^2 45°}$ 得 $M=1.78$，$\sigma=K\cdot M=-264.5$ MPa。

4.14 运用 CoK_α X 射线照射 α-黄铜，测定其宏观残余应力，在 $\psi=0°, 15°, 30°, 45°$ 时的 2θ 值分别为 151.00°，150.95°，150.83° 和 150.67°，试求黄铜的宏观残余应力。已知 α-黄铜的弹性模量 $E=9.0\times10^4$ MPa，泊松比 $\nu=0.35$。

答： $K=-\frac{E}{2(1+\nu)}\cdot\cot\theta_0\cdot\frac{\pi}{180}=-148.217$。

由 $M=\frac{\sum_{i=1}^{n}2\theta_{\psi_i}\sum_{i=1}^{n}\sin^2\psi_i-n\sum_{i=1}^{n}(2\theta_{\psi_i}\sin^2\psi_i)}{(\sum_{i=1}^{n}\sin^2\psi_i)^2-n\sum_{i=1}^{n}\sin^4\psi_i}$ 得 $M=-0.656\ 233$，

应力 $\sigma=K\cdot M=97.26$ MPa。

4.15 晶粒细化和微观残余应力均会引起衍射线宽化，试比较两者宽化机理有何不同？

答： 由其流动坐标：$\xi=H\pm\frac{1}{N_1}$，$\eta=K\pm\frac{1}{N_2}$ 和 $\zeta=L\pm\frac{1}{N_3}$ 可知当晶粒细化时，单晶体三维方向上的晶胞数 N_1、N_2 和 N_3 减小，故其对应的流动坐标变动范围增大，即倒易球增厚，其与反射球相交的区域扩大，从而导致衍射线宽化。

微观应力 $\sigma=E\cdot\varepsilon=E\frac{n}{4\tan\theta_0}$ 是发生在数个晶粒甚至单个晶粒中数个原子范围内存在并平衡着的应力，因微应变不一致，有的晶粒受压，有的晶粒受拉，还有的弯曲，且弯曲程度也不同，这些均会导致晶面间距有的增加有的减小，致使晶体中不同区域的同一衍射晶面所产生的衍射线发生位移，从而形成一个在 $2\theta_0\pm\Delta2\theta$ 范围内存在强度的宽化峰。由于晶面间距有的增加有的减小，服从统计规律，因而宽化峰的峰位基本不变，只是峰同时向两侧增加引起宽化。

4.16 用 CuK_α X 射线照射弹性模量 E 为 2.15×10^5 MPa 的冷加工金属片试样，观察 $2\theta=150°$ 处的一根衍射线条时，发现其较来自再结晶试样的同一根衍射线条要宽 1.28°。若假定这种宽化是由于微观残余应力所致，则该微观残余应力是多少？若这种宽化完全是由于晶粒细化所致，则其晶粒尺寸是多少？

答： $2\theta_0=150°$，$\theta_0=75°$，$n=1.28\times\frac{\pi}{180}=0.0223$，

又 $n=4\Delta\theta$，所以 $\Delta\theta=0.00558$。

又因为 $\Delta\theta = -\tan\theta_0 \cdot \varepsilon$，所以 $\varepsilon = -\dfrac{\Delta\theta}{\tan\theta_0} = -0.001\,495$。

因为 $\sigma = E \cdot \varepsilon$，所以 $\sigma = 321.45\ \text{MPa}$。（取 ε 的绝对值）

4.17 铝丝具有〈111〉〈100〉双织构，试绘出投影面平行于丝轴的{111}及{100}极图及轴向反极图的示意图。

答: 当织构轴为〈111〉时，晶面{111}与其夹角有两个：

$$\cos\varphi_1 = \frac{1\times1+1\times1+1\times1}{\sqrt{1^2+1^2+1^2}\sqrt{1^2+1^2+1^2}} = 1, \varphi_1 = 0°$$

$$\cos\varphi_2 = \frac{\bar{1}\times1+1\times1+1\times1}{\sqrt{1^2+1^2+1^2}\sqrt{1^2+1^2+1^2}} = \frac{1}{3}, \varphi_2 = 70.5°$$

晶面{100}与其夹角仅一个，夹角为

$$\cos\varphi = \frac{1\times1+1\times0+1\times0}{\sqrt{1^2+1^2+1^2}\sqrt{1^2+0^2+0^2}} = \frac{\sqrt{3}}{3}, \varphi = 54.73°$$

当投影面平行于和垂直于丝轴时，极图分别为解图 4-5(a)和 4-5(b)。

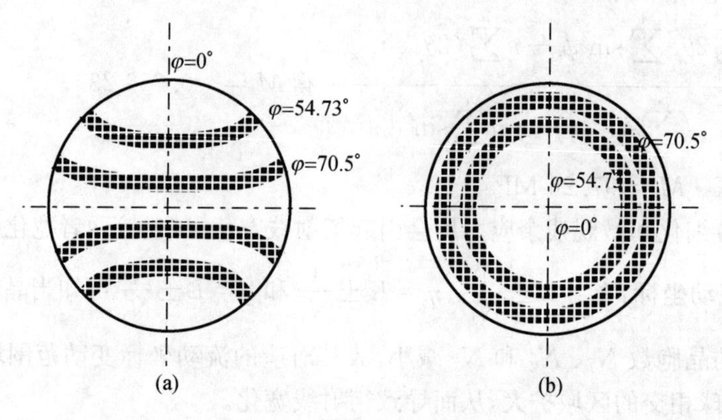

解图 4-5

当织构轴为〈100〉时，晶面{111}与其夹角：

$$\cos\varphi = \frac{1\times1+1\times0+1\times0}{\sqrt{1^2+1^2+1^2}\sqrt{1^2+0^2+0^2}} = \frac{\sqrt{3}}{3}, \varphi = 70.5°$$

晶面{100}与其夹角有两个：

$$\cos\varphi_1 = \frac{1\times1+0\times0+0\times0}{\sqrt{1^2+0^2+0^2}\sqrt{1^2+0^2+0^2}} = 1, \varphi_1 = 0°; \cos\varphi_2 = \frac{1\times0+0\times0+0\times1}{\sqrt{1^2+0^2+0^2}\sqrt{1^2+0^2+0^2}} = 0, \varphi_2 = 90°。$$

当投影面平行于和垂直于丝轴时，极图分别为解图 4-6(a)和 4-6(b)。

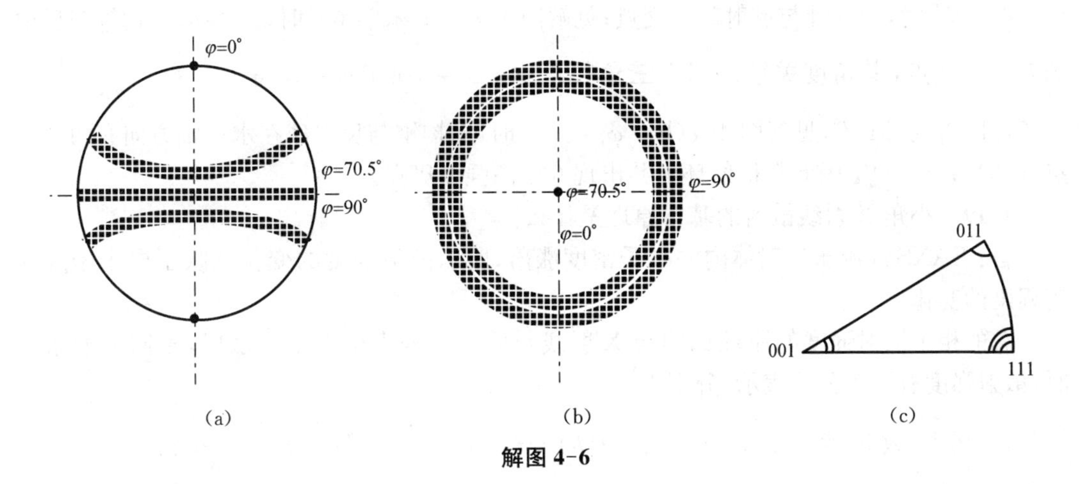

解图 4-6

轴向反极图见解图 4-6(c)。

4.18 用 CoK_α X 射线照射具有[110]丝织构的纯铁丝，平面底片记录其衍射花样，试问在{110}衍射环上出现几个高强度斑点？它们在衍射环上出现的角度位置又分别是多少？

答:

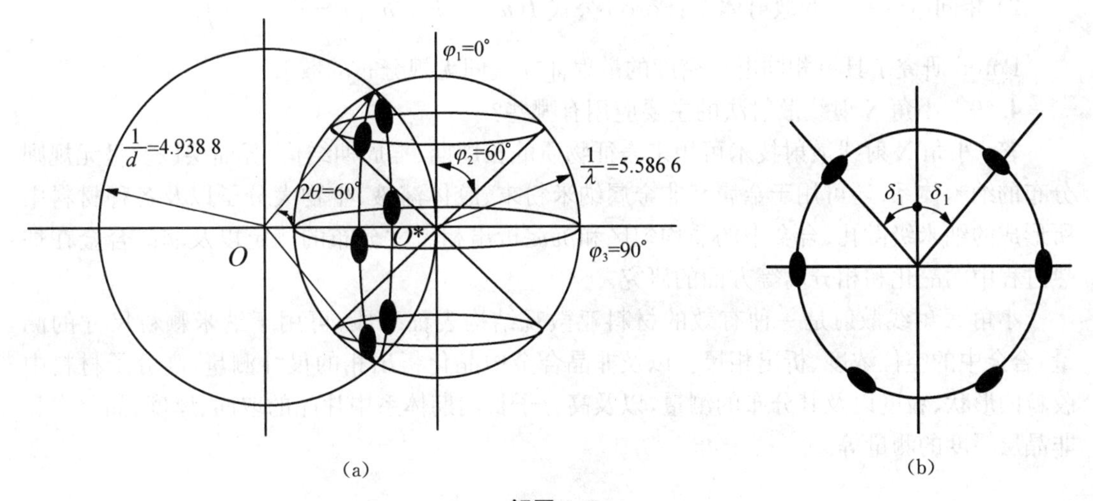

解图 4-7

$\lambda_{K_\alpha} = 0.179\ 026\ \text{nm}, \dfrac{1}{\lambda} = 5.586\ 6\ \text{nm}^{-1}$；$a = 0.286\ 3\ \text{nm}$，$d = \dfrac{a}{\sqrt{h^2+k^2+l^2}} = \dfrac{a}{\sqrt{2}}$，

$\dfrac{1}{d} = 4.938\ 8\ \text{nm}^{-1}$

织构<110>，晶面{110}，则 $\cos\varphi_1 = \dfrac{2}{\sqrt{2}\sqrt{2}} = 1, \varphi_1 = 0°$。

$\cos\varphi_2 = \dfrac{1}{\sqrt{2}\sqrt{2}} = 0.5, \varphi_2 = 60°$，$\cos\varphi_3 = \dfrac{0}{\sqrt{2}\sqrt{2}} = 0, \varphi_3 = 90°$；

因为 $2d\sin\theta = \lambda$，所以 $\sin\theta = \dfrac{\lambda}{2d} = 0.5, \theta = 30°$，即 $2\theta = 60°$。

$\varphi_1 = 0°$ 时，织构锥与反射球无交点；见解图 4-7(a)；$\varphi_2 = 60°$ 时，$\varphi_2 > \theta$，织构锥与反射球有 4 个交点，其角度关系由球面三角关系 $\cos\varphi = \cos\theta\cos\delta$，得 $\cos\delta = \frac{\cos 60°}{\cos 30°} = 0.577\,4$，$\delta_1 = 54.7°$，见解图 4-7(b)；$\varphi_3 = 90°$ 时，织构锥与反射球在水平轴方向有两个交点，此时，$\delta_2 = 90°$，因此在衍射环上共出现 6 个高强度斑点。

4.19 小角 X 射线散射的基本原理是什么？

答： SAXS 起源于散射体内的电子密度涨落，所以散射强度的变化反映了电子密度涨落程度的变化。

总的相干散射强度的原理如同与 X 射线与原子核外多个电子的散射，不同散射条件时，散射强度有两个公式表示，分别为

1）稀松散体系：Guinier 公式 $I(h) = I_e(\rho_0 - \rho_s)^2 V^2 \exp\left(-\frac{h^2}{3}R_g^2\right) = I_e(\rho_0 - \rho_s)^2 V^2 \exp\left(-\frac{h^2 R^2}{5}\right)$。

注意：Guinier 公式仅适用于稀松散体系，实际上粒子间有相干干涉，并对散射强度产生影响。

2）相同电子密度的散射体系：Porod 公式 $I(h) = K_P/h^3\left(1 - \frac{2\pi^2 t^2 h^2}{3}\right)$。

Porod 研究了具有相同电子密度的散射体在空间无规分布的散射。

4.20 小角 X 射线散射法的主要应用有哪些？

答： 小角 X 射线散射技术可用来表征物质的长周期、准周期结构、界面层以及呈无规则分布的纳米体系；还可用于金属和非金属纳米粉末、胶体溶液、生物大分子以及各种材料中所形成的纳米级微孔、合金中的非均匀区和沉淀析出相尺寸分布的测定以及非晶合金在加热过程中的晶化和相分离等方面的研究。

小角 X 射线散射是一种有效的材料亚微观结构表征手段，可用于纳米颗粒尺寸的测量，合金中的空位浓度、析出相尺寸以及非晶合金中晶化析出相的尺寸测量，高分子材料中胶粒的形状、粒度以及其分布的测量，以及高分子长周期体系中片晶的取向、厚度、晶化率和非晶层厚度的测量等。

第 5 章　电子显微分析的基础

本章主要讨论电子衍射的基本原理，它是透射电子显微分析的理论基础。与 X 射线衍射原理类似，也分为衍射方向和衍射强度两部分，衍射原理同样可用厄瓦尔德球进行图解，存在倒易阵点的扩展现象，但由于电子波长较 X 射线短得多，以及电子荷电等特点，两者又存在诸多不同点。本章分 3 个知识点介绍。

5.1　本章小结

光学显微镜的分辨率：$r_0=\dfrac{0.61\lambda}{n\sin\alpha}\approx\dfrac{1}{2}\lambda$，可见光的极限分辨率约为 200 nm。

电子显微镜的分辨率：$\lambda=\dfrac{h}{\sqrt{2emU}}$，提高管压 U，可降低波长，提高分辨率。

电子与固体物质的作用形式：

- 散射
  - 相干散射　散射前后电子束的能量不变，即电子束的波长不变
  - 非相干散射　散射后电子束的能量减小，波长增加
  - 散射的表征　散射截面
    - 核外电子的散射截面 πr_e^2，$r_e=\dfrac{e}{U(2\theta)}$——非弹性散射
    - 原子核的散射截面 πr_n^2，$r_n=\dfrac{Ze}{U(2\theta)}$——弹性散射
    - 原子的散射截面 $\sigma=\sigma_n+Z\sigma_e$
- 吸收

电子与固体物质作用激发的信息：

- 二次电子：产生于浅表层（5～10 nm），能量 $E<50$ eV，产额对形貌敏感，用于形貌分析，空间分辨率 3～6 nm，是扫描电子显微镜的工作信号
- 背散射电子：产生于表层（0.1～1 μm），能量可达数千至数万 eV，产额与原子序数敏感，一般用于形貌和成分分析。空间分辨率 50～200 nm
- 吸收电子：与二次电子和背散射电子互补，其空间分辨率为 100～1 000 nm
- 透射电子：穿出样品的电子，反映样品中电子束作用区域的结构、厚度和成分等信息，是透射电镜的工作信号
- 特征 X 射线：具有特征能量，反映样品的成分信息，是电子探针的工作信号。
- 俄歇电子：产生于表层（～1 nm），能量范围为 50～1 000 eV，用于样品表面成分分析，是俄歇能谱仪的工作信号
- 阴极荧光：波长在可见光～红外之间，对固体物质中的杂质和缺陷十分敏感，用于鉴定样品中杂质和缺陷的分布情况
- 等离子体振荡：能量具有量子化特征，可用于分析样品表面的成分和形貌

- 电子衍射
  - 电子衍射方向：布拉格方程 $2d\sin\theta=n\lambda$
  - 电子衍射强度
    - 原子的散射：原子对电子散射因子远大于原子对X射线的散射因子
    - 单胞的散射：结构因子 F_{HKL}^2，当 $F_{HKL}^2\neq 0$ 时将产生衍射花样，当 $F_{HKL}^2=0$ 时系统消光，消光规律同X射线
    - 单晶体的散射：干涉函数 G^2，倒易阵点扩展
      - 倒易球
      - 倒易面
      - 倒易杆
      - 倒易点
  - 厄瓦尔德球：电子衍射几何图解的有效工具。凡与厄瓦尔德球相截的倒易阵点均可能产生衍射
  - 电子衍射基本公式：$\boldsymbol{R}=K\boldsymbol{g}_{hkl}$，$K=L\lambda$ 为相机常数。建立了正倒空间之间的关系，从而可在倒空间直接研究正空间中晶面之间的位向关系，分析晶体的微观结构
  - 标准电子衍射花样：本质上是过倒易点阵原点与入射电子方向垂直的倒易阵面上的未消光阵点的比例投影
  - 偏移矢量：是一个附加矢量，沿倒易杆方向，有正负之分。显然，倒易杆愈长，偏移布拉格衍射条件的允许范围就愈大，参与衍射的阵点就愈多，衍射花样的复杂性也就愈高

- 电子衍射与X射线衍射的区别
  - (1) 电子波的波长短，衍射半角 θ 小，一般在 $10^{-3}\sim10^{-2}$ rad左右，而X射线的衍射角最大可以接近 $90°$
  - (2) 反射球的半径大，在 θ 较小的范围内，反射球的球面可以看成是平面
  - (3) 衍射强度高。电子衍射强度一般比X射线的强约 10^6 倍，摄像曝光时间仅数秒即可，而X射线的则要一个小时以上，甚至数个小时
  - (4) 微区结构和形貌可同步分析，X射线衍射无法进行微区形貌分析
  - (5) 采用薄晶样品。其倒易阵点扩展为沿厚度方向的倒易杆，使偏离布拉格方程的晶面也可能发生衍射
  - (6) 难以精确测定点阵常数，由于衍射角小，测量衍射斑点的位置精度远比X射线低，很难精确测定点阵常数

5.2 知识点1-电子散射及电子束与固体物质的作用

5.2.1 知识点1注意点

1）电子散射是电子作用物质后方向发生改变的现象，根据电子散射前后能量是否变化，电子散射分为弹性散射和非弹性散射。电子能量不变，仅仅改变了电子运动方向，电子波长不变的散射为弹性散射；电子能量减小，不仅改变电子运动方向，电子波长也增加的散射为非弹性散射。根据电子的波动特性，电子散射分为相干散射和非相干散射。电子在散射后波长不变，并与入射电子有确定的位相关系的散射称相干散射；无确定的位相关系的散射称非相干散射。

2）X射线的散射与电子的散射不同。X射线作用物质同时作用原子的核和核外电子，以核外电子作用为主，核的作用可以忽略。而电子作用物质也同时作用原子的核和核外电子，作用核的散射为弹性散射，作用核外电子的散射则为非弹性散射。随着原子序数 Z 的增加，弹性散射的比重增加，非弹性散射的比重减小。轻元素非弹性散射比例大，重元素弹性散射比例大。

3）空间分辨率是指该信号产生的空间区域的大小，区域愈大，空间分辨率愈低，反之愈高。

4）入射电子作用物质，将其部分能量转移给了原子的核外电子，使核外电子的分布结构发生了变化，引发多种如特征X射线、二次电子等激发现象。这种激发是由于入射电子的作用而产生的，故又称之为电子激发，是一种非电磁辐射激发，它不同于电磁辐射激发（X射线）如光电效应等。

5）电子激发即电子束作用试样会产生一系列物理信号：如二次电子、俄歇电子、背散射电子、特征X射线以及透射电子、吸收电子、连续X射线等，各种信号具有相应的用途见表5.1。入射电子在物质中的作用因电子散射和吸收被限制在一定的范围内。该作用区的大小和形状主要取决于入射电子的能量、作用区内物质元素的原子序数以及样品的倾角等，其中电子束的能量主要决定了作用区域的大小。不难理解，入射电子能量大时，作用区域的尺寸就大，反之则小，且基本不改变其作用区的形状。而原子序数则决定了作用区的形状，原子序数低时，作用区为液滴状，原子序数高时则为半球状。

6）分辨率是指成像物体上能分辨出来的两个物点间的最小距离。分辨率的大小经推导得 $r_0 = \dfrac{0.61\lambda}{n\sin\alpha}$，并简化为 $r_0 \approx \dfrac{1}{2}\lambda$，因此分辨率的制约因素主要是信号的波长，半波长是分辨率的理论极限。可见光的波长为 390～770 nm，因此光学显微镜的极限分辨率为 200 nm（0.2 μm）左右。一般情况下人眼的分辨率约为 0.2 mm，因此光学显微镜的有效放大倍数约为 1 000 倍。降低波长，就可提高显微镜的分辨率。可见光只是电磁波谱中的一小部分，比其波长短的还有紫外线、X射线和 γ 射线，由于紫外线易被多数物质强烈吸收，而X射线和 γ 射线无法折射和聚焦，因此它们均不能成为显微镜的照明光源。当电子为信号源时，电子波的波长 $\lambda = \dfrac{h}{\sqrt{2emU}}$，提高加速电压 U，可显著降低电子波的波长，从而提高分辨率。这也是透射电镜采用高管压的原因之一。

表 5.1　物理信息及其对应的电子显微分析分法

物理信息	方　法	
二次电子	SEM	扫描电子显微镜
弹性散射电子	LEED RHEED TEM	低能电子衍射 反射式高能电子衍射 透射电子衍射
非弹性散射电子	EELS	电子能量损失谱
俄歇电子	AES	俄歇电子能谱

（续表）

物理信息	方　法	
特征 X 射线	WDS EDS	波谱 能谱
X 射线的吸收	XRF CL。	X 射线荧光 阴极荧光
离子、原子	ESD	电子受激解吸

5.2.2　知识点 1 选择题

1. 电子散射是指(　　)

(A) 电子束受固体物质作用后,物质原子的库仑场使其运动方向发生改变的现象

(B) 电子束受固体物质作用后,物质电子的库仑场使其运动方向发生改变的现象

(C) 电子束受固体物质作用后,物质中子的库仑场使其运动方向发生改变的现象

(D) 电子束受固体物质作用后,物质分子的库仑场使其运动方向发生改变的现象

2. 根据发生散射前后电子的能量是否变化,电子散射分为(　　)

(A) 弹性散射和非弹性散射　　(B) 相干散射和非弹性散射

(C) 弹性散射和相干散射　　(D) 相干散射和非相干散射

3. 根据电子的波动特性,可将电子散射分为(　　)

(A) 弹性散射和非弹性散射　　(B) 相干散射和非弹性散射

(C) 弹性散射和相干散射　　(D) 相干散射和非相干散射

4. 电子弹性散射(　　)

(A) 电子散射后能量不变、波长增加　　(B) 电子散射后能量不变、波长减小

(C) 电子散射后能量、波长不变　　(D) 电子散射后能量、波长均变化

5. 相干散射(　　)

(A) 电子在散射后波长不变,并与入射电子无确定的位相关系

(B) 电子在散射后波长改变,并与入射电子有确定的位相关系

(C) 电子在散射后波长不变,并与入射电子有确定的位相关系

(D) 电子在散射后波长改变,并与入射电子无确定的位相关系

6. 电子散射源自物质原子的库仑场,即由(　　)

(A) 原子核中的质子和核外电子两部分组成

(B) 原子核的中子和核外电子两部分组成

(C) 原子核的质子和中子两部分组成

(D) 原子核外所有电子组成

7. 由于原子核对电子散射后,散射电子的能量损失相比于入射时的能量可以忽略不计,因此原子核对入射电子的散射可以看成是(　　)

(A) 非弹性散射　　(B) 弹性散射

(C) 相干散射　　(D) 非相干散射

8. 当入射电子与核外电子的作用为主要过程时,入射电子被散射后其能量将显著减

小,是一种(　　)

(A) 非弹性散射　　(B) 弹性散射

(C) 相干散射　　(D) 非相干散射

9. 一个孤立原子的总的散射截面为原子核的弹性散射截面 σ_n 和所有核外电子的非弹性散射截面 $Z\sigma_e$ 的和:$\sigma=\sigma_n+Z\sigma_e$,则弹性散射截面与非弹性散射截面的比值为(　　)

(A) Z　　(B) $Z+1$　　(C) $Z-1$　　(D) ∞

10. 在一个孤立原子中,弹性散射所占份额为(　　)

(A) $\frac{Z}{1+Z}$　　(B) $\frac{1}{1+Z}$　　(C) $Z+1$　　(D) $Z-1$

答案: AADCC, ABAAA

5.3　知识点2-电子衍射原理

5.3.1　知识点2注意点

1) 电子衍射同样有方向与强度,方向与X射线一样需满足布拉格方程,而衍射强度远比X射线的大,成像方便,即刻完成,故其强度不再讨论了。

2) 电子衍射花样即为电子衍射的斑点在正空间中的投影,其本质上是零层倒易阵面上的阵点经过空间转换后并在正空间记录下来的图像。规则的斑点花样就是与电子束方向垂直过原点的零层倒易阵面上阵点的投影。也就是说一张衍射花样图谱,反映了与入射方向同向的晶带轴上各晶带面之间的相对关系。过同一晶带轴的系列晶带面发生电子衍射后的斑点共面,该面即为一倒易阵面。

3) 每一倒易阵点对应于正空间中的一个晶面,每一倒易阵面上的所有阵点对应于正空间中一系列晶面,所有这些晶面属于同一个晶带,倒易阵面的法线方向即为晶带轴方向。

根据能量的高低,电子衍射分为:低能电子衍射和高能电子衍射。

低能电子衍射:电子能量较低,加速电压10~500 V,用于表面结构分析。

高能电子衍射:电子能量高,加速电压100 kV以上,用于体结构分析,透射电镜采用的就是高能电子束。

电子衍射在材料科学中的应用:

① 物相和结构分析;

② 晶体位向的确定;

③ 晶体缺陷及其晶体学特征的表征。

4) 相机常数 K 的本质即为一放大倍数,即把倒易阵面上的阵点放大 K 倍投在荧光屏上,这样通过斑点花样的直接测量,即中心斑点与衍射斑点的连接线段,再除以放大倍数 K 即可得到该斑点所对应的倒易阵点的倒易矢量大小,从而获得该倒易阵点所对应晶面的晶面间距值。相机常数是连接正空间与倒空间的纽带。

5.3.2　知识点2选择题

1. 物质对电子的散射主要是(　　)

(A) 原子核　　　　　　　　　　(B) 原子核外电子
(C) 原子核中的中子　　　　　　(D) 原子核最外层电子

2. 物质对X射线的散射是(　　)
(A) 原子核　　　　　　　　　　(B) 核外电子
(C) 原子核中的中子　　　　　　(D) 原子核最外层电子

3. 电子衍射与X衍射的消光规律(　　)
(A) 不相同　　　　　　　　　　(B) 相同
(C) 没有关系　　　　　　　　　(D) 相似

4. 凡是倒易阵点在球面上所对应的晶面(　　)
(A) 一定满足布拉格方程　　　　(B) 一定不满足布拉格方程
(C) 不一定满足布拉格方程　　　(D) 不需要满足布拉格方程

5. 衍射斑点为(　　)
(A) 零层倒易阵面上阵点在投影面上的投影
(B) 1层倒易阵面上阵点在投影面上的投影
(C) 2层倒易阵面上阵点在投影面上的投影
(D) −1层倒易阵面上阵点在投影面上的投影

6. 一张衍射花样图谱(　　)
(A) 反映了与入射方向同向的晶带轴上各晶带面之间的相对关系
(B) 反映了与入射方向垂直的晶带轴上各晶带面之间的相对关系
(C) 反映了与入射方向斜交的晶带轴上各晶带面之间的相对关系
(D) 反映了与衍射方向同向的晶带轴上各晶带面之间的相对关系

7. 电子衍射测量晶格常数比X射线衍射测量精度(　　)
(A) 高　　　(B) 低　　　(C) 一样　　　(D) 不确定

8. 高能电子衍射用的波长远比X射线衍射用的波长(　　)
(A) 长　　　(B) 短　　　(C) 一样　　　(D) 不确定

9. 薄膜试样的倒易阵点扩展为(　　)
(A) 倒易面　　　(B) 倒易球　　　(C) 倒易点　　　(D) 倒易杆

10. 同样输入功率时,电子衍射的强度比X射线衍射的强度(　　)
(A) 高　　　(B) 低　　　(C) 一样　　　(D) 不确定

答案: ABBAA, ABCDA

5.4　知识点3-标准电子衍射花样及偏移矢量

5.4.1　知识点3注意点

1) 电子衍射的消光规律等同于X射线衍射,同样存在点阵消光和结构消光,两者合称为系统消光。满足布拉格方程仍然是发生电子衍射的必要条件,不是充分条件。

2) 标准电子衍射花样即为过原点的零层倒易阵面上的阵点的投影,可通过几何作图法获得。几何作图的具体步骤如下:

① 作出晶体的倒易点阵(可暂不考虑系统消光),定出倒易原点。

② 过倒易原点并垂直于电子束的入射方向,作平面(反射球球面)与倒易点阵相截,保留截面上原点四周距离最近的若干阵点。

③ 结合消光规律,除去截面上的消光阵点,该截面即为零层倒易阵面。各阵点指数即为标准电子衍射花样的指数。

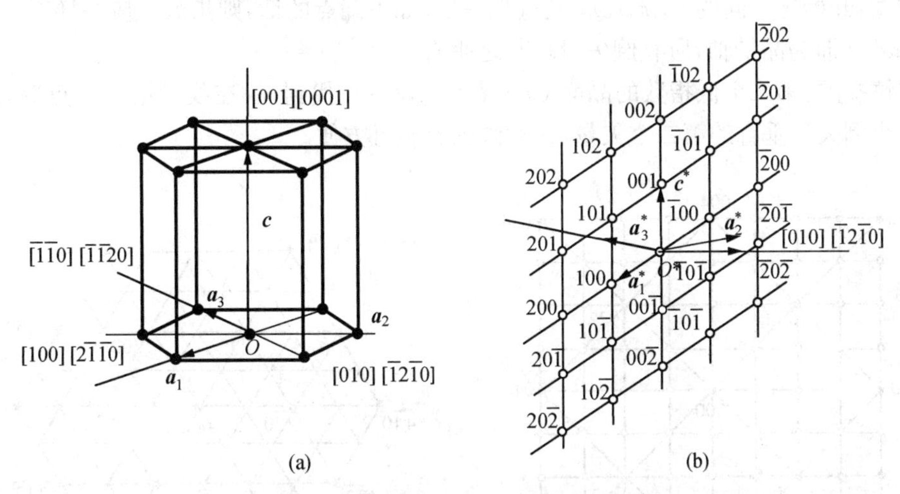

图 5-1　六方点阵阵胞(a)及[010]方向垂直过倒阵原点的到阵面的斑点(b)

注意点:对于六方结构的作图,三指数、四指数通用,按三指数作图方便。由倒矢量单位的定义:$\boldsymbol{a}^*=\dfrac{\boldsymbol{b}\times\boldsymbol{c}}{\boldsymbol{a}\cdot(\boldsymbol{b}\times\boldsymbol{c})}$;$\boldsymbol{b}^*=\dfrac{\boldsymbol{c}\times\boldsymbol{a}}{\boldsymbol{b}\cdot(\boldsymbol{c}\times\boldsymbol{a})}$;$\boldsymbol{c}^*=\dfrac{\boldsymbol{a}\times\boldsymbol{b}}{\boldsymbol{c}\cdot(\boldsymbol{a}\times\boldsymbol{b})}$可知$\boldsymbol{a}^*$垂直于$\boldsymbol{b}$、$\boldsymbol{c}$所在面;$\boldsymbol{b}^*$垂直于$\boldsymbol{c}$、$\boldsymbol{a}$所在面;$\boldsymbol{c}^*$垂直于$\boldsymbol{a}$、$\boldsymbol{b}$所在面。同理在六方结构中基矢量:$\boldsymbol{a}_1$、$\boldsymbol{a}_2$、$\boldsymbol{c}$,其中$\boldsymbol{a}_1$与$\boldsymbol{a}_2$夹角为120°,倒阵空间的基矢量分别为:$\boldsymbol{a}_1^*=\dfrac{\boldsymbol{a}_2\times\boldsymbol{c}}{\boldsymbol{a}_1\cdot(\boldsymbol{a}_2\times\boldsymbol{c})}$;$\boldsymbol{a}_2^*=\dfrac{\boldsymbol{c}\times\boldsymbol{a}_1}{\boldsymbol{a}_2\cdot(\boldsymbol{c}\times\boldsymbol{a}_1)}$;$\boldsymbol{c}^*=\dfrac{\boldsymbol{a}_1\times\boldsymbol{a}_2}{\boldsymbol{c}\cdot(\boldsymbol{a}_1\times\boldsymbol{a}_2)}$,可知$\boldsymbol{a}_1^*$垂直于$\boldsymbol{a}_2$、$\boldsymbol{c}$所在面,$\boldsymbol{a}_2^*$垂直于$\boldsymbol{c}$、$\boldsymbol{a}_1$所在面,$\boldsymbol{c}^*$垂直于$\boldsymbol{a}_1$、$\boldsymbol{a}_2$所在面。因此,倒空间的$\boldsymbol{a}_1^*$和$\boldsymbol{a}_2^*$的矢量方向为正空间的$\boldsymbol{a}_1$和$\boldsymbol{a}_2$绕$\boldsymbol{c}$转动30°,而$\boldsymbol{c}^*$与$\boldsymbol{c}$轴平行。因此六方结构中,与[010]方向垂直过倒阵原点的倒阵面的斑点指数作图过程如下:

(1) 做出六方点阵阵胞图 5-1(a),基矢量为$\boldsymbol{a}_1$、$\boldsymbol{a}_2$、$\boldsymbol{c}$。

(2) 由正倒空间基矢量之间的关系,算得倒空间的基矢量$\boldsymbol{a}_1^*=\dfrac{\boldsymbol{a}_2\times\boldsymbol{c}}{\boldsymbol{a}_1\cdot(\boldsymbol{a}_2\times\boldsymbol{c})}$;$\boldsymbol{a}_2^*=\dfrac{\boldsymbol{c}\times\boldsymbol{a}_1}{\boldsymbol{a}_2\cdot(\boldsymbol{c}\times\boldsymbol{a}_1)}$;$\boldsymbol{c}^*=\dfrac{\boldsymbol{a}_1\times\boldsymbol{a}_2}{\boldsymbol{c}\cdot(\boldsymbol{a}_1\times\boldsymbol{a}_2)}$。

(3) 作出倒阵空间基矢量$\boldsymbol{a}_1^*$、$\boldsymbol{a}_2^*$和$\boldsymbol{c}^*$,标出[010]方向见图 5-1(b),作出其阵面$\boldsymbol{a}_1^*-O^*-\boldsymbol{c}^*$,由六方点阵的消光规律$h+2k=3n, l=2n+1$得(001)和$(00\bar{1})$阵点消光。[010]方向与倒阵面$\boldsymbol{a}_1^*-O^*-\boldsymbol{c}^*$垂直。摆正即为图 5-2。

102 ●	002 ●	$\bar{1}02$ ●
101 ●	001 ○	$\bar{1}01$ ●
100 ●	000 ●	$\bar{1}00$ ●
● $10\bar{1}$	○ $00\bar{1}$	● $\bar{1}0\bar{1}$
● $10\bar{2}$	● $00\bar{2}$	● $\bar{1}0\bar{2}$

图 5-2　密排六方晶体[010]晶带电子衍射示意图

已知晶体结构时画法$(uvw)^*$

① 试探法找到第一个低指数的晶面 $(h_1k_1l_1)$，使 $h_1u+k_1v+l_1w=0$；如果能方便找到第二个低指数的晶面$(h_2k_2l_2)$ 更好，即 $h_2u+k_2v+l_2w=0$；

② 运用矢量合成法即可求得其他各点；

③ 由消光规律得出有效点指数；

④ 补漏检查是否所有倒易点均已画上。

注意：开始选不同的 $(h_1k_1l_1)$，其过程一样，如不漏点的话，则指数也应一样。

$[uvw]$ 即为晶带轴，所有倒矢量均与之垂直。

友情提醒：第二个低指数的晶面 $(h_2k_2l_2)$ 一般不易找到，故在找到第一个点后，就选用与第一个倒矢量垂直的第二个矢量，这对画图有利且方便。

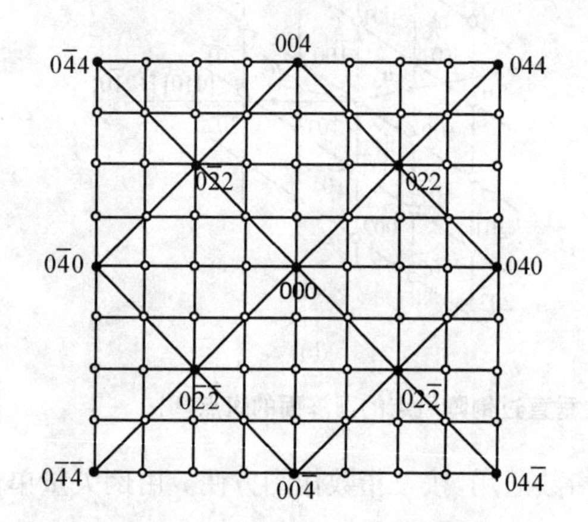

图 5-3　金刚石立方[100]晶带标准零层倒易阵面图

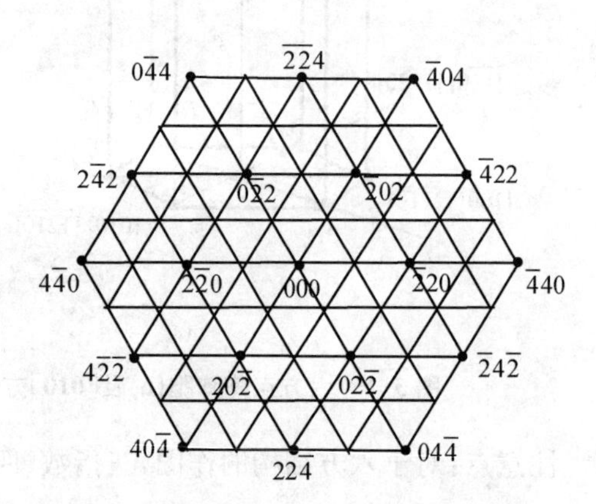

图 5-4　金刚石立方[111]晶带标准零层倒易阵面图

图 5-3、图 5-4 分别为金刚石立方[100]和[111]晶带标准零层倒易阵面图。金刚石结构是一种复式点阵，由面心立方点阵沿其对角线移动$\frac{1}{4}$套构而成，共有 8 个同类原子，结构因子：

$$F_{HKL}^2=2F_F^2\left[1+\cos\frac{\pi}{2}(H+K+L)\right] \tag{5-1}$$

式中：F_F^2 为面心点阵的结构因子。讨论：

① 当 H、K、L 奇偶混杂时，$F_F^2=0$，故 $F_{HKL}^2=0$；

② 当 H、K、L 全奇时，$F_{HKL}^2=2F_F^2=32f^2$；

③ 当 H、K、L 全偶，且 $H+K+L=4n$ 时（n 为整数），$F_{HKL}^2=2F_F^2(1+1)=64f^2$；

④ 当 H、K、L 全偶，$H+K+L\neq 4n$ 时，则 $H+K+L=2(2n+1)$，$F_{HKL}^2=2F_F^2(1-1)=0$

由上分析可知，金刚石结构除了遵循面心立方点阵的消光规律外，还有附加消光，即 H、K、L 全偶，$H+K+L\neq 4n$ 时，$F_{HKL}^2=0$。图 5-3 中 002、$00\bar{2}$、020、$0\bar{2}0$、042、$04\bar{2}$、024、$02\bar{4}$ 等均为附加消光点。

3）电子衍射采用薄晶样品，倒易阵点发生了扩展，倒易杆的长度为样品厚度倒数的两倍。样品愈薄，倒易杆的长度愈长，与反射球相截的机会就愈大，产生衍射的可能性就愈大。

4）在样品较薄，倒易杆较长时，反射球可能同时与零层及非零层倒易杆相截，凡相截的倒易杆均可能成像，这样衍射花样成了零层和第一层倒易截面的混合像了。实际上，非零层成像的斑点距中心较远，且亮度较暗，较容易区分开来。

5）注意以下因素：(1)电子波长的波动，会使反射球的半径变化，反射球具有一定的厚度；(2)波长愈小，反射球的半径愈大，较小衍射角范围内时，反射球面愈接近于平面；(3)电子束本身具有一定的发散度等均会促进电子衍射的发生，相当于反射球波动；(4)样品弯曲，倒阵点在一定范围内波动。

6）理论上的衍射存在矢量三角形即由入射矢量、衍射矢量和衍射晶面对应的倒易矢量构成，由于正常衍射时，反射球与过零层的倒易阵面相截，除能截到原点外再无其他阵点，即只能有一个原点对应的晶面满足衍射条件，其他晶面均不满足，实际上却能形成多个规则对称斑点，原因是薄晶样品，倒易阵点扩展成倒易杆，样品愈薄，倒易杆愈长，反射球相截时可截多个杆，产生中心斑点外还有多个对称斑点。中心斑点强度最高、最亮，严格满足布拉格方程，而其他斑点偏移布拉格方程，亮度下降，对应的衍射矢量三角形不再存在，而引入偏移矢量 $\boldsymbol{s}$ 后即可存在：$\boldsymbol{k}-\boldsymbol{k}_0=\boldsymbol{g}+\boldsymbol{s}$。偏移矢量的大小反映了满足布拉格方程的程度，偏移矢量愈小，满足布拉格方程的程度愈高，衍射强度也愈高，反之则反。中心斑点严格满足，故亮度最高，斑点最大。

5.4.2 知识点 3 选择题

1. 标准电子衍射花样是指(　　)

(A) 零层倒易面上的阵点在底片上的成像

(B) +1 层倒易面上的阵点在底片上的成像

(C) 0、−1、+1 层倒易面上的阵点在底片上的成像

(D) −1 层倒易面上的阵点在底片上的成像

2. 体心立方的倒易点阵为(　　)

(A) 面心立方，单位扩大为两倍　　(B) 体心立方，单位扩大为两倍

(C) 面心立方，单位长度不变　　(D) 体心立方，单位长度不变

3. 面心立方的倒易点阵(　　)

(A) 面心立方，单位扩大为两倍　　(B) 体心立方，单位扩大为两倍

(C) 面心立方，单位长度不变　　(D) 体心立方，单位长度不变

4. 零层倒易阵面取决于(　　)

(A) 晶体形貌、电子束的入射方向　　(B) 晶体结构、电子束的入射方向

(C) 晶体完整性、电子束的入射方向　　(D) 晶体缺陷、电子束的入射方向

5. 理论上讲标准电子衍射花样(　　)

(A) 只能有一个中心斑点　　(B) 可以有两个中心斑点

(C) 可以有 3 个斑点　　(D) 可以有多个斑点

6. $\boldsymbol{k}'-\boldsymbol{k}=\boldsymbol{g}-\boldsymbol{s}$ 偏移矢量的出现可使晶面的衍射条件(　　)

(A) 放宽，不再需要严格满足布拉格方程

(B) 变得更加严格

(C) 未发生变化

(D) 彻底解除了衍射条件,即不再需要满足布拉格方程这一必要条件的约束了

7. 对称入射是指(　　)

(A) 电子束的入射方向与晶带轴的方向一致

(B) 电子束的入射方向与晶带轴的方向不一致

(C) 电子束的入射方向与晶带轴的方向成一定微小角度

(D) 电子束的入射方向与晶带轴的方向垂直

8. 精确符合布拉格条件,此时衍射方程为(　　)

(A) $\boldsymbol{k}'-\boldsymbol{k}=\boldsymbol{g}+\boldsymbol{s}$　　(B) $\boldsymbol{k}'-\boldsymbol{k}=\boldsymbol{g}-\boldsymbol{s}$

(C) $\boldsymbol{k}'-\boldsymbol{k}=\boldsymbol{g}$　　(D) $\boldsymbol{k}'-\boldsymbol{k}=\boldsymbol{s}$

9. 晶粒细化可使衍射峰(　　)

(A) 宽化　　(B) 尖锐　　(C) 漫散　　(D) 漂移

10. 当反射球与倒易杆稍偏移中心的部位相截时,其斑点形状可能是(　　)

(A) 月牙形　　(B) 椭圆形

(C) 正圆形　　(D) 三角形

答案: AABBA, AACAB

5.5　本章思考题选答

题 5.1～5.7 答案略。

5.8　结合厄瓦尔德球及布拉格方程简述倒易点阵建立的意义。

答: 布拉格方程简化为 $\sin\theta=\dfrac{\frac{1}{d_{hkl}}}{\frac{1}{\lambda}\times 2}$,直角顶点在半径为$\dfrac{1}{\lambda}$的球面上$G$点,见解图 5-1,连接$\overrightarrow{OG}$,$\overrightarrow{OO^*}$,

令 $\overrightarrow{OO^*}=\boldsymbol{k}$, $k=1/\lambda$,$\boldsymbol{k}$为入射矢量;令$\overrightarrow{OG}=\boldsymbol{k}'$, $k'=1/\lambda$,$\boldsymbol{k}'$为衍射矢量;令$\overrightarrow{O^*G}=\boldsymbol{g}_{hkl}$, $g_{hkl}=\dfrac{1}{d_{hkl}}$,则$\triangle OO^*G$构成矢量三角形,得$\boldsymbol{g}_{hkl}=\boldsymbol{k}'-\boldsymbol{k}$,$G$点即为晶面$(hkl)$的倒易阵点。可将所有晶面通过规则转化为对应的倒易矢量,矢量端点组成倒易点阵,凡在球面上的阵点均可形成直角三角形,满足布拉格方程。如G'阵点,其对应的晶面$(h'k'l')$将参与衍射。反之,不在球面上的阵点,其对应的晶面不满足布拉格方程,不可能参与衍射,产生衍射花样。

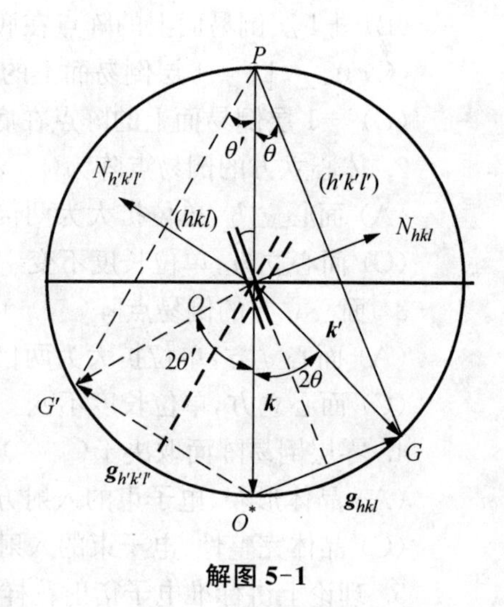

解图 5-1

5.9　证明晶面(hkl)的倒易矢量$\boldsymbol{g}_{hkl}$与对应的晶面指数的关系为$\boldsymbol{g}=h\boldsymbol{a}^*+k\boldsymbol{b}^*+l\boldsymbol{c}^*$。

证明: 见解图 5-2

(1) 矢量 $h\boldsymbol{a}^*+k\boldsymbol{b}^*+l\boldsymbol{c}^*$ 与晶面(hkl)垂直。

假设(hkl)为一晶面指数,表明该晶面离原点最近,且 h、k、l 为互质的整数。坐标轴为 $\boldsymbol{a}$、$\boldsymbol{b}$、$\boldsymbol{c}$,在三轴上的交点为 A、B、C,其对应的面截距值分别为$\frac{1}{h}$、$\frac{1}{k}$、$\frac{1}{l}$,对应的矢量分别为$\frac{1}{h}\boldsymbol{a}$、$\frac{1}{k}\boldsymbol{b}$ 和$\frac{1}{l}\boldsymbol{c}$。显然$\left(\frac{1}{h}\boldsymbol{a}-\frac{1}{k}\boldsymbol{b}\right)$,$\left(\frac{1}{k}\boldsymbol{b}-\frac{1}{l}\boldsymbol{c}\right)$和$\left(\frac{1}{l}\boldsymbol{c}-\frac{1}{h}\boldsymbol{a}\right)$均为该晶面内的一个矢量。

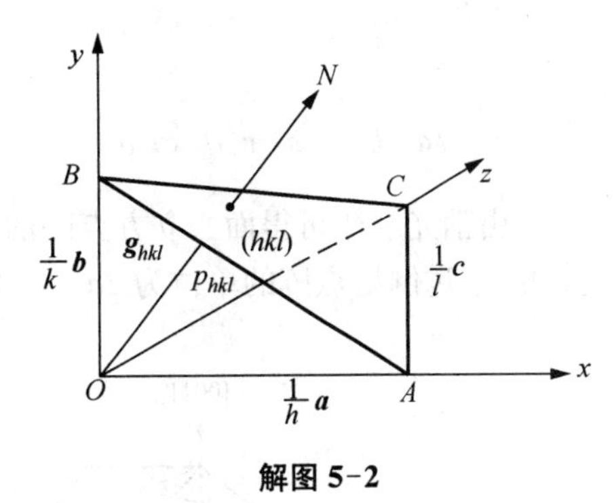

解图 5-2

由于$(h\boldsymbol{a}^*+k\boldsymbol{b}^*+l\boldsymbol{c}^*)\cdot\left(\frac{1}{h}\boldsymbol{a}-\frac{1}{k}\boldsymbol{b}\right)=0$,

所以:$(h\boldsymbol{a}^*+k\boldsymbol{b}^*+l\boldsymbol{c}^*)\perp\left(\frac{1}{h}\boldsymbol{a}-\frac{1}{k}\boldsymbol{b}\right)$。

同理:$(h\boldsymbol{a}^*+k\boldsymbol{b}^*+l\boldsymbol{c}^*)\perp\left(\frac{1}{k}\boldsymbol{b}-\frac{1}{l}\boldsymbol{c}\right)$;$(h\boldsymbol{a}^*+k\boldsymbol{b}^*+l\boldsymbol{c}^*)\perp\left(\frac{1}{l}\boldsymbol{c}-\frac{1}{h}\boldsymbol{a}\right)$。

所以:矢量 $h\boldsymbol{a}^*+k\boldsymbol{b}^*+l\boldsymbol{c}^*$ 垂直于晶面(hkl)内的任两相交矢量,即矢量 $h\boldsymbol{a}^*+k\boldsymbol{b}^*+l\boldsymbol{c}^*\perp(hkl)$。

(2) 矢量 $h\boldsymbol{a}^*+k\boldsymbol{b}^*+l\boldsymbol{c}^*$ 的大小等于(hkl)晶面间距的倒数,

即 $|h\boldsymbol{a}^*+k\boldsymbol{b}^*+l\boldsymbol{c}^*|=\frac{1}{d_{hkl}}$

因为已证明矢量 $h\boldsymbol{a}^*+k\boldsymbol{b}^*+l\boldsymbol{c}^*$ 为晶面(hkl)的法向矢量;其单位矢量为$\frac{h\boldsymbol{a}^*+k\boldsymbol{b}^*+l\boldsymbol{c}^*}{|h\boldsymbol{a}^*+k\boldsymbol{b}^*+l\boldsymbol{c}^*|}$。同时该晶面又是距原点最近的晶面,所以,原点到该晶面的距离即为晶面间距 d_{hkl}。

由矢量关系可得晶面间距为该晶面的单位法向矢量与面截距交点矢量的点积:

$$d_{hkl}=\frac{h\boldsymbol{a}^*+k\boldsymbol{b}^*+l\boldsymbol{c}^*}{|h\boldsymbol{a}^*+k\boldsymbol{b}^*+l\boldsymbol{c}^*|}\cdot\frac{1}{h}\boldsymbol{a}=\frac{h\boldsymbol{a}^*+k\boldsymbol{b}^*+l\boldsymbol{c}^*}{|h\boldsymbol{a}^*+k\boldsymbol{b}^*+l\boldsymbol{c}^*|}\cdot\frac{1}{k}\boldsymbol{b}=\frac{h\boldsymbol{a}^*+k\boldsymbol{b}^*+l\boldsymbol{c}^*}{|h\boldsymbol{a}^*+k\boldsymbol{b}^*+l\boldsymbol{c}^*|}\cdot\frac{1}{l}\boldsymbol{c}=\frac{1}{|h\boldsymbol{a}^*+k\boldsymbol{b}^*+l\boldsymbol{c}^*|}$$

所以:$|h\boldsymbol{a}^*+k\boldsymbol{b}^*+l\boldsymbol{c}^*|=\frac{1}{d_{hkl}}$

因此矢量 $h\boldsymbol{a}^*+k\boldsymbol{b}^*+l\boldsymbol{c}^*$ 的方向与晶面(hkl)垂直,大小为(hkl)晶面间距的倒数。故 $h\boldsymbol{a}^*+k\boldsymbol{b}^*+l\boldsymbol{c}^*$ 为晶面(hkl)的倒易矢量,即 $\boldsymbol{g}_{hkl}=h\boldsymbol{a}^*+k\boldsymbol{b}^*+l\boldsymbol{c}^*$。

5.10 分别绘出面心立方点阵和体心立方点阵的倒易点阵,设晶带轴指数为[100],标出其 $N=1,0,-1$ 时的倒易阵面,绘出零层衍射斑点花样。当晶带轴指数为[111]时,其零层倒易阵面上的斑点花样又如何?

答: 立方:$a=b=c$,$\alpha=\beta=\gamma=90°$。由 $\boldsymbol{a}^*=\frac{\boldsymbol{b}\times\boldsymbol{c}}{\boldsymbol{a}\cdot(\boldsymbol{b}\times\boldsymbol{c})}$,$\boldsymbol{b}^*=\frac{\boldsymbol{c}\times\boldsymbol{a}}{\boldsymbol{b}\cdot(\boldsymbol{c}\times\boldsymbol{a})}$,$\boldsymbol{c}^*=$

$\dfrac{\boldsymbol{a}\times\boldsymbol{b}}{\boldsymbol{c}\cdot(\boldsymbol{a}\times\boldsymbol{b})}$得

$$\boldsymbol{a}^{*}//\boldsymbol{a},\ \boldsymbol{b}^{*}//\boldsymbol{b},\ \boldsymbol{c}^{*}//\boldsymbol{c};\ a^{*}=\frac{1}{a},\ b^{*}=\frac{1}{b},\ c^{*}=\frac{1}{c}。$$

由消光规律可得面心立方点阵的倒易点阵为体心立方，而体心立方的倒易点阵为面心立方，不过倒易点阵的单位为 $2\boldsymbol{a}^{*}=2\boldsymbol{b}^{*}=2\boldsymbol{c}^{*}$，见解图 5-3(a)和 5-3(b)。

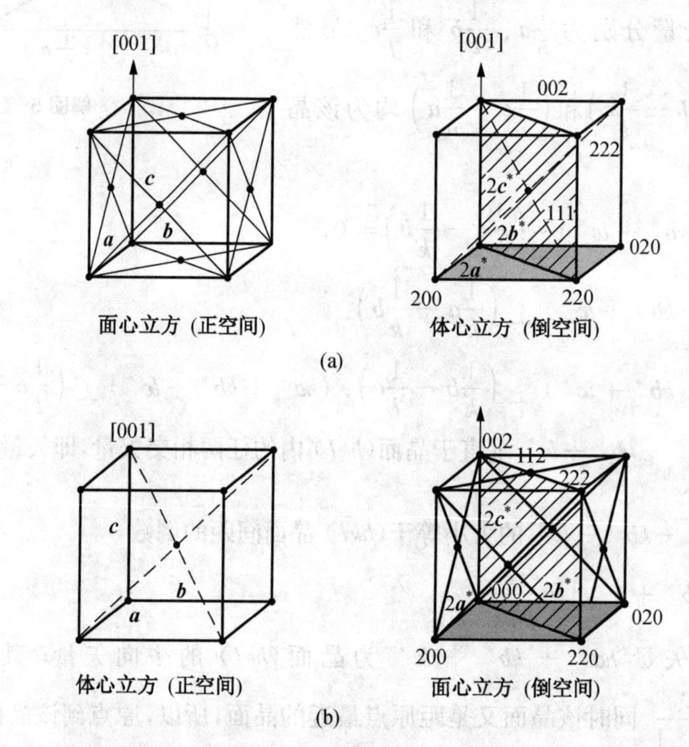

解图 5-3

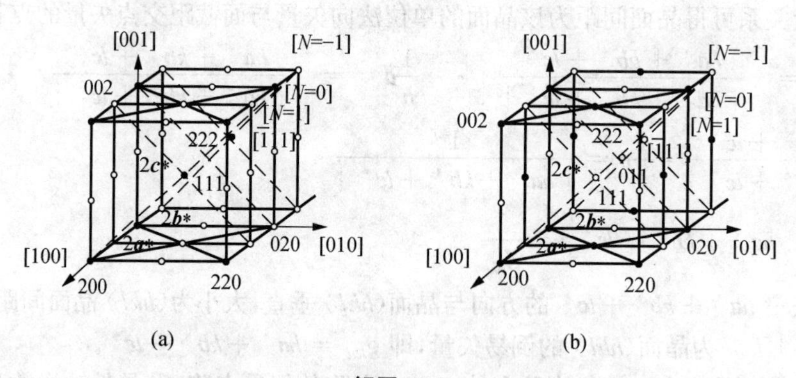

解图 5-4

晶带轴指数为[100]，即垂直于[100]的倒易阵面上的所有阵点所对应的正空间中的晶面均平行于[100]，这些晶面即为晶带面，[100]为晶带轴。垂直于[100]的阵面过原点时 $N=0$，过 111 阵点时，$N=1$；过[$\bar{1}$11] 阵点时，$N=-1$。面心立方和体心立方分别见解

图 5-4(a) 和 5-4(b)。面心立方 $N=0$、1、-1 扩展图分别见解图 5-5、解图 5-6、解图 5-7。体心立方 $N=0$、1、-1 扩展图分别见解图 5-8、解图 5-9、解图 5-10。

(1) $N=0$

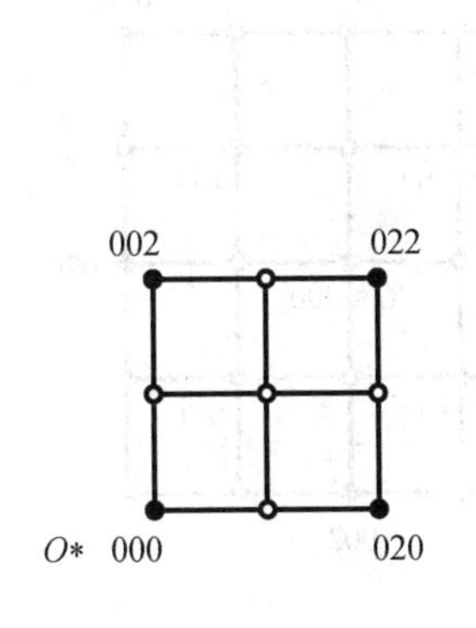

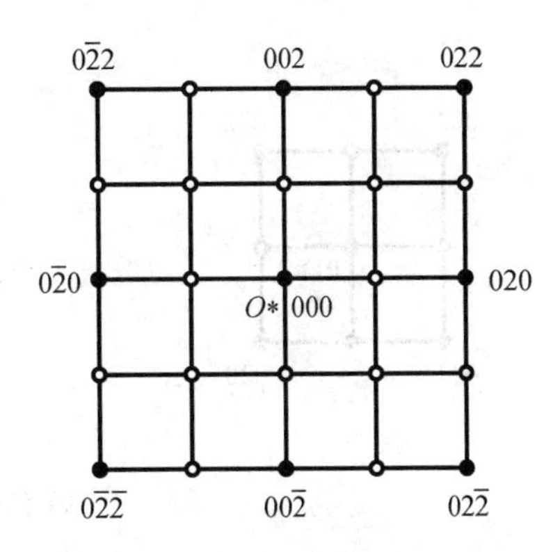

解图 5-5

(2) $N=1$

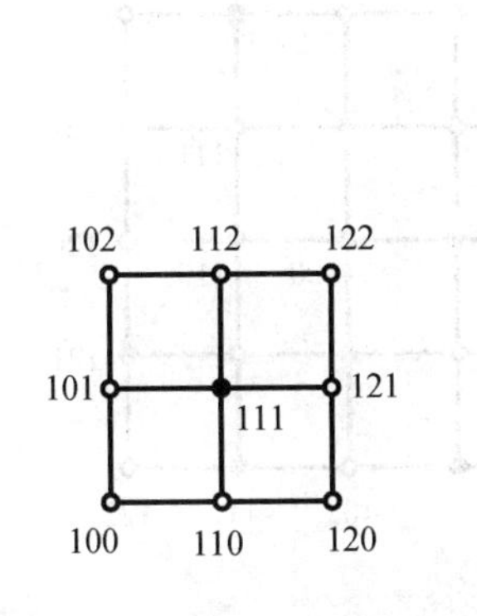

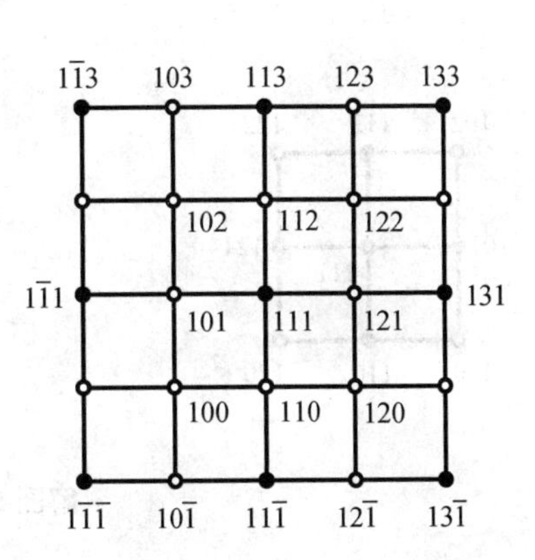

解图 5-6

(3) $N=-1$

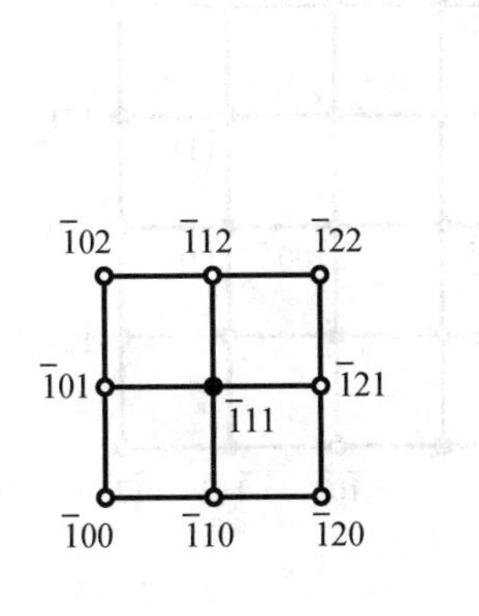

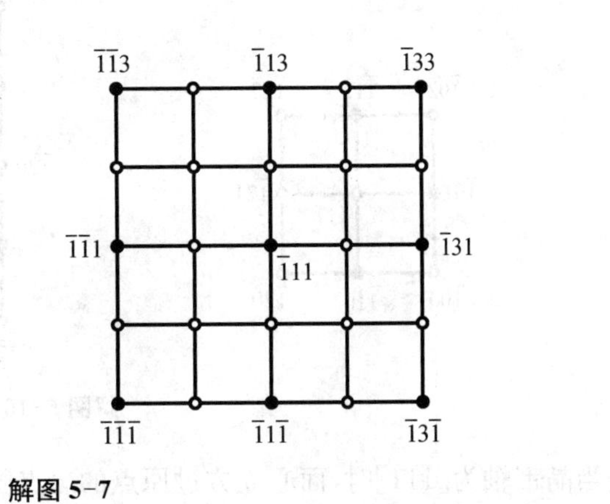

解图 5-7

体心点阵其对应的倒易点阵为面心点阵。

(1) $N=0$

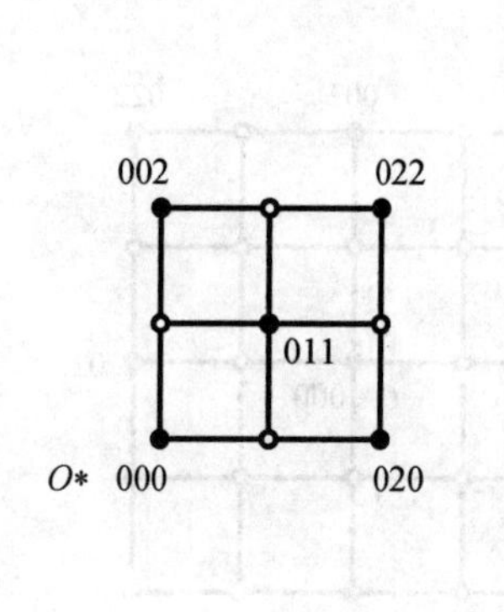

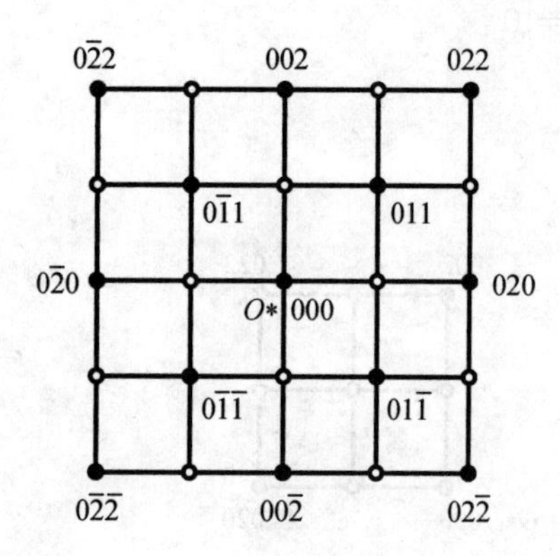

解图 5-8

(2) $N=1$

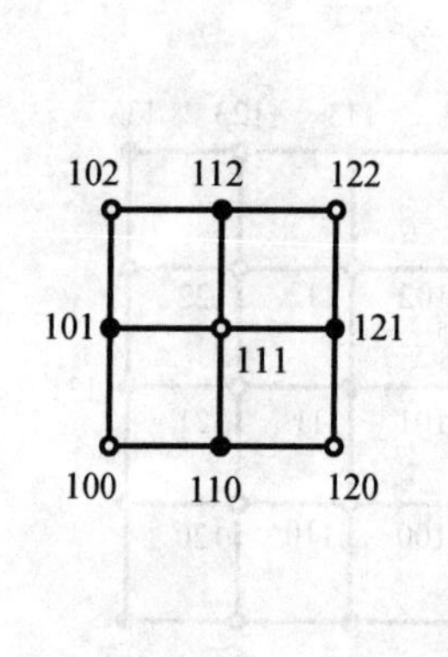

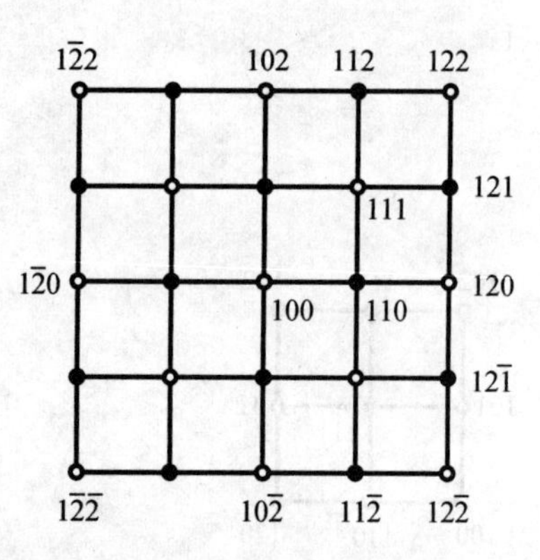

解图 5-9

(3) $N=-1$

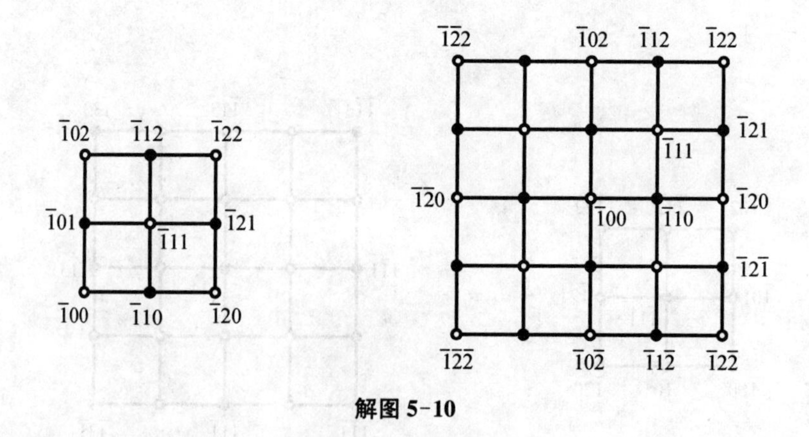

解图 5-10

当晶带轴为[111]时，面心立方过原点的斑点图见解图 5-11 和解图 5-12

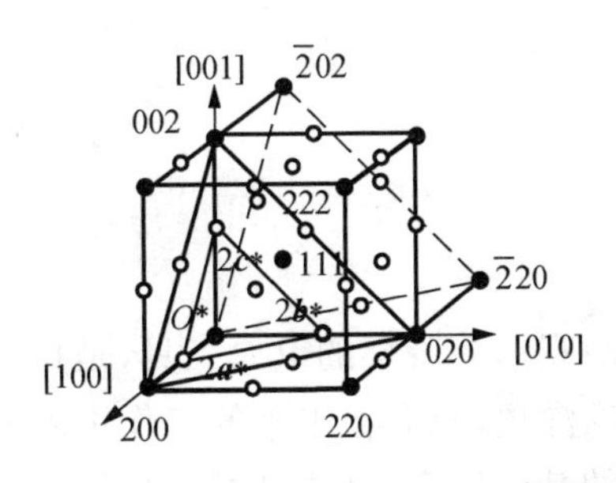

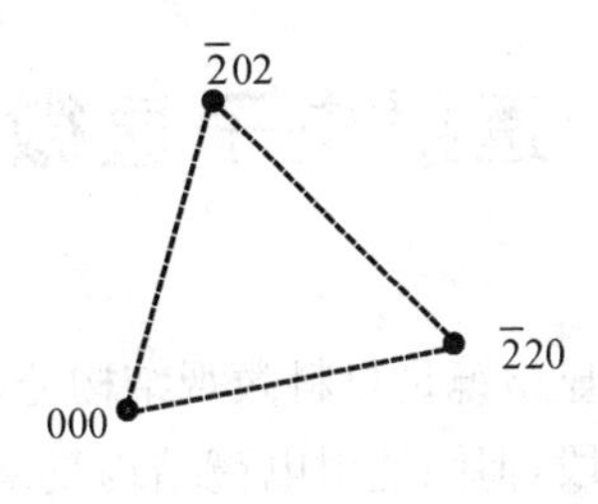

解图 5-11

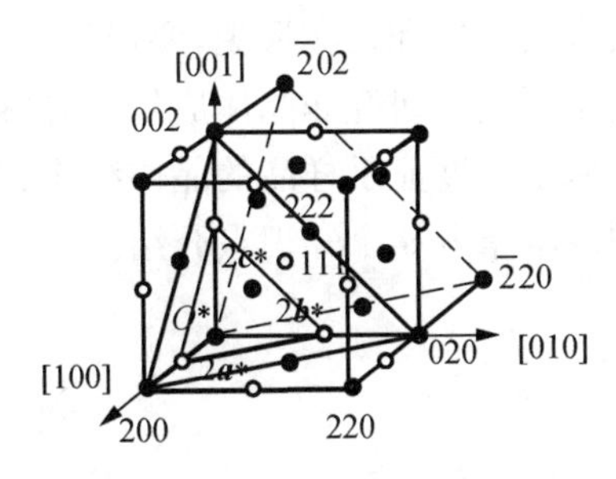

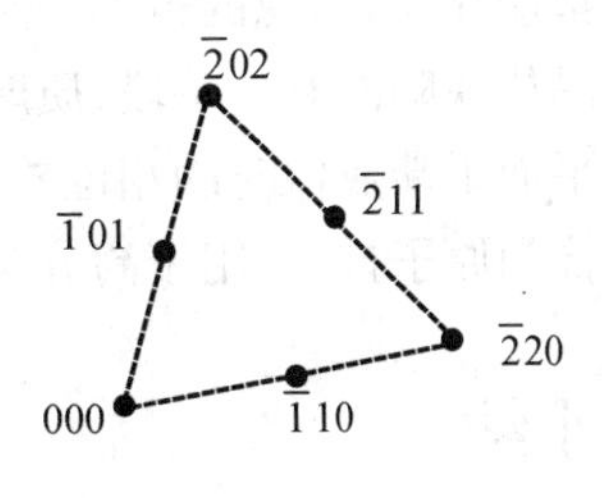

解图 5-12

5.11 衍射斑点的形状取决于哪些因素？为何中心斑点一般呈圆点且最亮？

答：斑点的形成原理为反射球与过零层倒易阵面上的扩展阵点的截面再投影。斑点的形状取决于截面的形状。如单晶薄膜试样的倒易点阵的阵点沿膜厚度方向扩展为倒易杆，反射球与杆相截的位置不同，其截面形状就不同，投射后其对应的斑点形状随之变化，显然反射球与过中心原点的倒易杆相截形成正圆，其斑点即为正圆点。除此以外，反射球与杆相截一般为椭圆，同样产生椭圆形斑点。斑点的大小取决于强度大小，而强度大小又取决于反射球与杆相截的位置距杆对称中心的距离，由干涉函数的强度分布曲线可知该距离愈小，强度愈高，反之愈远愈弱。

5.12 电子束对称入射时，理论上仅有倒易点阵的原点在反射球上，除了中心斑点外，为何还可得到其他一系列斑点？

答：电镜试样一般为单晶薄膜试样，其对应的倒易点阵的阵点将沿膜厚度方向扩展为倒易杆，而斑点的形成原理是反射球与过零层倒易阵面上的阵点扩展杆相截的截面的再投影。理论上讲反射球与过原点的倒易阵面相截，只能有一个点，即中心点，形成一个斑点花样，但实际上由于反射球的半径大，相截区域在中心附近，此时球面可看成是平面，因此反射球与倒易杆相截的机会大增，不仅中心的倒易杆被截，中心附近的倒易杆同样也会被截，截面的再投影从而形成多个斑点花样。

第 6 章　透射电子显微镜

透射电子显微镜是材料微观结构分析和微观形貌观察的重要工具，是材料研究方法中最为核心的手段，但因透射电镜结构复杂、理论深奥，只有在未来的工作中才能逐渐理解和深入掌握。本章主要介绍了透射电子显微镜的基本原理、结构，常见电子衍射花样的标定，及电子显微图像的衬度理论等。本章主要介绍了三种衬度，其中振幅衬度最为重要，晶体中的缺陷不一定都能显现，出现的也不一定是其真实位置和真实形貌，要视具体情况而定。振幅衬度是研究晶体缺陷的有效手段；质厚衬度主要用于研究非晶体成像；相位衬度取决于多束衍射波在像平面干涉成像时的相位差，可在原子尺度显示样品的晶体结构和晶体缺陷，直观地看到原子像和原子排列，用于高分辨成像。本章分 9 个知识点介绍。

6.1　本章小结

透镜
- 有形透镜：光学显微镜系统中采用，其形状和焦距固定
- 无形透镜
  - 静电透镜：由电位不等的正负两极组成，电子束可以偏转汇聚，用于透射电镜中的电子枪
  - 电磁透镜：是透射电镜中的核心部件，可使电子束绕磁透镜中心轴螺旋汇聚，通过调整磁透镜中励磁电流的大小，可改变磁透镜的焦距

磁透镜的像差
- 几何像差
  - 球差：$r_s=\frac{1}{4}C_s\alpha^3$，减小孔径半角是减轻球差的最佳途径
  - 像散：$r_A=\Delta f_A\alpha$，可通过消像散器消除或减轻像散
- 色差：$r_c=C_c\alpha\left|\frac{\Delta E}{E}\right|$，通过稳压器可有效减轻色差

像差中像散和色差可通过适当措施得到有效控制甚至基本消除，唯有球差控制较难，又因球差正比于孔径半角的立方，所以减小孔径半角即让电子束平行于中心光轴入射是减轻球差的首选方法。

最佳孔径半角：同时考虑球差和衍射效应所得的孔径半角，$\alpha=\sqrt[4]{2.44}\left(\frac{\lambda}{C_s}\right)^{\frac{1}{4}}=1.25\left(\frac{\lambda}{C_s}\right)^{\frac{1}{4}}$

此时电镜分辨率：$r_0=AC_s^{\frac{1}{4}}\lambda^{\frac{1}{4}}(A=0.4\sim0.55)$

景深：$D_f=\frac{2r_0}{\tan\alpha}\approx\frac{2r_0}{\alpha}$　景深为观察样品的微观细节提供了方便

焦长：$D_L=\frac{2r_0M^2}{\alpha}$　焦长为成像操作提供了方便

- 分辨率
  - 点分辨率：首先让 Pt 或 Au 通过蒸发沉积在极薄碳支撑膜上，再让透射束或衍射束两者之一进入成像系统测取其颗粒像来确定的
  - 晶格分辨率：首先形成定向生长的单晶体薄膜，再让衍射束和透射束两者平行于某一晶面方向进入成像系统，摄取该晶面的间距条纹(晶格条纹)像来确定晶格分辨率

- 透射电镜的结构组成
  - 电子光学系统
    - 照明系统：由电子枪、聚光镜、聚光镜光阑等组成。作用：产生一束亮度高、相干性好、束流稳定的电子束
    - 成像系统
      - 物镜
      - 中间镜　调整中间镜励磁电流可完成成像操作和衍射操作
      - 投影镜
    - 记录系统
  - 电源控制系统
  - 真空系统

- 光阑
  - 聚光镜光阑：限制照明孔径角，让电子束平行于中心光轴进入成像系统
  - 物镜光阑：位于物镜的后焦面上，又称衬度光阑，可完成明场和暗场操作
  - 当光阑挡住衍射束，仅让透射束通过，所形成的像为明场像
  - 当光阑挡住透射束，仅让衍射束通过，所形成的像为暗场像
  - 中间镜光阑：位于中间镜的物平面或物镜的像平面上，又称选区光阑，可完成选区衍射操作

- 电子衍射花样的标定
  - 单晶体电子衍射花样的标定——规则斑点
  - 多晶体电子衍射花样的标定——同心圆环
  - 复杂电子衍射花样的标定
    - 超点阵斑点花样
    - 孪晶花样
    - 高阶劳埃斑点花样

- 衬度
  - 相位衬度：由相位差引起的衬度，应用于晶格分辨率和高分辨像
  - 振幅衬度
    - 质厚衬度：是由于试样中各处的原子种类不同或厚度、密度差异造成的衬度，用于非晶体成像
    - 衍射衬度：满足布拉格衍射条件的程度不同造成的衬度，用于各种晶体结构及晶体缺陷成像

- 衬度理论
  - 动力学衬度理论：考虑衍射束与透射束之间的作用
  - 运动学衬度理论：不考虑衍射束与透射束之间的作用
    - 两个假设
      - 忽略衍射束与透射束之间的作用
      - 忽略电子在样品中的多次反射与吸收
    - 两个近似
      - 双光束近似
      - 晶柱近似

理想晶体的运动学衬度

$$I_g = \frac{\pi^2}{\xi_g^2} \cdot \frac{\sin^2(\pi s t)}{(\pi s)^2}$$

- 等厚条纹 s 恒定，$I_{g\text{-}t}$ 曲线，一般位于晶界，亮暗相间
- 等顷条纹 t 恒定，$I_{g\text{-}s}$ 曲线，两条等间距的平行条带

非理想晶体的运动学衬度 $\phi_g = \frac{\mathrm{i}\pi}{\xi_g}\int_0^t \mathrm{e}^{-\mathrm{i}\varphi'}\mathrm{d}r' = \frac{\mathrm{i}\pi}{\xi_g}\int_0^t \mathrm{e}^{-\mathrm{i}(\varphi+\alpha)}\mathrm{d}z$，$\alpha = 2\pi \boldsymbol{g} \cdot \boldsymbol{R}$

缺陷衬度像
- 层错
  - 平行于薄膜样品表面：显衬度时衍衬像为均匀的亮带或暗带
  - 不平行于薄膜样品表面：显衬度时衍衬像为位于晶粒内部亮暗相间的直条纹
- 螺旋位错：$\alpha = 2\pi \boldsymbol{g}_{hkl} \cdot \boldsymbol{R} = \boldsymbol{g}_{hkl} \cdot \boldsymbol{b} \cdot \beta = n \cdot \beta$
  - $n = 0$ 时，不显衬度；$n \neq 0$ 时，显衬度，并可由此选择不同的操作矢量 $\boldsymbol{g}_{hkl}$，联立方程组，求得位错的柏氏矢量 $\boldsymbol{b} = \begin{bmatrix} \boldsymbol{a} & \boldsymbol{b} & \boldsymbol{c} \\ h_1 & k_1 & l_1 \\ h_2 & k_2 & l_2 \end{bmatrix}$
- 刃形位错：像位于真实位置的一侧
- 第二相粒子：像中有一根与操作矢量方向垂直的亮带、操作矢量变化，亮带随之变化

薄膜样品制备
- 导体：电解双喷法或离子减薄法或电解双喷＋离子减薄
- 绝缘体：离子减薄法

粉末样品制备　粉末在溶剂中超声分散，滴至铜网支撑膜上静置、干燥

花样汇总

方法 \ 试样 / 花样	单相单晶	单相多晶	多相	非晶	织构
XRD	规则斑点(少)	数个尖锐峰	更多尖锐峰	漫散峰	若干个强峰
TEM	规则斑点(多)	数个同心圆	更多同心圆	晕斑	不连续弧对

6.2　知识点1-透射电镜原理与电磁透镜

6.2.1　知识点1注意点

1）电子衍射采用的是静电透镜和电磁透镜，电磁透镜的成像可以通过改变励磁电流来改变焦距以满足成像条件；电磁透镜的焦距总是正值，不存在负值，意味着电磁透镜为汇聚透镜。

2）静电透镜中电子汇聚是平动汇聚，而电磁透镜中电子汇聚是螺旋汇聚。静电透镜主要用于电子枪中，产生汇聚电子束即光源。

3）电磁透镜中的软磁铁可显著增强线圈中的磁感应强度，软磁铁中的缝隙可使磁场在该处更加集中，且缝隙愈小，集中程度愈高，该处的磁场强度就愈强。极靴可使电磁透镜的实际磁场强度更有效地集中到缝隙四周仅几毫米的范围内，见图6-1。

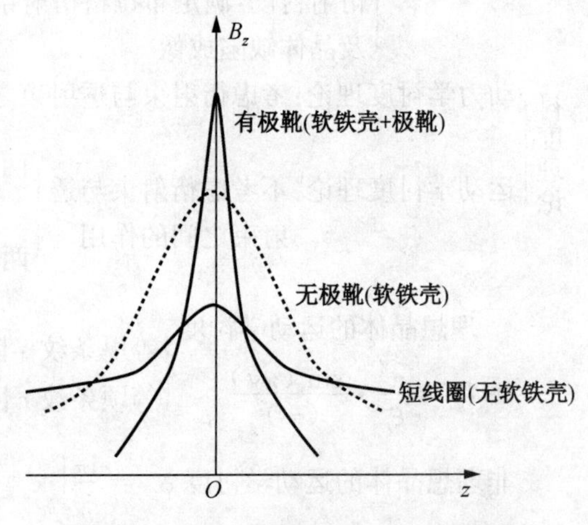

图6-1　带有极靴的电磁透镜场强分布

4）电子显微镜与光学显微镜存在以下区别：

(1) 电子显微镜的信息载体是电子束，而

光学显微镜则为可见光；电子束的波长可通过调整加速电压获得所需值。

(2) 电子显微镜的透镜是由线圈通电后形成的磁场构成，故名为电磁透镜，透镜焦距也可通过励磁电流来调节，而光学显微镜的透镜由玻璃或树脂制成，焦距固定无法调节。

(3) 电子显微镜在物镜和投影镜之间增设了中间镜，用于调节放大倍数，进行衍射操作或成像操作。

(4) 电子波长一般比可见光的波长低 5 个数量级，因而具有较高的分辨率，能同时分析材料微区的结构和形貌，而光学显微镜仅能分析材料微区的形貌。

(5) 电子显微镜的成像须在荧光屏上显示，而光学显微镜可在毛玻璃或白色屏幕上显示。

光学透镜成像时，物距 L_1、像距 L_2、焦距 f 三者满足成像条件：

$$\frac{1}{f}=\frac{1}{L_1}+\frac{1}{L_2} \tag{6-1}$$

对于选定的凸或凹透镜而言，焦距不再变化，而对于电磁透镜，焦距是可变值，即

$$f\approx K\frac{U_r}{(IN)^2} \tag{6-2}$$

式中 K 为常数；I 为励磁电流；N 为线圈的匝数；U_r 为经过相对论修正过的加速电压，IN 合称安匝数。

由此可见：

(1) 电磁透镜的成像可以通过改变励磁电流来改变焦距以满足成像条件；

(2) 电磁透镜的焦距总是正值，不存在负值，意味着电磁透镜没有凹透镜，全是凸透镜，即汇聚透镜；

(3) 焦距 f 与加速电压成正比，即与电子速度有关，电子速度愈高，焦距愈长，因此，为了减小焦距波动，以降低色差，需稳定加速电压。

6.2.2 知识点 1 选择题

1. 电子波不同于光波，光学显微镜中的玻璃或树脂透镜(　　)

(A) 无法改变电子波的传播方向，无法使之汇聚成像

(B) 可以改变电子波的传播方向，使之汇聚成像

(C) 可以改变电子波的传播方向，但无法使之汇聚成像

(D) 无法改变电子波的传播方向，却可使之汇聚成像

2. 电场和磁场可使电子束(　　)

(A) 无法汇聚或发散　　(B) 汇聚，但不能发散

(C) 汇聚或发散　　(D) 无法汇聚，但能发散

3. 静电透镜可由两个电位不等的同轴圆筒构成，实现电子束(　　)

(A) 平动汇聚　　(B) 螺旋汇聚　　(C) 螺旋发散　　(D) 螺旋平动

4. 电磁透镜可由短线圈构成，实现电子束(　　)

(A) 平动汇聚　　(B) 螺旋汇聚　　(C) 平动发散　　(D) 螺旋发散

5. 极靴和带缝隙软磁铁可使电磁透镜的磁场强度分布(　　)

(A) 更加集中到缝隙四周　　(B) 更加发散
(C) 更均匀　　(D) 更随机

6. 电磁透镜的焦距(　　)
(A) 固定、总是负值　　(B) 固定、总是正值
(C) 固定不可调　　(D) 可调、总是正值

7. 改变励磁电流可改变电磁透镜的(　　)
(A) 焦距,使之由正变负　　(B) 焦距,使之由负变正
(C) 焦距,仅在正焦距中变动　　(D) 焦距,仅在负焦距中变动

8. 电磁透镜的成像条件与光学透镜成像时满足的成像条件(　　)
(A) 相同,且焦距可调　　(B) 不同,焦距也不可调
(C) 相同,但焦距不可调　　(D) 不同,但焦距可调

9. 电磁透镜中软磁铁缝隙可使磁场在该处(　　)
(A) 更加集中,且缝隙愈小,集中程度愈高
(B) 更加发散,且缝隙愈小,发散程度愈高
(C) 更加集中,但缝隙愈小,集中程度愈低
(D) 更加集中,且缝隙愈大,集中程度愈高

10. 电磁透镜中的极靴间隙愈小,磁场集中程度(　　)
(A) 愈强　　(B) 愈弱
(C) 不变　　(D) 发生变化,既可增强也可减弱

答案: ACABA,DCAAA

6.3 知识点2-像差及景深与焦长

6.3.1 知识点2注意点

1) 像差分两大类,由电磁透镜的几何因素(内因)导致的像差称几何像差,几何像差有球差和像散两种,由波长稳定性(外因)导致的像差为色差。像差导致像模糊,直接影响电磁透镜的分辨率(能分辨两物点间的最小距离),是分辨率达不到理论极限值(波长之半)的根本原因。

(1) 球差:电磁透镜近远轴折射能力差异导致的像差见图6-2。近远轴折射能力差异是因短线圈中的磁场分布在近轴处的径向分量小,而在远轴区的径向分量大,因而近轴区磁场对电子束的折射能力(改变电子束方向的能力)低于远轴区磁场对电子的折射能力。

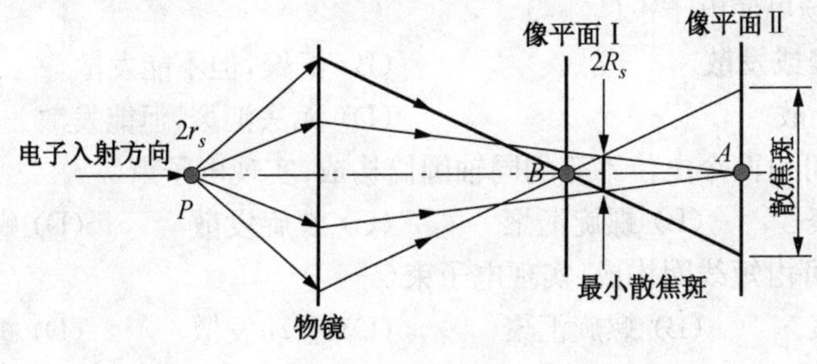

图6-2　球差

光轴上物点 P 经电磁透镜后本应在光轴上形成一个像点，但由于球差的原因却形成了等同于成像体 $2r_s$ 所形成的散焦斑 $2R_s$。用 r_s 代表球差，其大小为：

$$r_s = \frac{1}{4}C_s\alpha^3 \tag{6-3}$$

式中：C_s 为球差系数，一般为磁透镜的焦距，约 1～3 mm；α 为孔径半角。从该式可知，减小球差系数和孔径半角均可减小球差，特别是减小孔径半角，可显著减小球差。

(2) 像散：是由于形成透镜的磁场非旋转对称引起的，见图 6-3。磁场非旋转对称的原因是由极靴的内孔不圆、材质不匀、上下不对中以及极靴孔被污染等造成的，磁场呈椭球形。像散大小为：

$$r_A = \Delta f_A\alpha \tag{6-4}$$

式中，Δf_A 为透镜因椭圆度造成的焦距差；α 为孔径半角。像散可以通过配置对称磁场调整椭球使其球化来得到基本消除。

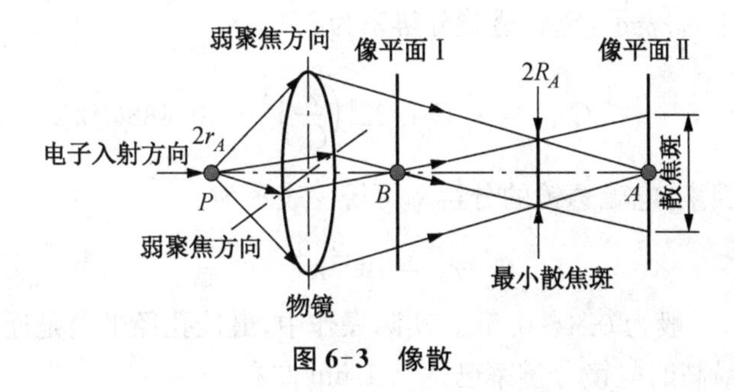

图 6-3　像散

(3) 色差

色差是由于电子波长不稳定导致的，见图 6-4。其大小为：

$$r_c = C_c\alpha\left|\frac{\Delta E}{E}\right| \tag{6-5}$$

式中 C_c 为色差系数；α 为孔径半角；$\frac{\Delta E}{E}$ 为电子束的能量变化率。能量变化率与加速电压的稳定性和电子穿过样品时发生的弹性散射有关，一般情况下，薄样品的弹性散射影响可以忽略，因此，提高加速电压的稳定性可以有效地减小色差。

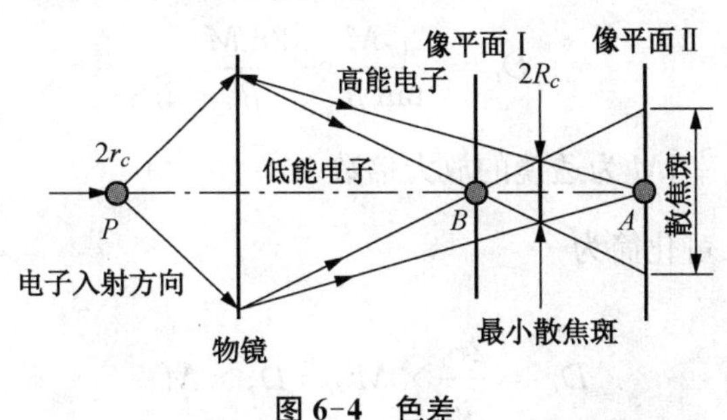

图 6-4　色差

2) 球差、像散和色差三种像差中，球差难以避免，只能尽量减小，而像散可通过消像散器、色差通过电压稳定器得到基本消除。球差成了像差中影响分辨率的控制因素。

3）孔径半角对透镜分辨率的影响具有双刃性，减小孔径半角，降低了球差，提高了电磁透镜的分辨率，但却增加了 Airy 斑尺寸，降低了电磁透镜的分辨率，两者平衡时获得最佳电磁透镜孔径半角，即

衍射效应：$r_0 = \frac{0.61\lambda}{n\sin\alpha}$；像差中，球差为控制因素，分辨率的大小近似为 $r_s = \frac{1}{4}C_s\alpha^3$。令 $r_0 = r_s$，得如下方程：

$$\frac{0.61\lambda}{n\sin\alpha} = \frac{1}{4}C_s\alpha^3 \tag{6-6}$$

因为在真空中，所以 $n = 1$，又因为透射电镜的孔径半角很小，一般仅有 $10^{-2} \sim 10^{-3}$ rad，故 $\sin\alpha \approx \alpha$。解方程(6-6)得：

$$\alpha = \sqrt[4]{2.44}\left(\frac{\lambda}{C_s}\right)^{\frac{1}{4}} = 1.25\left(\frac{\lambda}{C_s}\right)^{\frac{1}{4}} \tag{6-7}$$

最佳孔径半角用 α_0 表示，电磁透镜分辨率为

$$r_0 = \frac{1}{4}C_s\alpha_0^3 = \frac{1}{4}C_s 1.25^3\left(\frac{\lambda}{C_s}\right)^{\frac{3}{4}} = 0.488C_s^{\frac{1}{4}}\lambda^{\frac{1}{4}} \tag{6-8}$$

综合各种影响因素，电磁透镜的分辨率可统一表示为

$$r_0 = AC_s^{\frac{1}{4}}\lambda^{\frac{1}{4}} \tag{6-9}$$

其中 A 为常数，一般为 0.4～0.55。实际操作中，最佳孔径半角是通过选用不同孔径的光阑获得的。目前最高的电镜分辨率已达 0.1 nm 左右。

4）景深是指像平面固定，保证像清晰的前提下，物平面沿光轴可前后移动的最大距离见图 6-5(a)。

大小为：

$$D_f = \frac{2r_0}{\tan\alpha} \approx \frac{2r_0}{\alpha} \tag{6-10}$$

式中：r_0 为透镜的分辨率；α 为孔径半角。

而焦长是物固定，保证像清晰的前提下，像平面可轴向移动的最大距离见图 6-5(b)。其大小为：

$$D_L = \frac{2r_0M}{\tan\beta} \approx \frac{2r_0M}{\beta} \tag{6-11}$$

式中：r_0 为透镜的分辨率；M 为透镜的放大倍数。

因为 $\beta = \frac{\alpha}{M}$，焦长可化简为

$$D_L = \frac{2r_0}{\alpha} \times M^2 = D_f \times M^2 \tag{6-12}$$

电磁透镜的景深和焦长都反比于孔径半角 α，因此，减小孔径半角如插入小孔光阑，就可使电磁透镜的景深和焦长显著增大。

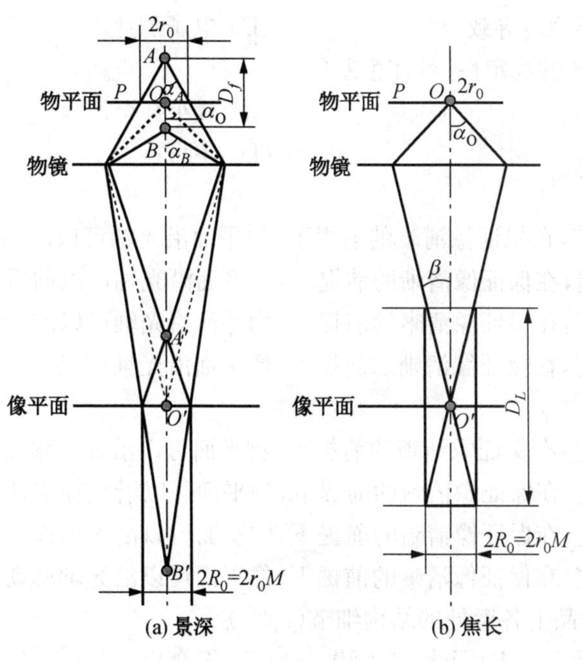

图 6-5　景深与焦长

6.3.2　知识点 2 选择题

1. 球差是(　　)

(A) 由于电磁透镜的近轴区磁场和远轴区磁场对电子束的折射能力不同导致的

(B) 由于电磁透镜的近轴区电场和远轴区电场对电子束的折射能力不同导致的

(C) 由于电磁透镜的近轴区磁场和远轴区电场对电子束的折射能力不同导致的

(D) 由于电磁透镜的近轴区电场和远轴区磁场对电子束的折射能力不同导致的

2. 减小球差的方法(　　)

(A) 增加球差系数和孔径半角,尤其是孔径半角

(B) 增加球差系数和减小孔径半角,尤其是孔径半角

(C) 减小球差系数和增加孔径半角,尤其是孔径半角

(D) 减小球差系数和孔径半角,尤其是孔径半角

3. 像散是(　　)

(A) 由于形成透镜的磁场非旋转对称引起的

(B) 由于形成透镜的电场非旋转对称引起的

(C) 由于形成透镜的磁场与电场非旋转对称引起的

(D) 由于形成透镜的磁场旋转对称引起的

4. 通过改善磁场分布,像散(　　)

(A) 可基本消除　　(B) 仅能稍微改善

(C) 基本无作用　　(D) 加剧

5. 色差是由于(　　)

(A) 电子波长不稳定导致　　(B) 电子强度不稳定导致

(C) 电子密度不稳定导致　　　　　　　　(D) 电子加速度不稳定导致

6. 提高加速电压的稳定性,可使色差(　　)

(A) 增加　　　　　　　　　　　　　　(B) 减小甚至消除

(C) 稳定不变　　　　　　　　　　　　(D) 不可控

7. 景深是指(　　)

(A) 像平面固定,在保证像清晰的前提下,像平面沿光轴可以前后移动的最大距离

(B) 像平面固定,在保证像清晰的前提下,物平面沿光轴可以前后移动的最小距离

(C) 像平面固定,在保证像清晰的前提下,物平面沿光轴可以前后移动的最大距离

(D) 像平面固定,在保证像清晰的前提下,像平面沿光轴可以前后移动的最小距离

8. 焦长是指(　　)

(A) 在样品固定,在保证像清晰的前提下,物平面可以沿光轴移动的最大距离范围

(B) 在样品固定,在保证像清晰的前提下,物平面可以沿光轴移动的最小距离范围

(C) 在样品固定,在保证像清晰的前提下,像平面可以沿光轴移动的最小距离范围

(D) 在样品固定,在保证像清晰的前提下,像平面可以沿光轴移动的最大距离范围

9. 景深增加,样品上各微处的结构细节(　　)

(A) 更清晰可见　　(B) 更模糊不清　　(C) 无变化　　(D) 发生衍射

10. 焦长增加,成像操作(　　)

(A) 更加方便　　　　　　　　　　　　(B) 更加困难

(C) 虽变得方便,但像清晰度下降　　　　(D) 虽变得困难,但像清晰度上升

答案: ADAAA, BCDAA

6.4　知识点3-分辨率与电子光学系统

6.4.1　知识点3注意点

1) 分辨率主要决定于照明光源的波长,半波长是分辨率的理论极限。人眼分辨率约为0.2 mm,光学显微镜分辨率为0.2 μm,因此光学显微镜的有效放大倍数约为1 000倍。过高的部分只是改善舒适度,对分辨率没有贡献。通常为1 000~1 500倍。

2) 降低光源波长,可提高显微镜的分辨率。比可见光波长短的还有紫外线、X射线和γ射线,由于紫外线易被多数物质强烈吸收,而X、γ射线无法折射和聚焦,它们均不能成为显微镜的照明光源。

3) 光学显微镜的分辨率由衍射效应决定,而电镜的分辨率则由衍射效应与透镜像差共同决定。

4) 电镜分辨率分晶格分辨率和点分辨率。两者本质不同,点分辨率是由单电子束成像,与实际分辨能力的定义一致,而晶格分辨率则是双电子束的相位差所形成干涉条纹,反映的是晶面间距的比例放大像。此外,点分辨率测定时的颗粒是沉淀在膜上进行的,此时颗粒无内应力存在,反映其真实大小。

5) 晶格分辨率的测定采用标准试样,其晶面间距均为已知值,选用晶面间距不同的标准样分别进行测试,直至某一标准样的条纹像清晰为止,此时标准样的最小晶面间距即为晶

格分辨率。

6）晶格分辨率的测定较为繁琐，需多个试样测定，但无需知道电镜的放大倍数；而点分辨率测定仅需一个试样测定一次即可，但需知其放大倍数。

7）另一种分辨率：体分辨率，是根据信号产生的区域大小决定的，产生的区域愈大，则体分辨率愈小。电子束作用试样产生的系列信号的区域大小顺序为

俄歇电子＜二次电子＜背散射电子＜特征 X 射线＜连续 X 射线。

电子束与轻元素的作用区域为倒梨状或水滴状，重元素则为半球状。

8）透射电镜主要由电子光学系统、电源控制系统和真空系统三大部分组成，其中电子光学系统为电镜的核心部分，它包括照明系统、成像系统和观察记录系统组成。

照明系统主要由电子枪和聚光镜组成。电子枪发射电子形成照明光源，聚光镜是将电子枪发射的电子汇聚成亮度高、相干性好、束流稳定的电子束照射样品。

电子枪有热发射型和场发射型两种，两者均由三个极组成。热发射型（双阴极＋单阳极）：阴极、阳极和栅极；场发射型（单阴极＋双阳极）：双阳极和阴极。

9）栅极的作用：

（1）改变了阴极和阳极之间的等位场，从而使阴极发射的电子沿栅极区的等位场的法线方向产生汇聚作用，形成电子束截面，即电子枪交叉斑，也称透镜的第一交叉斑，束斑直径约为 50 μm 左右。（2）稳定和控制束流，因为栅极电位比阴极更低，对阴极发射的电子产生排斥作用，可以控制阴极发射电子的有效区域。当束流量增大时，偏置电压增加，栅极电位更低，对阴极发射的电子的排斥作用增强，使阴极发射有效区域减小，束流减弱，反之，则可增加阴极发射面积，提高束流强度，从而稳定束流。

10）双阳极作用：

（1）阴极与第一阳极的电压为 3～5 kV，在阴极尖端产生高达 $10^7 \sim 10^8$ V/cm 的强电场，使阴极发射电子。（2）阴极与第二阳极的电压为数十 kV 甚至数万 kV，阴极发射的电子经第二阳极后被加速、聚焦成直径为 10 nm 左右的束斑。相同条件下，场发射产生的电子束斑直径更细，亮度更高。

11）聚光镜一般为二级聚光，具有以下优点：

（1）可在较大范围内调节电子束斑的大小；

（2）当第一聚光镜的后焦点与第二聚光镜的前焦点重合时，二级聚光后为平行光束，大大减小电子束的发散度，获得高质量的衍射花样；

（3）第二聚光镜与物镜间的间隙大，便于安装其他附件，如样品台等；

（4）安置聚光镜光阑，可使孔径半角进一步减小，获得近轴光线，减小球差，提高成像质量。

12）成像系统由物镜、中间镜和投影镜组成。物镜最为关键，提高物镜分辨率是提高整个系统成像质量的关键。中间镜在成像系统中具有以下作用：

（1）调节整个系统的放大倍数。设物镜、中间镜和投影镜的放大倍数分别为 M_o、M_i、M_p，总放大倍数为 $M(M=M_o \times M_i \times M_p)$。

（2）进行成像操作和衍射操作。通过调节中间镜的励磁电流，改变中间镜的焦距，使中间镜的物平面与物镜的像平面重合，在荧光屏上可获得清晰放大的像，即成像操作见图 6-6(a)。如果中间镜的物平面与物镜的后焦面重合，则可在荧光屏上获得电子衍射花样，即衍射操

作，见图 6-6(b)。

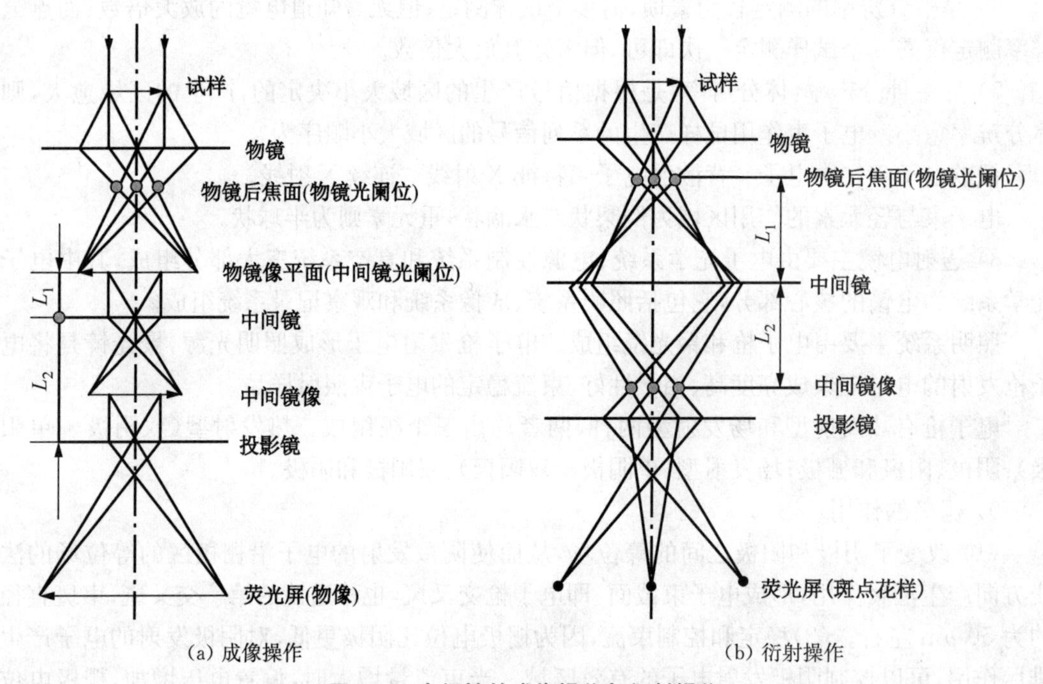

图 6-6 中间镜的成像操作与衍射操作

6.4.2 知识点 3 选择题

1. 分辨率是指(　　)

(A) 能分辨清楚的两点间的最短距离

(B) 能分辨清楚的两点间的最大距离

(C) 能分辨清楚的两点间的平均距离

(D) 能分辨清楚的多点间最短距离的平均值

2. 分辨率主要决定于照明光源的(　　)

(A) 波长，一倍波长是分辨率的理论极限

(B) 波长，两倍波长是分辨率的理论极限

(C) 波长，半波长是分辨率的理论极限

(D) 强度，半强度值是分辨率的理论极限

3. 能作有效照明光源的是(　　)

(A) 可见光　(B) 紫外线　(C) γ 射线　(D) X 射线

4. 金相显微镜的照明光源是(　　)

(A) 可见光　(B) 紫外线　(C) γ 射线　(D) X 射线

5. 扫描电镜与透射电镜的照明光源是(　　)

(A) 微波　(B) 电子波　(C) 电磁波　(D) X 射线

6. 人眼分辨率约为(　　)

(A) 0.2 mm　(B) 0.2 μm　(C) 0.2 nm　(D) 0.2 cm

7. 光学显微镜分辨率为(　　)

(A) 0.2 mm　　(B) 0.2 μm　　(C) 0.2 nm　　(D) 0.2 cm

8. 光学显微镜的有效放大倍数约为(　　)

(A) 100 倍　　(B) 1 000 倍

(C) 10 000 倍　　(D) 不确定

9. 光学显微镜分辨率主要的制约因素是(　　)

(A) 衍射效应　　(B) 像差

(C) 可见光波长　　(D) 衍射效应+透镜像差

10. 电磁透镜分辨率主要的制约因素是(　　)

(A) 衍射效应　　(B) 像差

(C) 可见光波长　　(D) 衍射效应+透镜像差

答：ACAAB，ABBAD

6.5 知识点 4-电镜附件与选区衍射

6.5.1 知识点 4 注意点

透射电镜的主要附件有样品倾斜装置、电子束倾斜和平移装置、消像散器、光阑等。

1) 光阑根据位置的不同，分为聚光镜光阑、物镜光阑和中间镜光阑三种。光阑一般由无磁金属材料(Pt 或 Mo 等)制成，根据需要可制成四个或六个一组的系列光阑片，将光阑片安置在光阑支架上，分档推入镜筒，以便选择不同孔径的光阑。

(1) 聚光镜光阑通常位于第二聚光镜的后焦面上。孔径一般为 20～400 μm。

(2) 物镜光阑位于物镜的后焦面上，又称衬度光阑，孔径一般为 20～120 μm。其作用是：①减小孔径半角，提高成像质量；②进行明场和暗场操作。

(3) 中间镜光阑位于中间镜的物平面或物镜的像平面上，又称选区光阑，孔径为 20～400 μm，其作用是实现选区衍射操作。

2) 重要操作：

(1) 衍射操作与成像操作：是由中间镜完成，即通过改变中间镜励磁电流的大小从而改变其焦距来实现的。见图 6-6。

(2) 明场操作与暗场操作：是通过平移物镜光阑实现的。仅让透射束通过的操作称为明场操作，所成的像为明场像；反之，仅让某一衍射束通过的操作称为暗场操作，所成的像为暗场像。中心暗场像则是通过偏置线圈使衍射束通过中心光轴所成的像，即偏置线圈+衍射操作。

(3) 选区衍射操作：是通过平移在物镜像平面上的选区光阑，让电子束通过所选区域进行成像或衍射的操作。

3) 相机常数 $K = L\lambda$，L 为相机长度，见图 6-7；有效相机常数 $K' = L'\lambda$，L' 为有效相机长度，见图 6-8；注意：L' 并不直接对应于样品至照相底片间的实际距离，此时 $L' = f_0 M_i M_p$，并随物镜、中间镜、投影镜的励磁电流改变而变化，而样品到底片间的距离却保持不变，但透镜焦长大，不妨碍成清晰图像。故可不加区分 K 与 K'，并用 K 直接取代 K'。

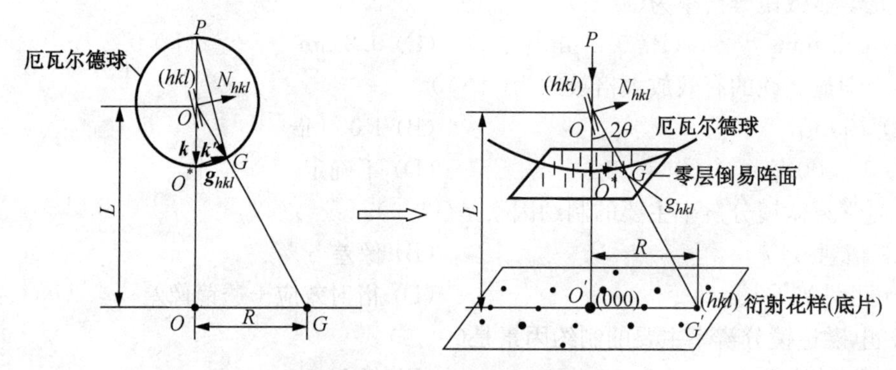

图 6-7　衍射花样形成原理

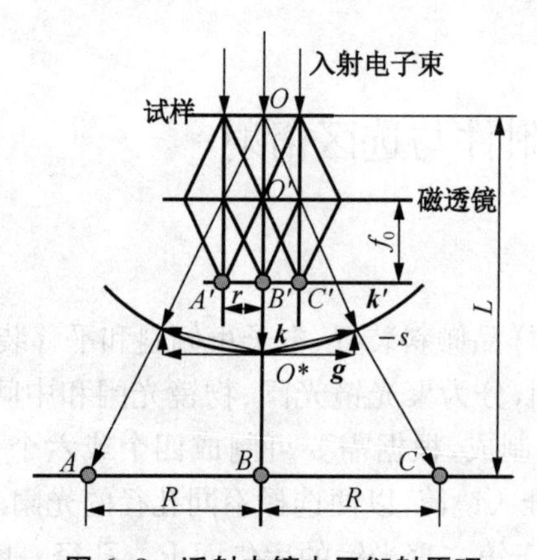

图 6-8　透射电镜电子衍射原理

4) 选区衍射是对成像操作的图像中感兴趣的部分再进行衍射操作见图 6-9,具体步骤:

(1) 由成像操作使物镜精确聚焦,获得清晰形貌像。

(2) 插入尺寸合适的选区光阑,套住被选视场,调整物镜电流,使光阑孔内的像清晰,保证了物镜的像平面与选区光阑面重合。

(3) 调整中间镜的励磁电流,使光阑边缘像清晰,从而使中间镜的物平面与选区光阑的平面重合,这也使选区光阑面、物镜的像平面和中间镜的物平面三者重合,进一步保证了选区的精度。

(4) 移去物镜光阑(否则会影响衍射斑点的形成和完整性),调整中间镜的励磁电流,使中间镜的物平面与物镜的后焦面共面,由成像操作转变为衍射操作。电子束经中间镜和投影镜放大后,在荧光屏上将产生所选区域的电子衍射图谱,对于高档的现代电镜,也可操作“衍射”按钮自动完成。

(5) 需要照相时,可适当减小第二聚光镜的励磁电流,减小入射电子束的孔径角,缩小束斑尺寸,提高斑点清晰度。微区的形貌和衍射花样可成在同一张底片上。

操作过程中在实现物镜的像平面、中间镜的物平面和中间镜光阑(选区光阑)三者重合后需移去物镜光阑,否则会影响斑点的形成和完整性。此时会否产生高分辨像呢? 不会。

由于产生高分辨像的要求高，如样品厚度极薄，极靴间隙小等。

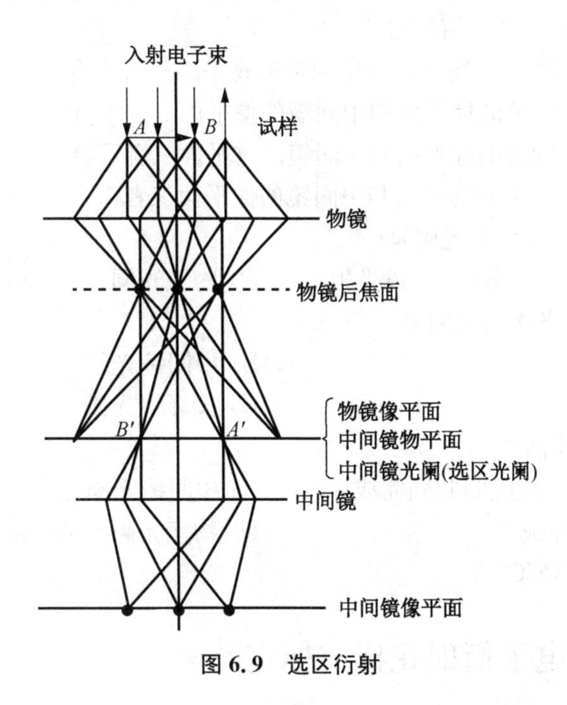

图 6.9 选区衍射

6.5.2 知识点 4 选择题

1. 样品台(　　)

(A) 仅使样品在极靴孔内平移，进行有效观察和分析

(B) 仅使样品在极靴孔内倾斜，进行有效观察和分析

(C) 仅使样品在极靴孔内平移、倾斜，进行有效观察和分析

(D) 可使样品在极靴孔内平移、倾斜、旋转，进行有效观察和分析

2. 偏置线圈可(　　)

(A) 实现电子束的平移和倾斜　　(B) 实现电子束的旋转和倾斜

(C) 仅实现电子束的平移　　(D) 仅实现电子束的倾斜

3. 在透镜的上下极靴之间安装消像散器(　　)

(A) 可基本消除像散　　(B) 不可基本消除像散

(C) 只能减轻像散　　(D) 既能消除像散还可消除球差

4. 双聚光镜系统中，聚光镜光阑通常位于第二聚光镜的(　　)

(A) 后焦面上　　(B) 前焦面上

(C) 物平面上　　(D) 像平面上

5. 物镜光阑位于物镜的(　　)

(A) 后焦面上　　(B) 前焦面上

(C) 物平面上　　(D) 像平面上

6. 中间镜光阑(又称选区光阑)位于(　　)

(A) 中间镜的后焦面上　　(B) 中间镜的前焦面上

(C) 中间镜的物平面上或物镜的像平面上　(D) 中间镜的像平面上或物镜的物平面上

7. 为保证选区精度，选区衍射时要求(　　)

(A) 选区光阑面、物镜的物平面和中间镜的物平面三者重合

(B) 选区光阑面、物镜的像平面和中间镜的像平面三者重合

(C) 选区光阑面、物镜的像平面和中间镜的物平面三者重合

(D) 选区光阑面、物镜的物平面和中间镜的像平面三者重合

8. 完成明、暗场像操作的光阑是(　　)

(A) 聚光镜光阑　(B) 中间镜光阑　(C) 物镜光阑　(D) 选区光阑

9. 完成选区衍射操作的光阑是(　　)

(A) 聚光镜光阑　(B) 中间镜光阑

(C) 物镜光阑　(D) 投影镜光阑

10. 中心暗场操作需由(　　)

(A) 物镜光阑+偏置线圈共同完成　(B) 中间镜光阑完成

(C) 聚光镜光阑完成　(D) 物镜光阑+消像散器共同完成

答案: DAAAA, CCCBA

6.6　知识点 5-电子衍射花样与标定

6.6.1　知识点 5 注意点

1) 已知单晶体结构进行花样标定：第 1 个斑点花样指数是从晶面族中选取，带有一定的不确定性，第 2 个是根据夹角关系获得，第 3 个及其他斑点指数均由矢量合成获得，可见斑点花样指数存在非唯一性。

2) 未知单晶体结构的花样标定：先测量多个斑点距中心斑点的距离，由相机常数得其对应的晶面间距，由小到大进行排列，据其变化规律确定相的结构，在结合试样成分及处理工艺及其他分析手段，如透射电镜携带的能谱，初步分析、估计物相，并找出相应的卡片，与实验得到的 d_i 对照，得出相应的{hkl}。即可按已知晶体结构进行标定了。

(a) TEM照片

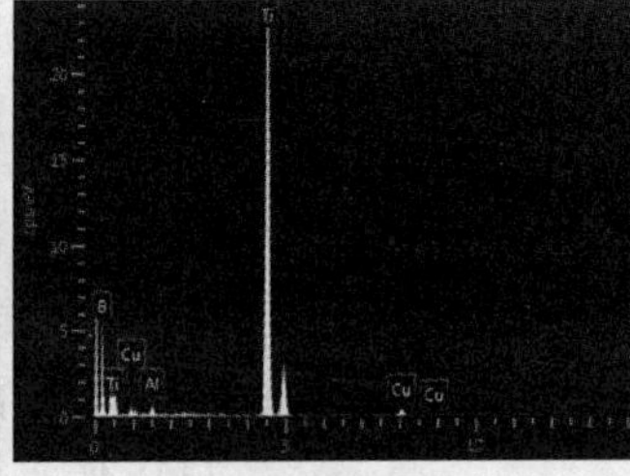

(b) EDS能谱图

(c) 电子衍射花样

图 6-10　Al-Ti-B-Cu 反应体系热爆反应结果的 TEM 照片、EDS 能谱和衍射花样

图 6-10 为反应体系 Al-Ti-B-Cu 热爆反应结果的 TEM 照片、EDS 能谱和衍射花样。TEM 照片中发现一六边形颗粒见图 6-10(a)，是什么呢？为此先对其进行 EDS 能谱分析，发现是 TiB_2 见图 6-10(b)，其对应的电子衍射花样见图 6-10(c)，对该衍射花样就可按已知

晶体结构进行标定。不过要注意的是斑点可以按三指数法标定，也可将标注好的三指数再转化为四指数。即晶面指数[200]和[020]，可转化为$[20\bar{2}0]$和$[02\bar{2}0]$。晶带轴指数$[uvw]=[001]$，也可转化为四指数$[uvtw]=[0001]$。此外还应注意的是六方结构中晶面夹角公式为

$$\cos\varphi=\frac{\dfrac{4}{3a^2}\left[h_1h_2+k_1k_2+\dfrac{1}{2}(h_1k_2+h_2k_1)\right]+\dfrac{l_1l_2}{c^2}}{\sqrt{\dfrac{4}{3a^2}(h_1^2+h_1k_1+k_1^2)+\dfrac{l_1^2}{c^2}}\sqrt{\dfrac{4}{3a^2}(h_2^2+h_2k_2+k_2^2)+\dfrac{l_2^2}{c^2}}} \tag{6-13}$$

3）多晶体的衍射花样为同心圆环，因为多晶形成系列同心倒易球，与反射球相截形成系列交线圆，衍射线构成同轴衍射锥，当投影面垂直于衍射锥轴时，衍射花样为同心圆环。环的指数即为倒易球的指数。圆球半径除以相机常数即为晶面间距的倒数，获得晶面间距(可通过几何图证明之)，当已知晶体结构时，可直接由 PDF 卡片得到对应的晶面族指数$\{hkl\}$。当未知晶体结构时，可由透射电镜携带的能谱先初步确定其成分，推测其相，再由对应的 PDF 卡片查找晶面族指数$\{hkl\}$，当多个圆环均吻合时即可确认该物相了，从而标注其他圆环的斑点指数。

6.6.2 知识点 5 选择题

1. 薄膜试样单晶体的电子衍射花样为(　　)
(A) 规则斑点
(B) 同心圆环
(C) 大晕斑
(D) 不连续弧段的同心圆环，弧段对称分布

2. 薄膜试样非晶体的电子衍射花样(　　)
(A) 规则斑点
(B) 同心圆环
(C) 大晕斑
(D) 不连续弧段的同心圆环，弧段对称分布

3. 薄膜试样织构的电子衍射花样(　　)
(A) 规则斑点　　(B) 同心圆环
(C) 大晕斑　　(D) 不连续弧段的同心圆环，弧段对称分布

4. 薄膜试样多晶体的电子衍射花样(　　)
(A) 规则斑点花样　　(B) 同心圆环
(C) 大晕斑　　(D) 不连续弧段的同心圆环，弧段对称分布

5. 对一电镜而言，有效相机长度(　　)
(A) 与物镜、中间镜和投影镜的放大倍数有关，是一变化值
(B) 固定值
(C) 仅与物镜和中间镜的放大倍数有关，是一变化值
(D) 仅与中间镜和投影镜的放大倍数有关，是一变化值

6. 单晶体的电子衍射花样本质上是(   )

(A) 垂直于电子束入射方向的零层倒易阵面上的阵点在荧光屏上的投影

(B) 平行于电子束入射方向的零层倒易阵面上的阵点在荧光屏上的投影

(C) 垂直于电子束入射方向的+1层倒易阵面上的阵点在荧光屏上的投影

(D) 平行于电子束入射方向的−1层倒易阵面上的阵点在荧光屏上的投影

7. 单晶体的斑点花样的指数(   )

(A) 唯一 (B) 定有两套 (C) 定有三套 (D) 不唯一

8. 单晶体的晶带轴指数(   )

(A) 唯一 (B) 定有两套 (C) 定有三套 (D) 不唯一

9. 斑点指数即为(   )

(A) 与电子束方向垂直、零层倒易阵面上的阵点指数

(B) 与电子束方向垂直、+1层倒易阵面上的阵点指数

(C) 与电子束方向垂直、−1层倒易阵面上的阵点指数

(D) 与电子束方向平行、零层上的阵点指数

10. 从小圆到大圆的同心圆花样中,指数值(   )

(A) 逐渐增加 (B) 逐渐减小 (C) 不变 (D) 无规律

答案: ACDBD, ADDAA

6.7 知识点6-复杂电子衍射花样

6.7.1 知识点6注意点

1) 超点阵无序时看成相同原子的点阵,每原子看成是平均原子,散射因子即为平均散射因子,消光规律与该点阵相同,有序化后,各阵点上的原子不同,应按不同原子的散射因子代入计算获得其结构因子,消光规律发生变化,原消光的斑点处出现微弱斑点。注意该微弱斑点是原消光点发出,即原消光的晶面发出,与二次衍射不同。

2) 孪晶与基体在正空间中以孪晶面对称,其对应的倒阵空间的阵点同样对称,基体与孪晶的斑点花样也以孪晶面(对称面)对称。该孪晶面在倒阵空间中即为其倒矢量的垂线。作出基体的斑点花样后,再利用对称性不变特点作出孪晶斑点花样。

3) 高阶劳埃斑点的出现是由于试样薄,倒易杆长,及倒易面间距小导致的。倒易面间距不同于晶面间距。

4) 二次衍射中消光点的出现,是由于其他晶面在一次衍射束的作用下发生二次衍射所致,并非原消光晶面产生,这不同于超点阵。

5) 二次衍射可使密排六方、金刚石立方晶体中的消光点出现,但并不能使面心、体心消光点出现,可通过作图法验证。

图6-11可以看出,体心立方的消光规律为 $h+k+l=$ 奇数,每列中总有消光点和非消光点,第Ⅳ列中,由于中心点010为消光点,无衍射束存在,只有第Ⅴ列中020不消光,移至中心作新的入射束时,消光点与衍射点未变,故无二次衍射产生。同理,在面心点阵中,见图6-12,第Ⅳ列全部消光,而第Ⅴ列与中心列Ⅲ的消光相同,故移动也不会改变中心列中各点

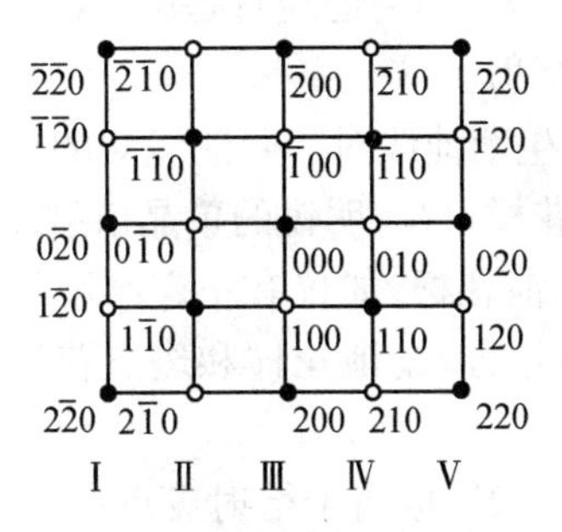

图 6-11　体心立方[001]晶带标准零层倒易阵面图

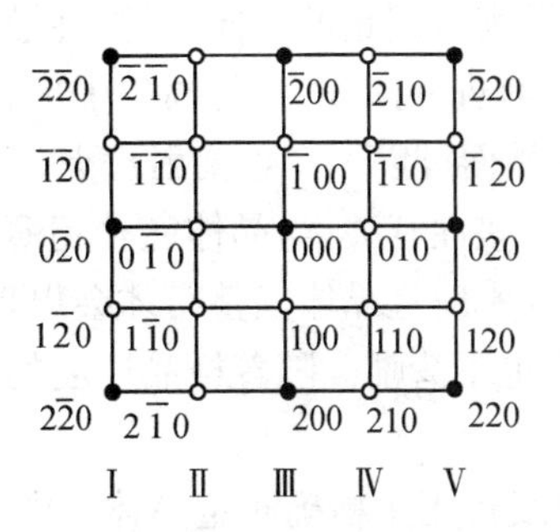

图 6-12　面心立方[001]晶带标准零层倒易阵面图

的消光与衍射,故无二次衍射产生。而在六方结构、金刚石立方结构中则会发生某列移至中心时,会使中心列中的消光点出现衍射,但并不改变该列中未消光斑点的存在。

金刚石立方结构为面心立方点阵沿其对角线移动 1/4 对角线长的复式点阵,其消光规律除了面心点阵的消光规律(H、K、L 奇偶混杂消光)外,尚有附加消光规律即 $h+k+l=4n+2$ 时消光,此时[110]晶带轴过倒阵原点的倒阵面如图 6-13。$\bar{1}11$ 移至中心 000 时,消光点 $2\bar{2}2$、$\bar{2}2\bar{2}$ 出现衍射斑点,发生二次衍射。六方结构为简单点阵套构形成的复式点阵,简单点阵无消光,套构后产生附加消光,即 $h+2k=3n$, $l=2n+1$ 时消光。[100]晶带方向的零层倒易阵面如图 6-14, 001 和 $00\bar{1}$ 消光,当 010 为入射束时,两消光点均出现衍射斑点,发生二次衍射。

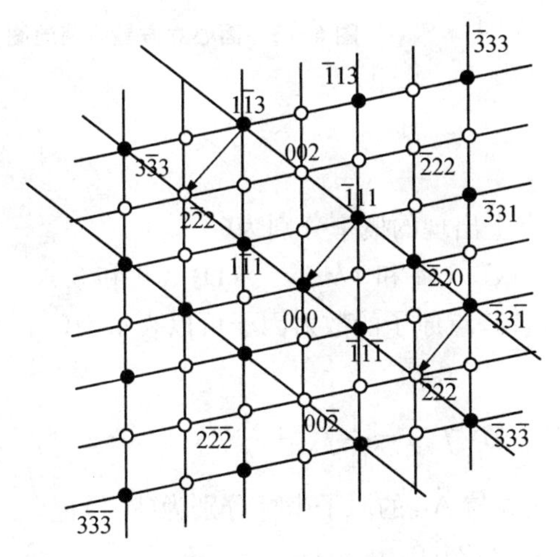

图 6-13　金刚石立方[110]晶带标准零层倒易阵面图

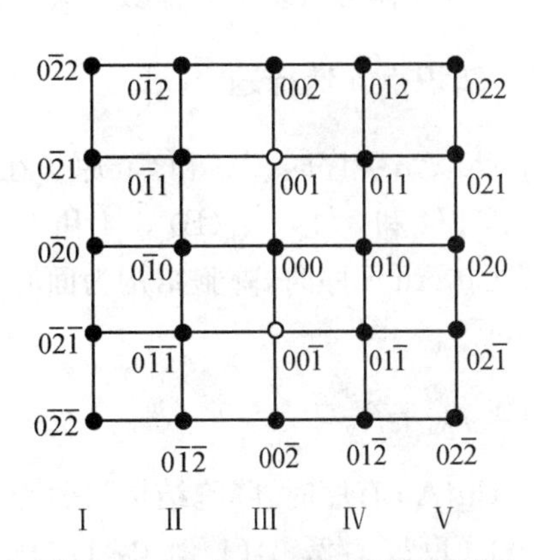

图 6-14　六方[100]晶带标准零层倒易阵面图

二次衍射产生的原因:样品具有一定的厚度;TEM 衍射的布拉格角很小。随着样品厚度增加,衍射束增强,由于 TEM 衍射中非常小的布拉格角度,这些衍射束在方向上接近入射布拉格角度,这些衍射束可以作为产生相同类型衍射花样的入射束。原消光斑点会产生强度,不过不是原晶面衍射产生,而是新晶面衍射产生。

6) 在菊池线谱中的衍射斑点和菊池线对均满足布拉格衍射条件,不同的是产生衍射斑点的入射电子束有固定的方向,是弹性散射电子的衍射,而菊池线对是由入射电子束中非弹性散射电子(前进方向改变,且损失了部分能量)的衍射。

7) 同一晶面可以不产生衍射斑点,但可能会产生菊池线对。菊池线对的出现与样品厚度和晶体的完整性有关,当晶体完整超薄时无菊池花样,仅有明锐的单晶衍射斑点花样。在样品超过一定厚度且晶体完整时才会出现清晰的菊池花样,如仅有一定厚度但晶体不完整时,菊池花样也不清晰。随着样品厚度的增加,吸收增强,菊池花样和斑点花样均逐渐减弱直至消失。

8) 菊池线可用于精确测定晶体取向,精度可达 0.1°,远高于衍射斑点所测的精度(3°)。菊池线对的位置对晶体取向十分敏感,样品作微小倾转时,菊池线对在像平面上以相机长度 L 绕倾斜轴扫动。而衍射斑点位置却基本不变,但衍射斑点的强度发生了较大变化,这是由于反射球与倒易杆相截的位置发生了变化所致。与此同时,一些新的衍射斑点出现,一些原有的衍射斑点消失。

9) 同一晶带轴的不同晶带面所产生的菊池线对的中线(迹线)必相交于一点,该交点是晶带轴与投影面的交点,又称菊池极。相交于同一个极点的菊池线对中分线所对应的晶面必属于同一个晶带。单晶体的一套斑点花样反映同一晶带轴的系列晶面,而菊池花样中可能存在多个晶带轴,即同一张菊池花样中可能有多个菊池极,图 6-15 即为面心立方晶体含有多个菊池极的菊池图。

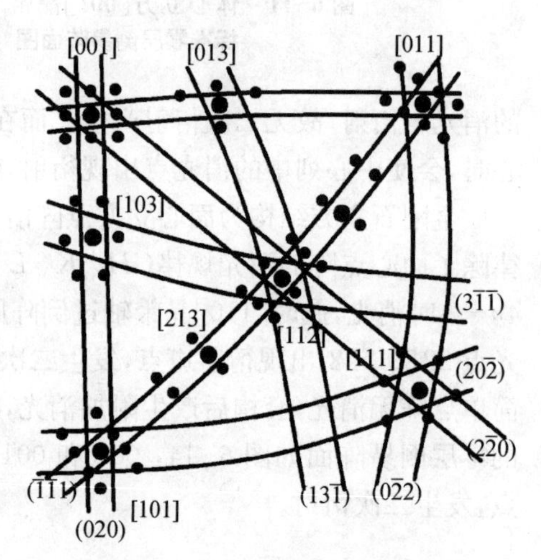

图 6-15　面心立方晶体菊池图

6.7.2　知识点 6 选择题

1. Cu_3Au 无序时,Au 和 Cu 原子在各阵点上出现的概率分别为(　　)

(A) 1/4 和 3/4　　(B) 3/4 和 1/4　　(C) 1/4 和 1/4　　(D) 3/4 和 3/4

2. Cu_3Au 无序时,阵胞结构为面心点阵,各阵点原子的散射因子可以表示为(　　)

(A) f_{Au}　　(B) f_{Cu}

(C) $f_{Au}+f_{Cu}$　　(D) $f_{平均}=\frac{1}{4}f_{Au}+\frac{3}{4}f_{Cu}$

3. Cu_3Au 有序时,阵胞结构为面心点阵,Cu 与 Au 的原子坐标分别为(　　)

(A) (1/2, 1/2, 0)(1/2, 0, 1/2)(0, 1/2, 1/2)(0, 0, 0)

(B) (0, 0, 0)(1/2, 1/2, 0)(1/2, 0, 1/2)(0, 1/2, 1/2)

(C) (1/2, 1/2, 0)(0, 0, 0)(1/2, 0, 1/2)(0, 1/2, 1/2)

(D) (1/2, 1/2, 0)(1/2, 0, 1/2)(0, 0, 0)(0, 1/2, 1/2)

4. 超点阵斑点是指(　　)

(A) 有序固溶体中因消光不出现的斑点,通过升温无序化后出现了的斑点

(B) 有序固溶体中因消光不出现的斑点,通过降温无序化后出现了的斑点

(C) 无序固溶体中因消光不出现的斑点,通过降温有序化后出现了的斑点

(D) 无序固溶体中因消光不出现的斑点,通过升温有序化后出现了的斑点

5. Cu_3Au 高温时为面心点阵无序固溶体,遵循面心点阵的消光规律,降温有序化后,( )

(A) 原消光的斑点出现了,但亮度降低

(B) 原消光的斑点出现了,且亮度增强

(C) 原消光的斑点并未出现,而是相邻斑点的移位所致

(D) 原消光的斑点出现了,且亮度与邻斑点相同

6. 正空间中孪晶点阵与基体点阵存在镜面对称关系,其倒易点阵( )

(A) 存在同样的镜面对称关系

(B) 不再存在镜面对称关系

(C) 存在镜面对称关系,但对称性质发生变化

(D) 完全重合

7. 高阶劳埃斑点或高阶劳埃带是( )

(A) 零层倒易阵面上的阵点与反射球相截所形成的斑点

(B) 非零层倒易阵面上的阵点与倒易球相截所形成的斑点

(C) 非零层倒易阵面上的阵点与反射球相截所形成的斑点

(D) 零层倒易阵面上的阵点与倒易球相截所形成的斑点

8. 高阶劳埃斑点的常见形式有三种( )

(A) 孪生劳埃带、不对称劳埃带和重叠劳埃带

(B) 对称劳埃带、超点阵劳埃带和重叠劳埃带

(C) 织构劳埃带、不对称劳埃带和重叠劳埃带

(D) 对称劳埃带、不对称劳埃带和重叠劳埃带

9. 重叠劳埃带易发生于( )

(A) 晶体的点阵常数大,晶面间距小,其倒易面的面间距较大,或晶体试样厚,倒易杆短

(B) 晶体的点阵常数小,晶面间距大,其倒易面的面间距较大,或晶体试样薄,倒易杆短

(C) 晶体的点阵常数小,晶面间距小,其倒易面的面间距较大,或晶体试样厚,倒易杆短

(D) 晶体的点阵常数大,晶面间距大,其倒易面的面间距较小,或晶体试样薄,倒易杆长

10. 菊池线可用于( )

(A) 精确测定晶体取向,精度远高于衍射斑点所测的精度

(B) 粗略测定晶体取向

(C) 精确测定晶体织构,但精度远低于衍射斑点所测的精度

(D) 粗略测定晶体取向,但精度相当于衍射斑点所测的精度

答案:ADACA,ACDDA

6.8 知识点 7-衬度理论及等厚与等倾条纹

6.8.1 知识点 7 注意点

1) 衬度与强度差异密切相关,强度高其衬度不一定高。衬度包括振幅衬度和相位衬度

两大类，振幅衬度又分质厚衬度和衍射衬度两种，质厚衬度、衍射衬度和相位衬度分别用于解释非晶像、晶体像和高分辨像；其中振幅和相位衬度对同一幅图像的形成均有贡献，只是可能其中一个占主导而已。

2）物镜光阑让衍射束下行成像为暗场像；让透射束下行成像为明场像，在偏置线圈作用下衍射束移至中心成像为中心暗场像。暗场像和中心暗场像均是衍射束成的像，衍射束强度要低于透射束，但产生的衬度却比明场像高。中心暗场成像的质量又高于暗场像。这是由于光束移至中心，孔径半角进一步减小，球差减小，像差减弱导致。

3）考虑衍射的动力学效应，即透射束与衍射束之间的相互作用和多重散射所引起的吸收效应时，衍衬理论称为动力学理论。当不考虑动力学效应时，衍衬理论称为运动学理论。讨论运动学理论时还进行两个假设和两个近似，其依据是样品薄。即(1)当偏移矢量较大时，由强度分布曲线可知衍射束的强度远小于透射束的强度，可以忽略透射束与衍射束之间的能量交换。(2)可以忽略电子束在样品中的多次反射和吸收。

4）理想晶体衍射束强度：$I_g=\dfrac{\pi^2}{\xi_g^2}\cdot\dfrac{\sin^2(\pi st)}{(\pi s)^2}$，如果晶体保持在固定的位向，即衍射晶面的偏移矢量 s 为恒定值，此时 $I_g=\dfrac{1}{(s\xi_g)^2}\cdot\sin^2(\pi st)$，衍射强度 I_g 随样品厚度呈周期性变化，变化周期为$\dfrac{1}{s}$，即消光距离 $\xi_g=\dfrac{1}{s}$，见图 6-16。

当样品的厚度 t 一定时，衍射强度随偏移矢量 s 呈周期性变化，此时衍射强度与 s 的关系可表示为 $I_g=\dfrac{(\pi t)^2}{(\xi_g)^2}\cdot\dfrac{\sin^2(\pi st)}{(\pi st)^2}$，深度变化周期为$\dfrac{1}{t}$，见图 6-17，衍射强度相对集中于$-\dfrac{1}{t}\sim+\dfrac{1}{t}$ 的一次衍射峰区，而二次衍射峰已很弱，因此，$-\dfrac{1}{t}\sim+\dfrac{1}{t}$ 为产生衍射的范围，即倒易杆的长度$\dfrac{2}{t}$，可见晶体样品愈薄，该范围愈宽。当样品在电子束作用时，受热膨胀或受某种外力作用而发生弯曲时，衍衬图像上可出现平行条纹像，每条纹上的偏移矢量 s 相同，故称等倾条纹。

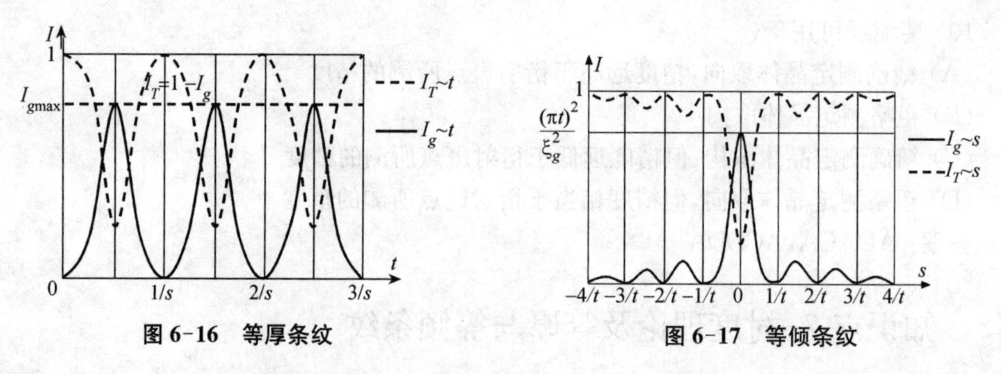

图 6-16　等厚条纹　　　　图 6-17　等倾条纹

5）等倾条纹一般为两条平行的亮线(明场)或暗线(暗场)，平行线的间距取决于晶体样品的厚度，厚度愈薄，间距愈宽。此外，同一区域可能有多组这样取向不同的等倾条纹像，这是由于满足衍射的晶面族有多个所致。因样品厚度存在差异每组平行条纹的间距会有所不同,但各组平行条纹分别具有相同的偏移矢量,即同一倾斜程度。而等厚条纹则为平行的多条纹,平行条纹的条数及条纹间距取决于样品的厚度和消光距离的大小。

6)等倾条纹又称弯曲消光条纹,随着样品弯曲程度的变化,等倾条纹会发生移动,即使样品不动,特别是样品受电子束照射发热时,只要稍许改变晶体样品的取向,就有等倾条纹扫过现象。

6.8.2 知识点7选择题

1. 衬度(　　)

(A) 是指像点的亮度,亮度愈高,衬度就愈高,图像就愈明晰

(B) 是指像点的强度,强度愈大,衬度就愈高,图像就愈明晰

(C) 是指两像点的强度愈大,衬度就愈高,图像就愈明晰

(D) 是指两像点间的明暗差异,差异愈大,衬度就愈高,图像就愈明晰

2. 质厚衬度是(　　)

(A) 由于试样中各处对电子散射程度不同导致的衬度

(B) 由于试样中各处满足布拉格方程条件不同造成的衬度

(C) 由于试样中各处的原子种类不同或厚度、密度差异所造成的衬度

(D) 由于试样中各处对电子吸收程度不同所造成的衬度

3. 提高电子枪的加速电压,电子束的强度提高,试样各处参与成像的电子强度同步增加,则(　　)

(A) 质厚衬度提高　　(B) 质厚衬度不变

(C) 质厚衬度下降　　(D) 质厚衬度逐渐消失

4. 相位衬度主要由相位差所引起的强度差异称为相位衬度,要求晶体样品(　　)

(A) 较薄　　(B) 较厚　　(C) 无要求　　(D) 中等厚度

5. 产生相位衬度时成像电子束为(　　)

(A) 任意一支衍射束　　(B) 透射束

(C) 透射束+1支以上(含1支)的衍射束　(D) 无要求

6. 明场像操作是指(　　)

(A) 物镜光阑挡住透射束,让衍射束下行成像的操作

(B) 物镜光阑挡住透射束,让两衍射束下行成像的操作

(C) 物镜光阑挡住透射束,让三衍射束下行成像的操作

(D) 物镜光阑挡住衍射束,让透射束下行成像的操作

7. 同一条件下,暗场像与明场像相比(　　)

(A) 亮度低,衬度高　　(B) 亮度高,衬度高

(C) 亮度低,衬度低　　(D) 无可比性

8. 中心暗场像与暗场像相比(　　)

(A) 成像质量高,衬度相当　　(B) 成像质量低,衬度高

(C) 成像质量低,衬度低　　(D) 无可比性

9. 等厚条纹中每条条纹对应的试样厚度(　　)

(A) 相同　　(B) 不同　　(C) 渐变厚　　(D) 渐变薄

10. 等厚条纹分布于(　　)

(A) 晶界　　(B) 相界　　(C) 试样边缘　　(D) 试样中心

答案：DCBAC，DAAAA

6.9　知识点 8-层错的衍射衬度

6.9.1　知识点 8 注意点

1) 非理想晶体与理想晶体相比，衍射振幅方程中的相位因存在缺陷而增加一附加相位角 α，此时晶柱底部的衍射振幅为 $\phi_g = \frac{\mathrm{i}\pi}{\xi_g}\int_0^t \mathrm{e}^{-\mathrm{i}\varphi'}\mathrm{d}r' = \frac{i\pi}{\xi_g}\int_0^t \mathrm{e}^{-\mathrm{i}(\varphi+\alpha)}\mathrm{d}z = \frac{\mathrm{i}\pi}{\xi_g}\int_0^t \mathrm{e}^{-\mathrm{i}\varphi}\cdot\mathrm{e}^{-\mathrm{i}\alpha}\mathrm{d}z$，它会因缺陷矢量的不同而不同，产生衬度像。当晶柱底部的衍射振幅与理想晶体相同，缺陷就无衬度，不显缺陷像，故有缺陷也不一定显像。

2) 层错是一种面位错。当层错倾斜于样品表面时，层错衬度像类似于厚度连续变化所产生的等厚条纹，显示为亮暗相间的条纹，条纹方向平行于层错与上、下表面的交线方向，其深度周期为 $1/s$。

3) 当层错平行于样品表面，由振幅-相位图可知，在 $\alpha = 2n\pi$(n 为整数) 时，$\mathrm{e}^{-\mathrm{i}\alpha} = 1$，此时 $A(t_1) + A(t_2) = A(t_1) + A'(t_2)$，即 $\phi_g{}' = \phi_g$，层错不显衬度，见图 6-18(a)。在 $\alpha \neq 2n\pi$ 时，层错将显衬度，表现为均匀的亮区或暗区。此时又分两种情况，以 $\alpha = -\frac{2\pi}{3}$ 为例：

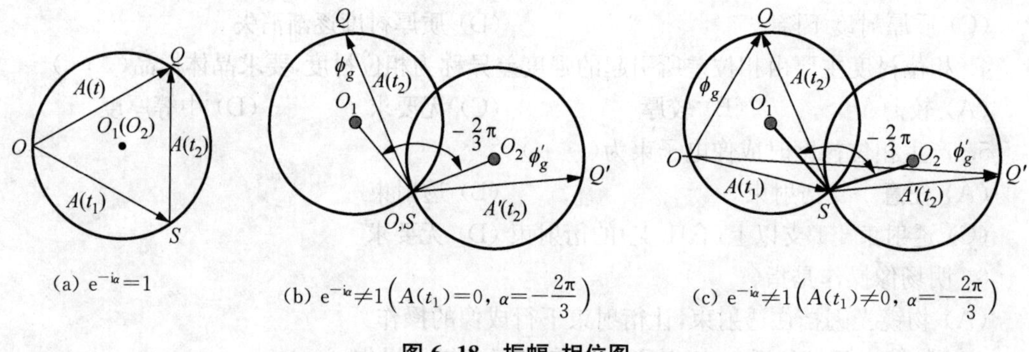

图 6-18　振幅-相位图

a. 当 $t_1 = n\cdot\frac{1}{s}$(n 为整数，s 为偏移矢量)，则 $A(t_1) = \int_0^{t_1}\mathrm{e}^{-\mathrm{i}2\pi sz}\mathrm{d}z = 0$ 时，O、S 点重合，见图 6-18(b)，振幅圆 O_1 顺时针偏转 $\frac{2\pi}{3}$ 即为振幅圆 O_2 $\left(\alpha = +\frac{2}{3}\pi\text{ 时逆时针转动}\right)$，因 $A(t_2) = A'(t_2)$，故 $\phi_g{}' = \phi_g$，此时缺陷不显衬度。

b. 当 $t_1 \neq n\cdot\frac{1}{s}$，$A(t_1) = \int_0^{t_1}\mathrm{e}^{-\mathrm{i}2\pi sz}\mathrm{d}z \neq 0$ 时，见图 6-18(c)，振幅圆 O_2 同样是振幅圆 O_1 顺时针偏转 $\frac{2\pi}{3}$ 的所在位置，虽然 $A(t_2) = A'(t_2)$，但 $A(t_1) \neq 0$，故 $A(t) \neq A'(t)$，即 $\phi_g \neq \phi'_g$，此时缺陷显衬度，层错区显示为均匀的亮条或暗条。成暗场像时，当 $A'(t) > A(t)$ 时，层

错为亮区，$A'(t) < A(t)$ 时，层错为暗区；但在特定的深度$\left(t_1 = n \cdot \frac{1}{s}\right)$时，$A(t_1) = 0$，层错区的亮度与无层错区相同，层错不显衬度了。

4）层错条纹不同于等厚条纹：

（1）层错条纹出现在晶粒内部，一般为直线状态，等厚条纹存在于晶界并顺着晶界变化的弯曲条纹。

（2）层错条纹的数目取决于层错倾斜的程度，倾斜程度愈小，条纹数目愈少，在不倾斜（即平行于表面）时，条纹仅为一条等宽的亮带或暗带，层错条纹与等厚条纹的深度周期均为$\frac{1}{s}$。

（3）层错的亮暗带均匀，且条带亮度基本一致，而等厚条纹亮度渐变，由晶界向晶内逐渐变弱。

5）层错条纹也不同于孪晶像：孪晶像是亮暗相间、宽度不等的平行条带，同一衬度的条带处在同一位向，而另一衬度条带为相对称的位向；等厚条纹与孪晶不可以通过改变操作矢量 $\boldsymbol{g}$ 而消失，而层错则可以改变操作矢量 $\boldsymbol{g}$ 而消失。所谓操作矢量是指物镜后焦面上的衍射斑点所对应的倒易矢量，每个衍射斑点均可作为衍射束下行成像，故操作矢量有多个。

6.9.2 知识点 8 选择题

1. 晶体中存在的缺陷在透射电镜中（　　）

(A) 一定显现

(B) 不显现

(C) 不一定显现，取决于操作条件

(D) 不一定显现，取决于电镜的等级

2. 层错条纹出现在（　　）

(A) 晶粒内部　　(B) 晶界　　(C) 颗粒界面　　(D) 相界

3. 层错形貌（　　）

(A) 一般为曲线状态，等厚条纹也为弯曲条纹

(B) 一般为曲线状态，而等厚则为直线条纹

(C) 一般为直线状态，而等厚一般为顺着相界变化的弯曲条纹

(D) 一般为直线状态，而等厚条纹一般为顺着晶界变化的弯曲条纹

4. 倾斜层错的条纹数目取决于（　　）

(A) 层错倾斜的程度和消光距离　　(B) 晶化程度和消光距离

(C) 试样厚度和消光距离　　(D) 晶化程度和层错倾斜程度

5. 平行样品表面的层错（不倾斜）条纹（　　）

(A) 为一条变宽的亮带或暗带　　(B) 为多条等宽的亮带或暗带

(C) 为一条等宽的亮带或暗带　　(D) 为多条变宽的亮带或暗带

6. 层错的亮暗带（　　）

(A) 不均匀，条带亮度渐变亮　　(B) 不均匀，条带亮度也不一致

(C) 不均匀，条带亮度渐变暗　　(D) 均匀，且条带亮度基本一致

7. 等厚条纹(　　)

(A) 亮度渐变,由晶界向晶内逐渐变弱　　(B) 亮度不变

(C) 亮度渐变,由晶界向晶内逐渐变强　　(D) 亮度渐变,由相界向相内逐渐变弱

8. 重叠层错一般发生在(　　)

(A) 试样较厚处　(B) 试样较薄处　(C) 试样相界处　(D) 试样晶界处

9. 层错属于(　　)

(A) 面缺陷　(B) 点缺陷　(C) 体缺陷　(D) 线缺陷

10. 倾斜层错的深度周期均为(　　)

(A) $1\times\frac{1}{s}$　(B) $2\times\frac{1}{s}$　(C) $3\times\frac{1}{s}$　(D) $4\times\frac{1}{s}$

答案: CADAC, DAAAA

6.10　知识点9-位错及体缺陷的衍射衬度

6.10.1　知识点9注意点

位错是一种线型缺陷,它的存在,使晶格发生畸变,分螺旋型位错、刃型位错和混合位错三种,用柏氏矢量 $\boldsymbol{b}$ 表征。$\boldsymbol{b}$ 分别与螺旋型位错、刃型位错和混合位错平行、垂直和交叉(既不平行又不垂直)。混合位错可分解为螺旋型和刃型位错的组合,因此位错一般仅讨论螺旋型和刃型两种。不管何种位错,均会引起其附近的某些晶面发生畸变即不同程度的转动,且位错线两侧的转动方向相反,离位错线愈远,转动量愈小。若采用这些畸变的晶面作为操作反射,其衍射强度将会受到影响,产生衬度。刃型和螺旋型位错的衬度像均为直线状,而混合型位错则为曲线状。由非理想晶体的运动学方程可知,缺陷将产生附加相位角,产生衬度。下面分螺旋型位错和刃型位错两种分别讨论之。

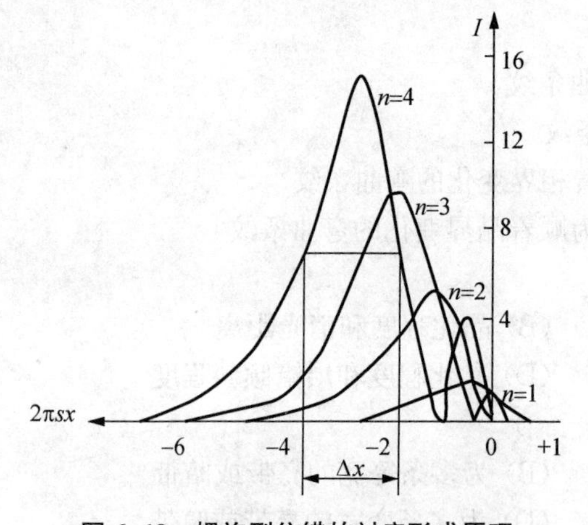

图6-19　螺旋型位错的衬度形成原理

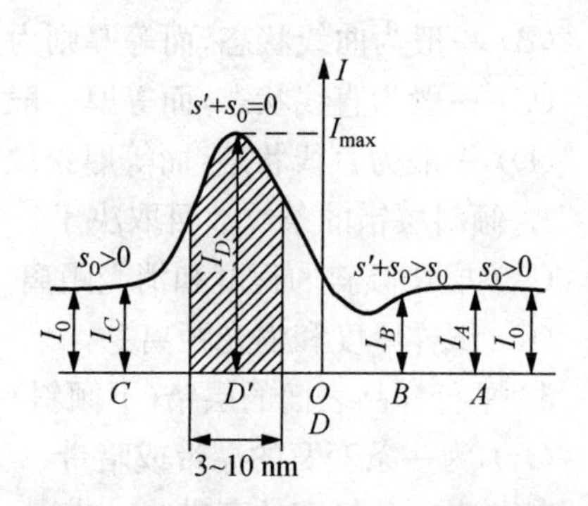

图6-20　刃型位错的衬度形成原理图

1) 螺旋位错

螺旋位错产生附加相位角,大小为

$$\alpha = 2\pi \boldsymbol{g}_{hkl} \cdot \boldsymbol{R} = 2\pi \boldsymbol{g}_{hkl} \cdot \frac{\boldsymbol{b}}{2\pi} \cdot \arctan \frac{z-y}{x} = \boldsymbol{g}_{hkl} \cdot \boldsymbol{b} \cdot \arctan \frac{z-y}{x} = n \cdot \arctan \frac{z-y}{x} \tag{6-14}$$

当 $n=0$ 时，$\alpha=0$，螺旋位错存在，此时 $\boldsymbol{g}_{hkl} \perp \boldsymbol{b}$，不显衬度；

当 $n \neq 0$ 时，$\alpha \neq 0$，此时可通过下式求得晶柱的合成振幅

$$\phi_g' = \frac{\mathrm{i}\pi}{\xi_g}\int_0^t \mathrm{e}^{-\mathrm{i}(\varphi+\alpha)}\,\mathrm{d}z = \frac{\mathrm{i}\pi}{\xi_g}\int_0^t \mathrm{e}^{-\mathrm{i}2\pi sz}\,\mathrm{e}^{-\mathrm{i}n\arctan\frac{z-y}{x}}\,\mathrm{d}z \tag{6-15}$$

而理想晶柱的振幅为 $\phi_g = \frac{\mathrm{i}\pi}{\xi_g}\int_0^t \mathrm{e}^{-\mathrm{i}(\varphi)}\,\mathrm{d}z$，显然 $\phi_g \neq \phi_g'$，因此，螺旋位错显衬度。

2）刃型位错

刃型位错不可见判据除了满足螺旋位错的不可见判据 $\boldsymbol{g} \cdot \boldsymbol{b}=0$ 外，还应满足 $\boldsymbol{g} \cdot (\boldsymbol{b} \times \boldsymbol{u})=0$（$\boldsymbol{u}$ 为沿刃型位错线方向的单位矢量）。当然同时满足很困难，一般认为残余衬度不超过远离位错处的基体衬度的 10%，就可认为衬度消失。

螺旋位错和刃型位错均不在其真实位置，分别见图 6-19 和图 6-20。螺旋位错中偏移矢量 s 为正时，像在真实位置的负方向侧，当偏移矢量 s 改变符号时，像将分布在另一边。位错像的宽度为其强度峰的半高宽 Δx，且 Δx 正比于 $\frac{1}{\pi s}$，因此随着 s 的减小位错像宽增大，在 $s=0$ 时，位错像宽无穷宽，显然运动学理论失效，需由动力学理论解释。刃型位错像位置取决于偏移矢量和附加偏移矢量的和。图 6-21 则为不同 n 值时螺型与刃型位错线强度分布曲线。显然同 n 值时，刃型位错的强度主峰离中心位置更远，半高宽更宽，即表明同 n 值时的刃型位错比螺型位错偏离中心更远，位错线的像宽度更宽。在衍射条件完全相同的条件下，理论推导可得刃型位错的附加相位角 $\alpha = n \cdot \arctan 2\left(\frac{z-y}{x}\right)$，为螺旋位错的 2 倍，表明刃型位错像的宽度为螺旋型的 2 倍。常见三种位错不可见判据如表 6-1。

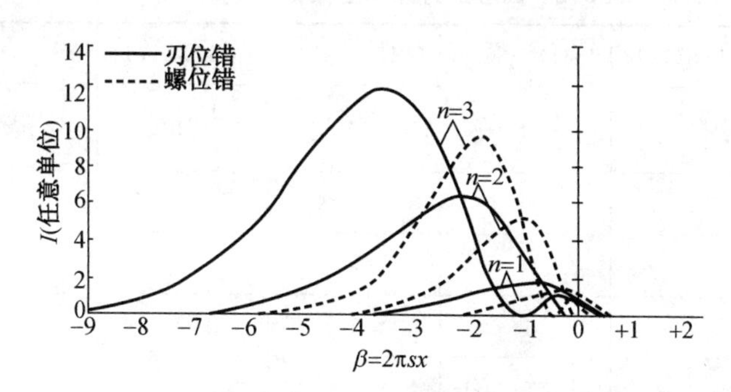

图 6-21　不同 n 值时刃型、螺型位错衬度原理对比图（位错理论中心在 $x=0$ 处）

3）位错柏氏矢量测定的一般步骤：

（1）调好电镜的电流中心和电压中心，使倾动台良好对中。

（2）选择感兴趣的区域，在多数位错显示衬度时拍照，以便了解位错的分布组态。

（3）明场下观察位错，略微倾斜试样使该晶带中的电子衍射斑点均出现，拍下相应选区的衍射花样。

表 6-1　常见三种位错不可见判据

位错类型	不可见判据
螺旋型	$\boldsymbol{g}\cdot\boldsymbol{b}=0$
刃型	$\begin{cases}\boldsymbol{g}\cdot\boldsymbol{b}=0\\ \boldsymbol{g}\cdot(\boldsymbol{b}\times\boldsymbol{u})=0\end{cases}$
混合型	$\begin{cases}\boldsymbol{g}\cdot\boldsymbol{b}=0\\ \boldsymbol{g}\cdot\boldsymbol{b}_e=0\\ \boldsymbol{g}\cdot(\boldsymbol{b}\times\boldsymbol{u})=0\end{cases}$

注：表中 $\boldsymbol{b}_e$ 为位错的刃型分量；$\boldsymbol{u}$ 为沿位错线方向的单位矢量。

(4) 衍射模式下，缓缓倾动试样，观察衍射谱强斑点的变化，得到一个新的强斑点时，停下来回到成像模式，检查所分析位错是否消失，如果消失，此新斑点即作为 $\boldsymbol{g}_{h_1k_1l_1}$。

(5) 反向倾动试样，重复步骤 2，得到使同一位错再次消失的另一强斑点，即为 $\boldsymbol{g}_{h_2k_2l_2}$。

(6) 联立方程组：

$$\begin{cases}\boldsymbol{g}_{h_1k_1l_1}\cdot\boldsymbol{b}=0\\ \boldsymbol{g}_{h_2k_2l_2}\cdot\boldsymbol{b}=0\end{cases}\tag{6-16}$$

求得位错的柏氏矢量 $\boldsymbol{b}$ 为

$$\boldsymbol{b}=\begin{bmatrix}\boldsymbol{a} & \boldsymbol{b} & \boldsymbol{c}\\ h_1 & k_1 & l_1\\ h_2 & k_2 & l_2\end{bmatrix}\tag{6-17}$$

面心立方晶体中的滑移面、衍射操作矢量 $\boldsymbol{g}_{hkl}$ 和位错线的柏氏矢量三者之间的关系见表 6-2。

表 6-2　面心立方晶体全位错的 $\boldsymbol{g}_{hkl}\cdot\boldsymbol{b}$ 的值

滑移面	$(1\bar{1}1)$, $(\bar{1}11)$	(111), $(11\bar{1})$	$(\bar{1}11)$, $(11\bar{1})$	(111), $(1\bar{1}1)$	$(1\bar{1}1)$, $(11\bar{1})$	(111), $(\bar{1}11)$
$\boldsymbol{g}_{hkl}$ \ $\boldsymbol{b}$	$\frac{1}{2}[110]$	$\frac{1}{2}[\bar{1}10]$	$\frac{1}{2}[101]$	$\frac{1}{2}[10\bar{1}]$	$\frac{1}{2}[011]$	$\frac{1}{2}[01\bar{1}]$
111	1	0	1	0	1	0
$\bar{1}11$	0	1	0	1	1	0
$1\bar{1}1$	0	$\bar{1}$	1	0	0	1
$11\bar{1}$	1	0	0	$\bar{1}$	0	$\bar{1}$
200	1	$\bar{1}$	1	$\bar{1}$	0	0
020	1	1	0	0	1	$\bar{1}$
002	0	0	1	1	1	1

图 6-22 为面心立方晶体中，不同操作矢量时全位错的可见不可见衍射示意图，图中右下角插入衍射成像所用的操作矢量。$\boldsymbol{g}_{020}$ 成像时，出现 A、B 位错像，C、D 位错像消失；$\boldsymbol{g}_{200}$

成像时，A、B、C、D 位错像均出现；$\boldsymbol{g}_{11\bar{1}}$ 成像时，B、C 位错像消失，仅存 A、D 位错像，其柏氏矢量分析如下：

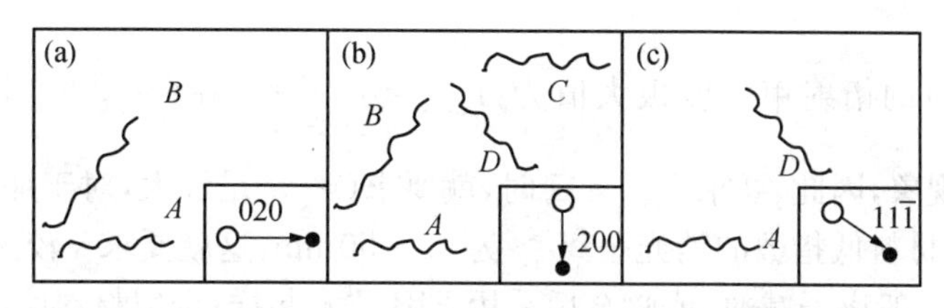

图 6-22　面心立方晶体中不同操作矢量下的位错像示意图

由图 6-22 可知共有 A、B、C 和 D 四根位错，图 6-22(a)显示 $\boldsymbol{g}_{020}$ 成像时，A、B 位错像出现，C、D 位错像消失，由表 6-2 得消光位错 C、D 的柏氏矢量可能是：$\frac{1}{2}[101]$，$\frac{1}{2}[10\bar{1}]$；未消光的 A 和 B 的柏氏矢量可能是：$\frac{1}{2}[110]$，$\frac{1}{2}[\bar{1}10]$，$\frac{1}{2}[011]$，$\frac{1}{2}[0\bar{1}1]$。图 6-22(b) 显示 $\boldsymbol{g}_{200}$ 成像时，A、B、C 和 D 均出现，同样由表 6-2 得位错的柏氏矢量可能是：$\frac{1}{2}[110]$，$\frac{1}{2}[\bar{1}10]$，$\frac{1}{2}[101]$，$\frac{1}{2}[10\bar{1}]$；图 6-22(c) 显示 $\boldsymbol{g}_{11\bar{1}}$ 成像时，位错 B、C 消失，A、D 出现，由表 6-2 得位错 A、D 可能是：$\frac{1}{2}[110]$，$\frac{1}{2}[10\bar{1}]$，$\frac{1}{2}[0\bar{1}1]$，而消光位错 B、C 的柏氏矢量可能是：$\frac{1}{2}[\bar{1}10]$，$\frac{1}{2}[101]$，$\frac{1}{2}[011]$。对比分析得 A、B、C 和 D 位错的柏氏矢量分别为：$\frac{1}{2}[110]$，$\frac{1}{2}[\bar{1}10]$，$\frac{1}{2}[101]$，$\frac{1}{2}[10\bar{1}]$。

注意：① $\boldsymbol{g}_{h_1k_1l_1}\cdot\boldsymbol{b}=0$ 表示操作矢量 $\boldsymbol{g}_{h_1k_1l_1}$ 垂直于 $\boldsymbol{b}$，即晶面$(h_1k_1l_1)$ 平行于 $\boldsymbol{b}$，或 $\boldsymbol{b}$ 在晶面$(h_1k_1l_1)$ 中。同理 $\boldsymbol{g}_{h_2k_2l_2}\cdot\boldsymbol{b}=0$ 时，即晶面$(h_2k_2l_2)$ 平行于 $\boldsymbol{b}$，或 $\boldsymbol{b}$ 在晶面$(h_2k_2l_2)$ 中。在 $\boldsymbol{g}_{h_1k_1l_1}\cdot\boldsymbol{b}=0$ 和 $\boldsymbol{g}_{h_2k_2l_2}\cdot\boldsymbol{b}=0$ 同时成立时，$\boldsymbol{b}$ 同时平行于两晶面$(h_1k_1l_1)$ 和$(h_2k_2l_2)$，或同时在两晶面$(h_1k_1l_1)$ 和$(h_2k_2l_2)$ 内，即 $\boldsymbol{b}$ 平行于两晶面$(h_1k_1l_1)$、$(h_2k_2l_2)$ 的交线，故 $\boldsymbol{b}=\boldsymbol{g}_{h_1k_1l_1}\times\boldsymbol{g}_{h_2k_2l_2}$，类似于晶带轴指数的求法。

② 多个操作矢量并不共面，即它们所对应的晶面不属于同一晶带轴。

4）当第二相粒子与基体完全非共格，或完全共格，无错配度时，粒子不会引起基体晶格发生畸变，此时第二相粒子衬度像产生的原因是(1)粒子与基体的结构及位向差异；(2)粒子与基体的散射因子不同。此时第二相粒子像无亮线。仅当第二相粒子引起场畸变时，才会产生与操作矢量垂直的亮线。

5）由于衬度运动学理论是建立在两个基本假设的基础上的，因此，它存在着一定的不足，主要有两个不足，此时运动学理论失效，需由动力学理论解释。

① 理想晶体底部的衍射强度为：$I_g=\frac{\pi^2}{\xi_g^2}\cdot\frac{\sin^2(\pi st)}{(\pi s)^2}$，在 $s\to 0$ 时，衍射强度取得最大值：$I_{g\max}=\frac{(\pi t)^2}{\xi_g^2}$，如果样品厚度 t 大于$\frac{\xi_g}{\pi}$时，则 $I_g>1$，而入射矢量 $I_0=1$，显然不合理了。为此，

运动学理论假定双束之间无作用，即要求 $I_{gmax} \ll 1$，此时，样品厚度应远远小于$\frac{\xi_g}{\pi}$，为极薄样品。

② s 为常数时的衍射束强度极大值为：$I_{gmax} = \frac{1}{(s\xi_g)^2}$，在$(s\xi_g)^2 < 1$ 时，同样会出现 $I_g > 1$的不合理现象，因此，要求 $I_{gmax} \ll 1$时，就要求$(s\xi_g)^2$ 足够大，对于加速电压为100 kV的电子来说，一般材料低指数的消光距离 ξ_g 为 15～50 nm，这就要求 s 较大方可。

6）陶瓷材料一般离子减薄，或喷金后采用 FIB 技术制样；金属材料磨至 3～5 丝后可先采用挖坑 dimple 技术再离子减薄，或电解双喷后再离子减薄，也可直接离子减薄，不过耗时较长。当然对一些超硬金属也可采用聚焦离子束 FIB 技术制样。

7）花样汇总见表 6-3。

表 6-3 花样汇总

方法 \ 试样 / 花样	单相单晶	单相多晶	多相	非晶	织构
XRD	规则斑点(少)	数个尖锐峰	更多尖锐峰	漫散峰	若干个强峰
TEM	规则斑点(多)	数个同心圆	更多同心圆	晕斑	不连续弧对

6.10.2 知识点 9 选择题

1. 螺旋位错的像(　　)

(A) 与其真实位置重合

(B) 在真实位置左侧

(C) 在真实位置右侧

(D) 在真实位置的一侧，取决于其偏移矢量 $\boldsymbol{s}$

2. 偏移矢量 $\boldsymbol{s}$ 为正时，螺旋位错的像(　　)

(A) 与其真实位置重合　　(B) 在真实位置左侧

(C) 在真实位置右侧　　(D) 消失

3. 螺旋位错像宽度(　　)

(A) 由其强度峰的半高宽 Δx 决定　　(B) 由其强度峰的底宽决定

(C) 由其强度峰的峰高决定　　(D) 为其强度峰的半高宽 Δx 的 2 倍

4. 螺旋位错不可见判据是(　　)

(A) $\boldsymbol{g}_{hkl} \cdot \boldsymbol{b} = 1$　　(B) $\boldsymbol{g}_{hkl} \cdot \boldsymbol{b} = 0$

(C) $\boldsymbol{g}_{hkl} \cdot \boldsymbol{b} = 2$　　(D) $\boldsymbol{g}_{hkl} \cdot \boldsymbol{b} = -1$

5. 刃型位错像的位置(　　)

(A) 出现在其真实位置的一侧，该侧的总偏移矢量 $(\boldsymbol{s}_0 + \boldsymbol{s}')$ 减小，甚至为零

(B) 出现在其真实位置

(C) 出现在其真实位置的左侧

(D) 出现在其真实位置的右侧

6. 刃型位错像的位置(　　)

(A) 出现在其真实位置的一侧,仅取决于附加偏移矢量 $\boldsymbol{s}'$

(B) 出现在其真实位置的一侧,该侧的总偏移矢量 $(\boldsymbol{s}_0+\boldsymbol{s}')$ 增加

(C) 出现在其真实位置的一侧,仅取决于偏移矢量 $\boldsymbol{s}_0$

(D) 出现在其真实位置的一侧,该侧的总偏移矢量 $(\boldsymbol{s}_0+\boldsymbol{s}')$ 减小,甚至为零

7. 位错成暗场像时,衍射强度高时产生(　　)

(A) 亮线　　(B) 暗线

(C) 虚线　　(D) 点滑线

8. 刃型位错像宽度(　　)

(A) 为其强度峰的半高宽 Δx 的 2 倍　　(B) 由其强度峰的底宽决定

(C) 由其强度峰的峰高决定　　(D) 由其强度峰的半高宽 Δx 决定

9. 在衍射条件完全相同的条件下,刃型位错像宽度与螺旋型的宽度(　　)

(A) 相同　　(B) 前者是后者的 2 倍

(C) 前者是后者的 3 倍　　(D) 无可比性

10. 刃型位错不可见判据(　　)

(A) $\boldsymbol{g}\cdot\boldsymbol{b}=0$ 且 $\boldsymbol{g}\cdot(\boldsymbol{b}\times\boldsymbol{u})=0$($\boldsymbol{u}$ 为沿刃型位错线方向的单位矢量)

(B) $\boldsymbol{g}\cdot\boldsymbol{b}=0$

(C) $\boldsymbol{g}\cdot(\boldsymbol{b}\times\boldsymbol{u})=0$($\boldsymbol{u}$ 为沿刃型位错线方向的单位矢量)

(D) $\boldsymbol{g}\cdot\boldsymbol{b}=0$ 或 $\boldsymbol{g}\cdot(\boldsymbol{b}\times\boldsymbol{u})=0$($\boldsymbol{u}$ 为沿刃型位错线方向的单位矢量)

答案: DBABA, DADBA

6.11　本章思考题选答

6.1～6.11　教材中均有详细阐述,故略之。

6.12　下图为18Cr2N4WA经900 ℃油淬、400 ℃回火后在透射电镜下摄得的渗碳体选区电子衍射花样示意图(题图 6-1),请进行花样指数标定。$R_1=9.8$ mm, $R_2=10.0$ mm, $L\lambda=2.05$ mm·nm, $\varphi=95°$

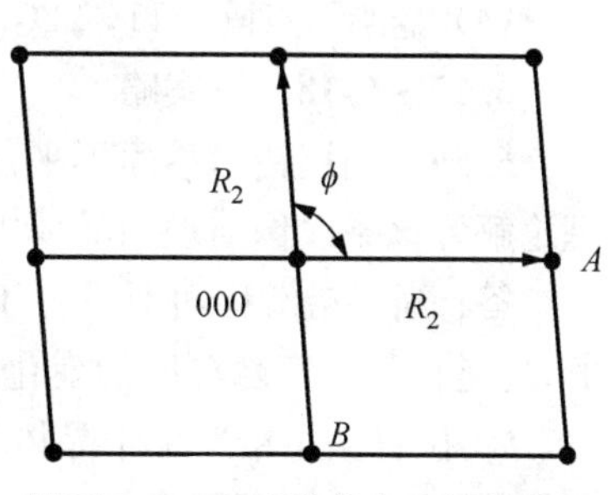

题图 6-1　渗碳体的电子衍射花样

答: 因为 $|\boldsymbol{g}_1|=\dfrac{R_1}{L\lambda}=4.780\ 48\ \text{nm}^{-1}$; $|\boldsymbol{g}_2|=\dfrac{R_2}{L\lambda}=4.878\ 04\ \text{nm}^{-1}$,对应的斑点设定为 A 和 B,所以 $d_1=\dfrac{1}{|\boldsymbol{g}_1|}=0.209\ 18$ nm; $d_2=\dfrac{1}{|\boldsymbol{g}_2|}=0.205\ 00$ nm。由渗碳体对应的PDF卡片可得 A 点为{211},B 点为{102}。取 $(h_1k_1l_1)=(211)$,则由 $\cos\varphi=\dfrac{h_1h_2+k_1k_2+l_1l_2}{\sqrt{h_1^2+k_1^2+l_1^2}\sqrt{h_2^2+k_2^2+l_2^2}}$ 试探得 $(h_2k_2l_2)=(\bar{1}0\bar{2})$;再由晶带轴计算公式得 $u=\begin{vmatrix}k_1 & l_1\\ k_2 & l_2\end{vmatrix}$, $v=\begin{vmatrix}l_1 & h_1\\ l_2 & h_2\end{vmatrix}$, $w=\begin{vmatrix}h_1 & k_1\\ h_2 & k_2\end{vmatrix}$ 得 $[uvw]=[\bar{2}31]$,其他斑点通过矢量合成法获得。

6.13　已知某晶体相为四方结构,$a=0.362\ 4$ nm, $c=0.740\ 6$ nm,求其(111)晶面的法

线$[uvw]$。

答: 建坐标系 $O\text{-}xyz$，见解图 6-1，过原点作晶面(111) 法线 ON，交晶面于 O'，交点坐标设为(x, y, z)。

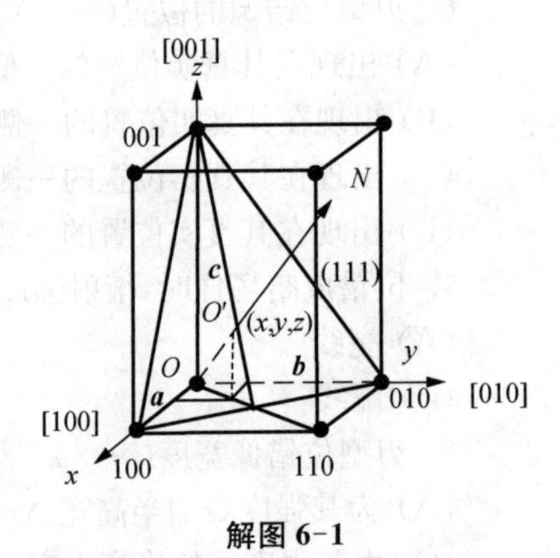

解图 6-1

设晶面的平面方程为 $x+my+nz+p=0$，其与坐标轴 x、y、z 的交点坐标分别为(0.362 4, 0, 0)、(0, 0.362 4, 0)、(0, 0, 0.740 6)，三交点坐标分别代入平面方程得方程组

$$\begin{cases} 0.362\,4+my+0+p=0 \\ 0+0.362\,4m+0+p=0 \\ 0+0+0.740\,6n+p=0 \end{cases}$$

解之得平面方程为 $x+y+0.489\,4z-0.3624=0$

OO' 即为 O 点到平面(111) 的距离，可由 $d=\dfrac{|x+my+nz+p|}{\sqrt{1^2+m^2+n^2}}$ 得 $d=0.242\,2$，再由空间几何关系求得法线 ON 与晶面交点 O' 的坐标为(0.161 8, 0.161 8, 0.079 18)，由于三个晶轴的单位分别为 $a=b=0.362\,4$ nm，$c=0.740\,6$ nm，则法线方程$[uvw]=\left[\dfrac{0.161\,8}{0.362\,4}, \dfrac{0.161\,8}{0.362\,4}, \dfrac{0.079\,18}{0.740\,6}\right]=[441]$。

6.14 多晶体的薄膜衍射衬度像为系列同心圆环，设现有四个同心圆环像，当晶体的结构分别为简单、体心、面心和金刚石结构时，请标定四个圆环的衍射晶面族指数。

答: 由消光规律得四种晶体结构的前四环的衍射晶面族指数。

(1) 简单点阵：100, 110, 111, 200

(2) 体心点阵：110, 200, 211, 220

(3) 面心点阵：111, 200, 220, 311

(4) 金刚石点阵：111, 220, 311, 400

6.15～6.18 答案略。

6.19 当层错滑移面不平行于薄膜表面时，出现了亮暗相间的条纹，试运用衍射运动学理论解释该条纹像与理想晶体中的等厚条纹像有何区别？为什么？

答: 当层错滑移面不平行于薄膜表面时，出现了亮暗相间的条纹，其形成本质是相同的，均是衍射强度随深度的变化而改变，但存在以下区别：

① 位置。层错发生于晶体的内部，一般为直线状条纹，有时会在晶粒内多处发生层错条纹，即形成多组层错条纹，而等厚条纹仅发生于晶界，并随晶界变化而变化的不规则条纹。

② 条纹数目。每组层错条纹中亮暗相间的数目取决于层错滑移面倾斜的程度与消光距离，倾斜程度愈小，数目愈少，不倾斜即平行时仅为一条等宽的亮带或暗带。等厚条纹的数目取决于晶界厚度与消光距离，它们的深度周期均为 $\dfrac{1}{s}$。

③ 亮度。层错条纹的亮度基本一致，等厚条纹的亮度渐变，由晶界向晶内逐渐减弱。

④ 起因。层错是在一定条件如外载或变形下形成的，而等厚条纹则是在晶界厚度变化时形成。

此外，同组层错中还可能重叠有不同相位角的其他层错，层错衬度还可通过操作矢量来调整。

6.20 当层错滑移面平行于薄膜表面时，出现亮带或暗带，试运用衍射运动学理论解释该亮带或暗带与孪晶像的区别？

答： 当层错滑移面平行于薄膜表面时，出现亮带或暗带，不同于孪晶带，主要区别有：

孪晶相是亮暗相间、宽度不等的平行条带，同一衬度的条带处在同一位向，而另一衬度条带为相对称的位向，具有对称性；层错一般为等间距的条纹像，位于晶粒内，在层错平行于样品表面时，条纹表现为一条等宽的亮带或暗带。

6.21 答案略。

6.22 什么是螺旋位错缺陷的不可见判据？如何运用不可见判据来确定螺旋位错的柏氏矢量？

答： $\boldsymbol{g}_{hkl} \cdot \boldsymbol{b} = 0$ 为位错能否显现的判据，电镜分析中，可利用该判据测定位错的柏氏矢量。具体的方法如下：

① 调好电镜的电流中心和电压中心，使倾动台良好对中。

② 明场下观察到位错，拍下相应选区的衍射花样。

③ 衍射模式下，缓缓倾动试样，观察衍射谱强斑点的变化，得到一个新的强斑点时，停下来回到成像模式，检查所分析位错是否消失，如果消失，此新斑点即作为 $\boldsymbol{g}_{h_1k_1l_1}$。

④ 反向倾动试样，重复步骤 2，得到使同一位错再次消失的另一强斑点，即为 $\boldsymbol{g}_{h_2k_2l_2}$。

⑤ 联立方程组：$\begin{cases}\boldsymbol{g}_{h_1k_1l_1} \cdot \boldsymbol{b} = 0 \\ \boldsymbol{g}_{h_2k_2l_2} \cdot \boldsymbol{b} = 0\end{cases}$，求得位错的柏氏矢量 $\boldsymbol{b}$ 为 $\boldsymbol{b} = \begin{bmatrix}\boldsymbol{a} & \boldsymbol{b} & \boldsymbol{c} \\ h_1 & k_1 & l_1 \\ h_2 & k_2 & l_2\end{bmatrix}$

6.23 要观察试样中基体相与析出相的组织形貌，同时又要分析其晶体结构和共格界面的位向关系，简述合适的电镜操作方式和具体的分析步骤？

答： 形貌结构同步分析可采用选区衍射进行。具体步骤：

① 由成像操作使物镜精确聚焦，获得清晰形貌像。

② 插入尺寸合适的选区光阑，套住被选视场，调整物镜电流，使光阑孔内的像清晰，保证了物镜的像平面与选区光阑面重合。

③ 调整中间镜的励磁电流，使光阑边缘像清晰，从而使中间镜的物平面与选区光阑的平面重合，这也使选区光阑面、物镜的像平面和中间镜的物平面三者重合，进一步保证了选区的精度。

④ 移去物镜光阑（否则会影响衍射斑点的形成和完整性），调整中间镜的励磁电流，使中间镜的物平面与物镜的后焦面共面，由成像操作转变为衍射操作。电子束经中间镜和投影镜放大后，在荧光屏上将产生所选区域的电子衍射图谱，对于高档的现代电镜，也可操作“衍射”按钮自动完成。

⑤ 需要照相时，可适当减小第二聚光镜的励磁电流，减小入射电子束的孔径角，缩小束斑尺寸，提高斑点清晰度。微区的形貌和衍射花样可成在同一张底片上。

共格界面的位向关系分析比较复杂，方法有多种，如 X 射线法与电子衍射法等。X 射线衍射法精度高，比较麻烦，计算错配度的方式进行，用得不多。电子衍射法精度低，误差可能有±5°，需结合菊池花样进行校正所测位向结果，测定过程相对简单。由选区光阑在两相的交界处进行选区，两相同时进行衍射，获得两套花样，对两套花样分别标定，显然两物相的晶带轴平行，当两物相的斑点共线或重合，则表明两斑点所对应的晶面平行。此外还可采用极图法，或电子衍射-极图法共同测定两相之间的位向关系。

6.24 由选区衍射获得低碳钢 α、γ 相的衍射花样，如题图 6-2 所示，已知相机常数 $K=3.36$ mm · nm，两套衍射斑点的 R 值，α 和 γ 相的晶面间距如下表所示。(1)试确定它们的物相；(2) 并由此验证它们符合 α - γ 的 $N-W$ 取向关系：$(002)_{\alpha}//(0\bar{2}2)_{\gamma}$；$[\bar{1}10]_{\alpha}//[\bar{1}11]_{\gamma}$；$(110)_{\alpha}//(422)_{\gamma}$。

序号	1	2	3	4	5	1′	2′	3′
R(mm)	16.5	23.2	28.7	33.2	40.5	26.5	26.5	46.0

HKL(α)	110	200	211	220	310	222	321
d(nm)	0.202 7	0.143 3	0.117 0	1.101 3	1.090 6	0.082 3	0.076 6

HKL(γ)	111	200	220	311	222	400	331	420	422
d(nm)	0.207 0	0.179 3	0.126 8	0.108 1	0.103 5	0.089 6	0.082 3	0.080 2	0.073 2

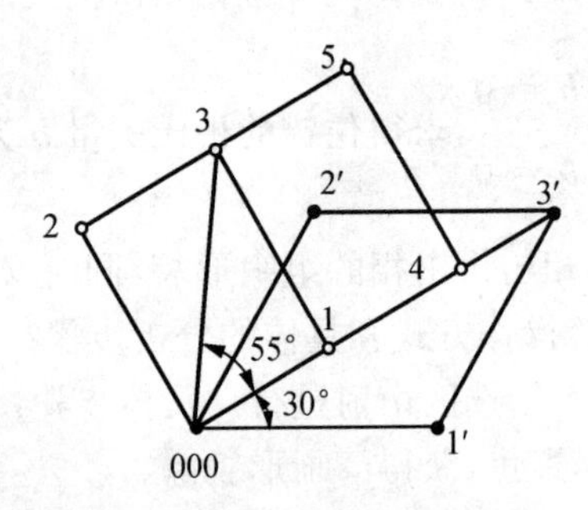

题图 6-2 α 和 γ 相的衍射花样

答： 由表中已测的 R 值和 $R=K\,|\,\boldsymbol{g}\,|$ 关系，求得各自对应的 d 值，从而确定点 1-2-3-4-5 为 α 相，1′-2′-3′ 为 γ 相。由 PDF 卡片得点 1 指数为(110)、点 3 指数为(211)。取点 1 的指数为(110)，则点 3 的指数由 $O1$ 与 $O3$ 的夹角关系式确定：$\cos 55^{\circ}=\dfrac{h+k}{\sqrt{2}\,\sqrt{h^{2}+k^{2}+l^{2}}}=0.5736$ 试探法得 $h=1$，$k=1$，$l=2$。矢量合成法得点 2、点 4 和点 5 的指数分别为$(002)_{\alpha}$，$(220)_{\alpha}$，$(222)_{\alpha}$。

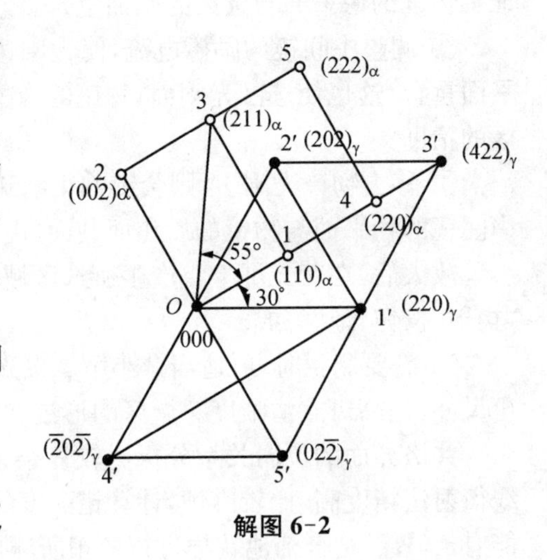

解图 6-2

同样方法确定 γ 相的各点指数：

1′、2′、3′点指数分别为(220)、(202)、(422)。设 1′点指数为(220)，设 3′点指数为 (hkl)，由 $O1'$

与$O3'$的夹角关系确定：$\cos 30^\circ = \dfrac{2h+2k}{\sqrt{8}\sqrt{h^2+k^2+l^2}} = \dfrac{\sqrt{3}}{2}$，试探法得 3′ 点指数为$(422)_\gamma$，再由矢量合成法得 2′ 指数为$(202)_\gamma$，4′、5′ 点的指数分别为$(\bar{2}0\bar{2})_\gamma$ 和$(02\bar{2})_\gamma$。

因为 $\cos\angle 1O2 = \dfrac{0}{2\sqrt{2}} = 0$，$\angle 1O2 = 90^\circ$，同理 $\cos\angle 3'O5' = \dfrac{0}{\sqrt{24}\sqrt{8}} = 0$，$\angle 3'O5' = 90^\circ$；

所以点 2、O、5′ 共线，故$(002)_\alpha//(02\bar{2})_\gamma$。

由于点 $(0\bar{2}2)_\gamma$ 与点$(02\bar{2})_\gamma$ 反向并共线，故$(002)_\alpha//(0\bar{2}2)_\gamma$。

同理点 1 与 3′共线，因此 $(110)_\alpha//(422)_\gamma$。

由于同一倒易阵面上各斑点指数所对应的晶面属于同一晶带轴，而 α 相与 γ 相的斑点指数共面，因此两晶带轴平行。晶带轴指数由公式 $u = \begin{vmatrix} k_1 & l_1 \\ k_2 & l_2 \end{vmatrix}$，$v = \begin{vmatrix} l_1 & h_1 \\ l_2 & h_2 \end{vmatrix}$，$w = \begin{vmatrix} h_1 & k_1 \\ h_2 & k_2 \end{vmatrix}$ 计算得：

α 相晶带轴指数：$[1\bar{1}\bar{0}]_\alpha$，γ 相晶带轴指数：$[1\bar{1}\bar{1}]_\gamma$，即$[1\bar{1}\bar{0}]_\alpha//[1\bar{1}\bar{1}]_\gamma$。

由于$[1\bar{1}\bar{0}]_\alpha//[\bar{1}10]_\alpha$、$[1\bar{1}\bar{1}]_\gamma//[\bar{1}11]_\gamma$，因此$[\bar{1}10]_\alpha//[\bar{1}11]_\gamma$。

第 7 章　薄晶体的高分辨像

高分辨电子显微像是利用物镜后焦面上的数束衍射波干涉而成的。因此，衍射花样对高分辨电子显微像有决定性的影响。除了二维晶体结构像(原子尺度)之外，一般高分辨图像(二维晶格像)的衬度(黑点或白点)并不能与样品的原子结构(原子列)形成一一对应的关系。但是，高分辨电子显微方法仍然是直接观察材料微观结构的最有效的实验技术之一，可用来分析晶体、准晶体、非晶体、空位、位错、层错、孪晶、晶界、相界、畴界、表面等。本章分 2 个知识点介绍。

7.1　本章小结

- 高分辨像原理
  - 两重要环节
    - (1) 电子波穿透试样形成透射波
    - (2) 透射波经物镜聚焦成斑点再在像平面上成像
  - 三重要函数
    - 透射波函数：$A(x,y)=\mathrm{e}^{\mathrm{i}\varphi}=\exp[\mathrm{i}\sigma\varphi(x,y)]$
    - 衬度传递函数：$S(u,v)=\exp[\mathrm{i}\chi(u,v)]=\cos\chi+\mathrm{i}\sin\chi$
    - 像面波函数：$B(x,y)=[1-\sigma\varphi(x,y).\,F^{-1}\sin\chi]+\mathrm{i}[\sigma\varphi(x,\ y).\,F^{-1}\sin\chi]$
  - 成像条件　欠焦成像，高分辨像为相位衬度像，成像过程追求最佳欠焦而非正焦，形成最宽通带，从而获得最高电镜分辨率
- 高分辨像种类
  - 晶格条纹像
    - 成像条件：1 透射束＋1 衍射束
    - 像作用：观察对象的尺寸、形态、区分晶区与非晶区，区分夹杂和析出物，不反映晶体结构信息，不可模拟计算
  - 一维结构像
    - 成像条件：一维衍射斑点花样中 1 透射束＋多个衍射束
    - 像作用：反映一维晶体结构信息，可模拟计算
  - 二维晶格像
    - 成像条件：二维斑点花样中 1 透射束＋2 衍射束
    - 像作用：直接观察晶体内的缺陷，可模拟计算
  - 二维结构像
    - 成像条件：二维斑点中 1 透射束＋尽可能多的衍射束
    - 像作用：反映晶体结构信息，可模拟计算

7.2　知识点 1-高分辨原理

7.2.1　知识点 1 注意点

1) HRTEM 与 TEM 的区别与联系

(1) 成像束：HRTEM 为多电子束成像，而 TEM 则为单电子束。

(2) 结构要求：HRTEM 对极靴、光阑的要求高于 TEM。

(3) 成像：HRTEM 仅有成像分析，包括一维、二维的晶格像和结构像，而 TEM 除了成

像分析还可衍射分析。

(4) 试样要求：HRTEM 试样厚度一般小于 10 nm，可视为弱相位体，即电子束通过试样时振幅几乎无变化，只发生相位改变，而 TEM 试样厚度通常为 50～200 nm。

(5) 像衬度：HRTEM 像衬度主要为相位衬度，而 TEM 则主要是振幅衬度。

2) 物镜光阑可以完成 4 种操作：明场操作、暗场操作、中心暗场(需在偏置线圈的帮助下)操作及高分辨操作。前 3 种成像靠的是单束成像，获得振幅衬度，形成衍衬像，而高分辨成像则是多束成像，获得相位衬度，形成相位像。

3) 任何像衬度的产生均包含振幅衬度和相位衬度，振幅衬度又包含衍衬衬度和质厚衬度，两者只是贡献程度不同而已。

4) 衍衬成像靠的是满足布拉格方程的程度不同导致的强度差异，可由干涉函数的分布曲线获得解释，它只能是透射束或衍射束单束通过物镜光阑成像；而高分辨像靠的是相位差异导致强度差异，需多束(至少两束)通过物镜光阑后相互干涉形成的像。

5) 高分辨像衬度的主要影响因素是物镜的球差和欠焦量，其中选择合适的欠焦量是成像关键。

6) 成像过程的两个环节(含三个过程)：

(1) 电子波与试样的相互作用，电子波被试样调制，在试样的下表面形成透射波，又称物面波，反映入射波穿过试样后相位变化情况，其数学表达为试样透射函数 $A(x, y)$。

(2) 透射波经物镜成像，经多级放大后显示在荧光屏上，该过程又分为两步：从透射波函数到物镜后焦面上的衍射斑点(衍射波函数)，再从衍射斑点到像平面上成像，这两过程为傅里叶的正变换与逆变换。该过程的数学表达为衬度传递函数 $S(u, v)$，最终成像，其函数为 $B(x, y)$。

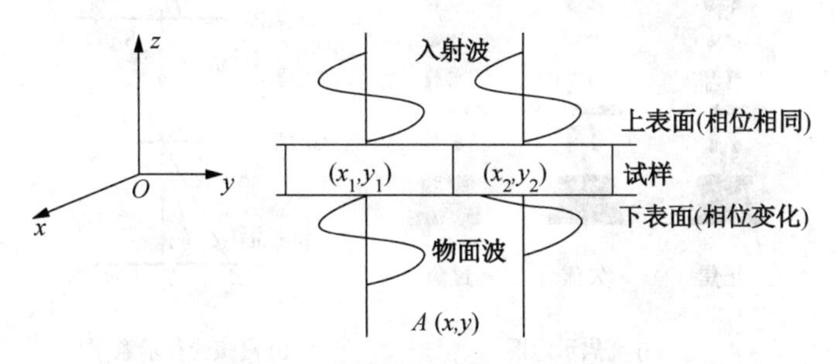

图 7-1　试样透射函数形成示意图

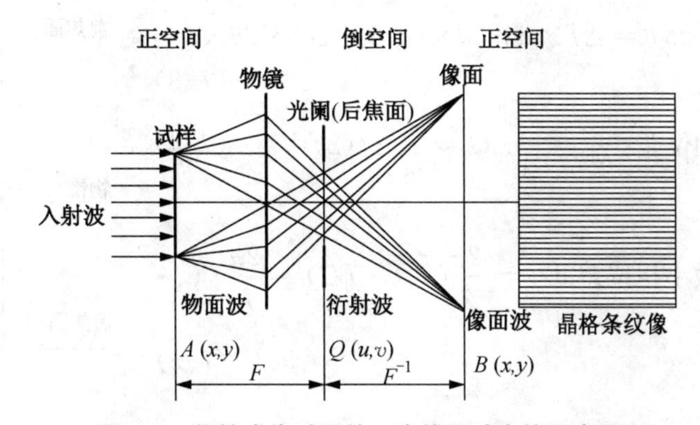

图 7-2　物镜成像过程的二次傅里叶变换示意图

7）理想透镜相位体的像不产生任何衬度。

$$B(x, y) = F^{-1}\{Q(u, v)\} = F^{-1}\{F(A(x, y))\} = A(x, y) \tag{7-1}$$

$$I(x, y) = A(x, y)A^*(x, y) = e^{i\varphi}e^{-i\varphi} = e^0 = 1 \tag{7-2}$$

实际上由于物镜存在球差、色差、像散(离焦)以及物镜光阑、输入光源的非相干性等因素,此时可产生附加相位,从而形成像衬度,看到晶格条纹像。有意识地引入一个合适的欠焦量,即让像不在准确的聚焦位置,可使高分辨像的质量更好。这些因素的集合体即为相位衬度传递函数 $S(u, v)$。

8）第一次傅里叶变换:物镜将物面波分解成各级衍射波(透射波可看成是零级衍射波),在物镜后焦面上得到衍射谱;入射波通过试样,相位受到试样晶体势的调制,在试样的下表面得到物面波 $A(x, y)$,物面波携带晶体的结构信息,经物镜作用后,在其后焦面上得到衍射波 $Q(u, v)$,此时物镜起到频谱分析器的作用,即将物面波中的透射波(看成零级)和各级衍射波分开了。频谱分析器的原理即为数学上的傅里叶变换。

9）第二次傅里叶变换:各级衍射波相干重新组合,得到保留原有相位的像面波 $B(x, y)$,在像平面处得到晶格条纹像,即进行了傅里叶逆变换。

10）衬度传递函数 $S(u, v)$ 即为一个相位因子,它综合了物镜的球差、离焦量及物镜光阑等诸多因素对像衬度(相位)的影响,是多种影响因素的综合反映。以下主要讨论三个因素(欠焦、球差、物镜光阑)对附加相位的影响。

(1) 欠焦

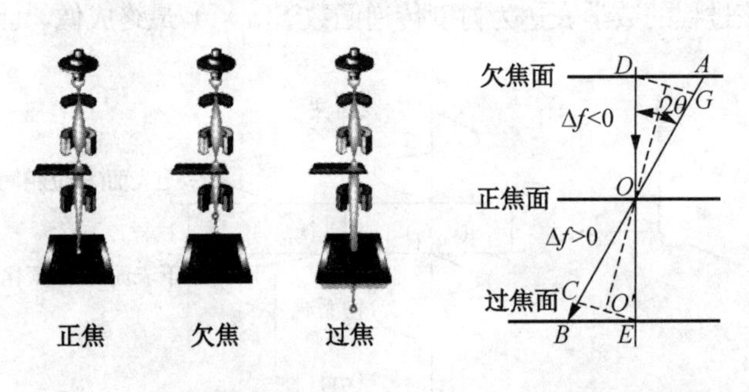

(a) 离焦示意图　　(b) 离焦光程示意图

图 7-3　离焦原理图

$$AG = DA \times \sin\theta = \Delta f \times \tan 2\theta \times \sin\theta = \Delta f \times 2\theta \times \theta = 2\Delta f\theta^2 \tag{7-3}$$

欠焦引起的相位差: $\chi_1 = \dfrac{2\pi}{\lambda}AG = \dfrac{\pi}{\lambda}\Delta f(2\theta)^2$　(7-4)

(2) 球差

球差引起的微小相位差 $d\chi_2 = \dfrac{2\pi}{\lambda}(BD - BC) = \dfrac{2\pi}{\lambda} \cdot C_s \cdot \dfrac{R^3}{f^4}dR$　(7-5)

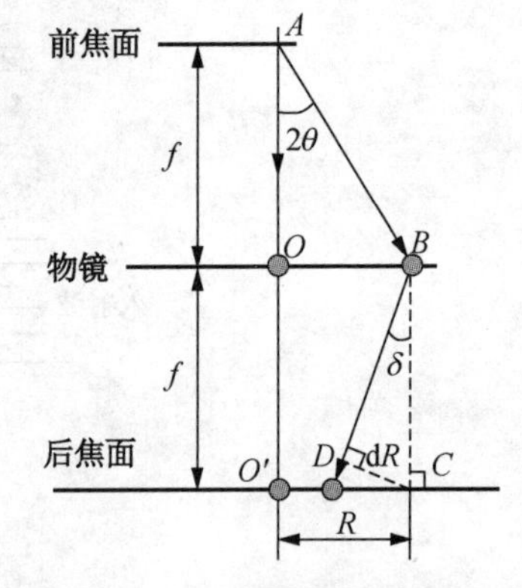

图 7-4　球差光程示意图

$$\chi_2 = \frac{2\pi C_s}{\lambda f^4}\int_0^R R^3 \mathrm{d}R = \frac{2\pi C_s}{\lambda} \cdot \frac{R^4}{4f^4} = \frac{\pi C_s}{2\lambda} \cdot \left(\frac{R}{f}\right)^4 \tag{7-6}$$

$$\chi_2 = \frac{\pi}{\lambda} \cdot \frac{1}{2} C_s \cdot (2\theta)^4 \tag{7-7}$$

(3) 物镜光阑

物镜光阑对相位衬度的影响由物镜光阑函数 $A(u, v)$ 表示，其大小

$$A(u, v) = \begin{cases} 1 & \sqrt{u^2 + v^2} \leqslant r \\ 0 & \sqrt{u^2 + v^2} > r \end{cases} \tag{7-8}$$

式中：r ——物镜光阑的半径。

显然，在光阑孔径范围内时取 1，而在光阑孔径外的取 0，即衍射波被光阑挡住，不参与成像，故通常情况下即取 $A(u, v) = 1$。

这样，综合其他因素，得衬度传递函数为

$$S(u, v) = A(u, v)\exp[\mathrm{i}\chi(u, v)]B(u, v)C(u, v) \tag{7-9}$$

式中：$\chi(u, v)$—— 物镜的球差和离焦量综合影响所产生的相位差；

$A(u, v)$—— 物镜光阑函数；

$B(u, v)$—— 照明束发散度引起的衰减包络函数；

$C(u, v)$ ——物镜色差效应引起的衰减包络函数。

由于照明束发散度和物镜的色差可分别通过聚光镜的调整和稳定电压得到有效控制，因此可忽略之。

这样衬度传递函数可表示为

$$S(u, v) = \exp[\mathrm{i}\chi(u, v)] = \cos\chi + \mathrm{i}\sin\chi \tag{7-10}$$

11) 像平面上的像面波函数 $B(x, y)$

像面波函数为衍射波函数 $Q(u, v)$ 的傅里叶逆变换获得，可以表示为

$$B(x, y) = [1 - \sigma\varphi(x, y) \cdot F^{-1}\sin\chi] + \mathrm{i}[\sigma\varphi(x, y) \cdot F^{-1}\sin\chi] \tag{7-11}$$

如不考虑像的放大倍数，像平面上观察到的像强度为像平面上电子散射振幅的平方。设其共轭函数为 $B^*(x, y)$，则像强度为

$$I(x, y) = B(x, y) \cdot B^*(x, y) \tag{7-12}$$

并略去其中 $\sigma\varphi$ 的高次项，可得

$$I(x, y) = 1 - 2\sigma\varphi(x, y) \cdot F^{-1}\sin\chi \tag{7-13}$$

令 $I_0 = 1$，则像衬度为

$$\frac{I - I_0}{I_0} = I - 1 = -2\sigma\varphi(x, y) \cdot F^{-1}\sin\chi \tag{7-14}$$

式(7-14)中的函数 $\sin\chi$ 十分重要，它直接反映了物镜的球差和离焦量对高分辨图像的影响结果，有时也把 $\sin\chi$ 称为相位传递函数。对 χ 的两个影响因素中，球差的影响在一定条

件下可基本固定，此时，主要取决于离焦量的大小，故离焦量成了高分辨相位衬度的核心影响因素。离焦量对 $\sin\chi$ 曲线的影响可由曲线来分析，但曲线较复杂，需由作图法获得。

当 $\sin\chi=-1$ 时，像衬度为 $2\sigma\varphi(x,y)$，可见像衬度与晶体的势函数投影成正比，反映样品的真实结构，故 $\sin\chi=-1$ 是高分辨成像的追求目标，即在高分辨成像时追求 $\sin\chi$ 在倒空间中有一个尽可能宽的范围内接近于 -1。从 χ 的影响因素来看，关键在于离焦量 Δf，图 7-5 是不同离焦量时的 $\sin\chi$ 曲线。

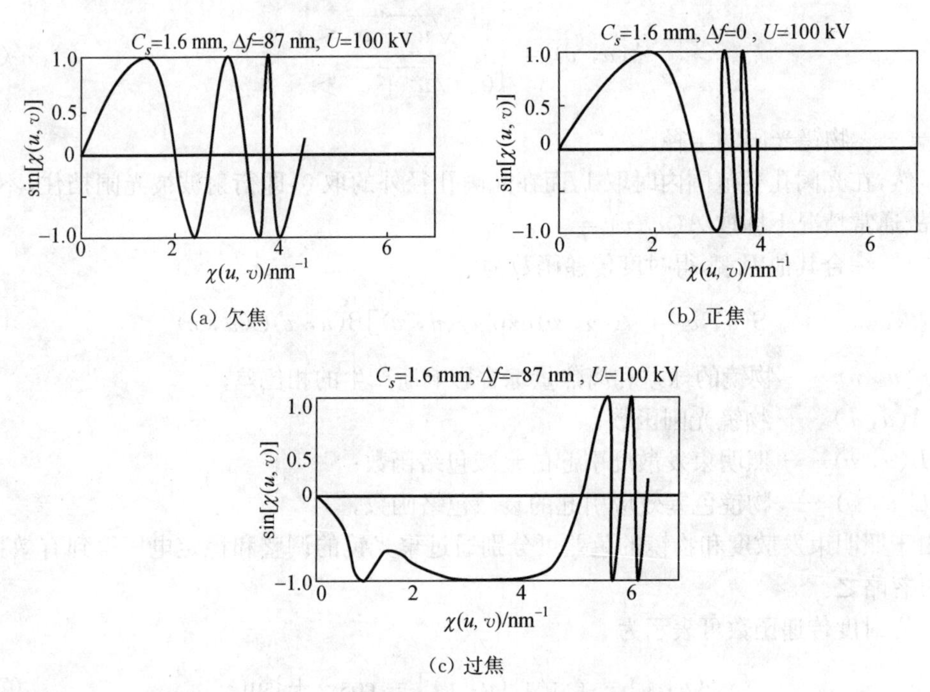

(a) 欠焦　　(b) 正焦

(c) 过焦

图 7-5　不同离焦条件下的 $\sin\chi$ 函数曲线

三种情况下，表明欠焦时 $\sin\chi$ 有一个较宽的 -1 平台，因为 $\sin\chi=-1$ 时意味着衍射波函数受影响小，能得到清晰、可辨不失真的像。-1 平台的宽度愈大愈好，即只有在弱相位体和最佳欠焦(-1 平台最宽)时拍摄的高分辨像才能正确反映晶体的结构。实际上弱相位体的近似条件较难满足，当样品中含有重元素或厚度超过一定值时，弱相位体的近似条件就不再满足，此时尽管仍能拍到清晰的高分辨像，但像衬度与晶体结构投影已经不是一一对应的关系了，有时甚至会出现衬度反转。同样，改变离焦量也会引起衬度改变，甚至反转，此时只能通过计算机模拟与实验像的仔细匹配方可解释了。此外，对于非周期特征的界面结构高分辨像，也需要建立结构模型后计算模拟像来确定界面结构，计算机模拟已成了高分辨电子显微学研究中的一个重要手段。

特别需要注意的是高分辨成像时采用了孔径较大的物镜光阑，让透射束和至少一根衍射束进入成像系统，因它们之间的相位差而形成干涉图像。透射束的作用是提供一个电子波波前的参考相位。

12) 最佳欠焦条件及电镜最高分辨率

(1) 最佳欠焦条件——Scherzer 欠焦条件(谢尔策条件)

使 $\sin\chi=-1$ 的平台最宽时的欠焦量即为最佳欠焦量。欠焦量可由下式表示：

$$\Delta f = kC_s^{\frac{1}{2}}\lambda^{\frac{1}{2}} \tag{7-15}$$

式中：$k=\sqrt{1-2n}$；n 为零或负整数。一般取 $C_s^{\frac{1}{2}}\lambda^{\frac{1}{2}}$ 为欠焦量的度量单位，称为 Sch。

注意：相位成像追求的是最佳欠焦，此时具有良好的衬度；而衍衬成像追求的是严格正焦。

(2) 电镜最高分辨率

电镜最高分辨率是指最佳欠焦条件下的电镜分辨率。可由 sin χ 曲线中第一通带(sin χ 值为−1 的平台)与横轴的交点值的倒数获得。

最高分辨率通常可表示为

$$\delta = k_1 C_s^{\frac{1}{4}}\lambda^{\frac{3}{4}} \tag{7-16}$$

式中：k_1 取值 0.6～0.8，一般取 $C_s^{\frac{1}{4}}\lambda^{\frac{3}{4}}$ 为分辨率的单位，称为 $G1$。

图 7-6 即为 JEM2010 透射电镜在加速电压为 200 kV、球差系数 C_s =0.5 mm 时的 sin χ 函数曲线。

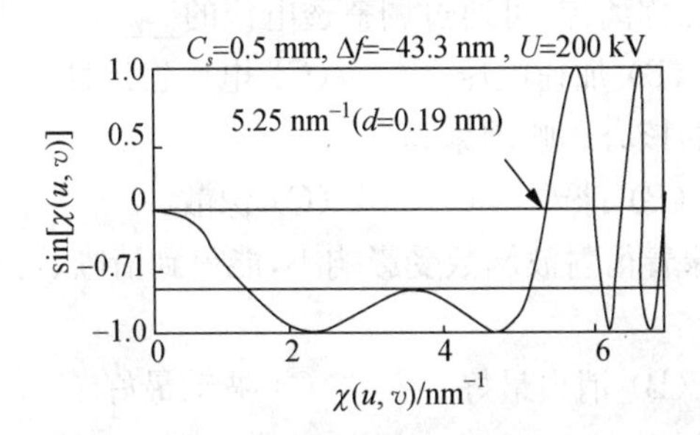

图 7-6　JEM2010 透射电镜最佳欠焦条件下的 sin χ 函数曲线

曲线上 sin χ 值为−1 的平台(称通带)展得愈宽愈好，展得最宽时的欠焦量即为最佳欠焦量(又称最佳欠焦条件)，即称为 Scherzer 欠焦量(或称 Scherzer 欠焦条件)。电镜的欠焦或过焦称离焦，可通过调整电镜的励磁电流来实现。在正焦基础上加大电镜电流，聚焦面上移，处欠焦态。反之减小电镜电流，聚焦面下移，呈过焦态。在图 7-6 所示条件下，电镜的点分辨率为 0.19 nm。第一通带与横轴的右交点值 5.25 nm^{-1}，该值是倒矢量的绝对值，颠倒后即为 0.19 nm。其含义为在符合弱相位体的条件下，像中不低于 0.19 nm 间距的结构细节可以认为是晶体投影势的真实再现，该值即为电镜最高分辨率。

7.2.2　知识点 1 选择题

1. 高分辨操作是指(　　)

(A) 物镜光阑同时让透射束和一个或多个衍射束通过，共同达到像平面干涉成像的操作

(B) 中间镜光阑同时让透射束和一个或多个衍射束通过，共同达到像平面干涉成像的操作

(C) 物镜光阑让衍射束通过，达到像平面成像的操作

(D) 物镜光阑让透射束通过，达到像平面成像的操作

2. 高分辨电子显微术(HREM 或 HRTEM)是一种基于________原理的成像技术(　　)

(A) 相位衬度　　(B) 振幅衬度　　(C) 质厚衬度　　(D) 衍衬衬度

3. 高分辨成像的电子束为(　　)

(A) 透射束　　(B) 衍射束

(C) 多支衍射束　　(D) 透射束+1支或多支衍射束

4. 高分辨试样的厚度与一般透射电镜试样相比(　　)

(A) 厚些　　(B) 薄些　　(C) 一样厚　　(D) 无特殊要求

5. 高分辨成像含两基本过程,分别对应着数学上的(　　)

(A) 傅里叶变换和逆变换　　(B) 正交变换

(C) 线性变换　　(D) 酉函数变换

6. 高分辨像衬度的主要影响因素是(　　)

(A) 物镜的球差和欠焦量　　(B) 聚光镜的球差和欠焦量

(C) 中间镜的球差和欠焦量　　(D) 投影镜的球差和欠焦量

7. 电镜的欠焦或过焦称离焦,可通过调整透电镜的________来实现。(　　)

(A) 励磁电流　　(B) 加速电压　　(C) 电压稳定性　　(D) 电流稳定性

8. 高分辨相位衬度的核心影响因素是(　　)

(A) 离焦量　　(B) 球差　　(C) 像散　　(D) 色差

9. $\sin\chi=-1$ 时意味着衍射波函数受影响小,能得到清晰、可辨不失真的像。-1 平台(　　)

(A) 愈宽愈好　　(B) 消失最好　　(C) 波动最好　　(D) 愈窄愈好

10. HRTEM 与 TEM 比较(　　)

(A) 前者仅有成像分析,而后者除了成像分析还可衍射分析

(B) 两者均能成像分析和衍射分析

(C) 两者仅有成像分析

(D) 两者仅有衍射分析

答案: AADBA, AAAAA

7.3 知识点 2-高分辨图像

7.3.1 知识点 2 注意点

1) 晶格条纹像

(1) 成像条件:1 透射束+1 衍射束。

(2) 特点:成像条件低,不可计算机模拟。

① 不要求电子束严格平行于晶带的平面。

② 试样厚度也不是极薄。

③ 无特定衍射条件,故晶格条纹像与晶体结构的对应性较差。

(3) 应用:观察对象的尺寸、形态,区分晶区与非晶区,辨别夹杂和析出物,但不反映晶

体的结构信息。

2）一维结构像

（1）成像条件：一维衍射斑点花样中1透射束+多个衍射束。

（2）特点：成像条件不高，与晶格条纹像相似，但像中包含了晶体结构的某些信息，可计算机模拟。

（3）应用：反映一维晶体结构信息，通过模拟可以确定原子列像。

3）二维晶格像

（1）成像条件：二维斑点花样中1透射束+2衍射束。

（2）特点：成像条件不高，可计算机模拟。

（3）应用：应用最广，可分析位错、晶界、相界、析出和结晶等信息，还可直接观察晶体内的缺陷。

4）二维结构像

（1）成像条件：二维斑点中1透射束+尽可能多的衍射束。

（2）特点：成像条件高，要求试样极薄、入射束严格平行晶带轴、最佳欠焦等，可计算机模拟，确定晶体结构和原子位置。

（3）应用：反映晶体结构信息。

7.3.2 知识点2选择题

1. 晶格条纹像的成像条件是（　　）

（A）1透射束+1衍射束　　（B）1透射束+2衍射束

（C）1透射束+3衍射束　　（D）1透射束+4衍射束

2. 一维结构像的成像条件是（　　）

（A）一维衍射斑点花样中1透射束+多个衍射束

（B）一维衍射斑点花样中1透射束+1个衍射束

（C）一维衍射斑点花样中1衍射束

（D）一维衍射斑点花样中1透射束

3. 二维晶格像的成像条件是（　　）

（A）二维斑点花样中1透射束+1衍射束

（B）二维斑点花样中1透射束+2衍射束

（C）二维斑点花样中1透射束

（D）二维斑点花样中1衍射束

4. 二维结构像的成像条件是（　　）

（A）二维斑点中1透射束+尽可能多的衍射束

（B）二维斑点中1透射束+1衍射束

（C）二维斑点中1透射束

（D）二维斑点中1衍射束

5. 高分辨晶格条纹像对非晶样品内已结晶颗粒的形状、大小与分布特点等（　　）

（A）不可以判别　　（B）可以判别，但可靠性极低

（C）可以判别，但需借助计算机模拟像　　（D）可以判别

6. 晶格条纹像(　　)

(A) 可通过计算机模拟,且图像逼真

(B) 不可通过计算机模拟

(C) 可通过计算机模拟,但图像模糊

(D) 可通过计算机模拟,尚需的补充条件

7. 一维结构像(　　)

(A) 可通过计算机模拟,且图像逼真

(B) 不可通过计算机模拟

(C) 可通过计算机模拟,但图像模糊

(D) 可通过计算机模拟,尚缺条件

8. 一维结构像通过模拟计算,可以确定(　　)

(A) 其中的像衬度与原子面的一一对应性

(B) 其中的像衬度与原子点的一一对应性

(C) 其中的像衬度与原子列的一一对应性

(D) 其中的像衬度与原子阵胞的一一对应性

9. 二维晶格像只利用了少数的几只衍射波,可以在各种样品厚度或离焦条件下观察到,在偏离 Scherzer 聚焦情况下(　　)

(A) 也能进行分析

(B) 不能进行分析

(C) 也能进行分析,但需补充条件

(D) 也能进行分析,但可靠性极低

10. 通过二维结构像的实例可知,结构像的最大特点就是图像上原子位置是暗的,没有原子的地方是亮的,每一个小的暗区域能够与投影的(　　)

(A) 原子列一一对应

(B) 原子面一一对应

(C) 原子胞一一对应

(D) 原子点阵一一对应

答案: AABAD, BACAA

第 8 章　扫描电子显微镜及电子探针

本章主要介绍扫描电子显微镜的结构、原理、特点和应用，同时还介绍了与扫描电镜融于一体的电子探针。扫描电镜是利用电子束作用样品后产生的二次电子进行成像分析的，二次电子携带的是样品表面的形貌信息，故扫描电镜主要用于样品表面的形貌分析，因扫描电镜的景深大，它特别适用于断口观察和分析。电子探针有波谱仪和能谱仪两种，均是利用电子束作用于样品后产生的特征 X 射线来工作的，可用于微区的成分分析。本章分 2 个知识点介绍。

8.1　本章小结

- 扫描电镜
  - 工作信息：二次电子
  - 结构
    - 电子光学系统：电子枪、电磁透镜、光栏、扫描线圈等
    - 信号检测处理、图像显示和记录系统
    - 真空系统
  - 性能参数：分辨率、放大倍数、景深
  - 应用：形貌分析，断口、磨面观察等
  - 特点：分辨率高、放大倍率大、景深长、制样简单、对样品损伤小、可实现对样品的综合分析
- 电子探针
  - 工作信息：特征 X 射线
  - 分类
    - 波谱仪　通过测定特征 X 射线的波长分析微区成分(I-λ)
    - 能谱仪　通过测定特征 X 射线的能量分析微区成分(I-E)
  - 应用：微区成分分析，包括定性分析和定量分析，定性分析又包括点、线和面三种类型
- 扫描透射电镜
  - 工作信息：高角透射非相干电子
  - 结构特点：试样下方增设环形检测装置
  - 像衬度：Z 衬度或原子序数衬度
  - 应用：具有 SEM+TEM 功能
  - 特点：分辨率高、对化学组成敏感、图像解释简明、图像衬度大、对样品损伤小、可实现样品的 SEM+TEM 综合分析

8.2　知识点 1-扫描电子显微镜

8.2.1　知识点 1 注意点

1) 扫描电镜的工作信号：二次电子、背散射电子

2）扫描电镜中的电磁透镜均不是成像用的，只是聚焦缩小到数个纳米的细小斑点。一般有三个，前两个电磁透镜为强透镜，使电子束强烈聚焦缩小，故又称聚光镜。第三个电磁透镜（末级透镜）为弱透镜，除了汇聚电子束外，还有将电子束聚焦于样品表面的作用。末级透镜的焦距较长，这样可保证样品台与末级透镜间有足够的空间，方便样品以及各种信号探测器的安装。末级透镜又称为物镜。

3）光阑：每一级电磁透镜上均装有光阑，第一、第二级磁透镜上的光阑为固定光阑，作用是挡掉大部分的无用电子，使电子光学系统免受污染。第三透镜（物镜）上的光阑为可动光阑，又称物镜光阑或末级光阑，位于透镜的上下极靴之间，可在水平面内移动以选择不同孔径（100 μm、200 μm、300 μm、400 μm）的光阑。

4）分辨率取决于信号产生的空间区域的大小。电子束斑的直径愈细愈好，其相应的成像分辨率就愈高。微区成分分析时，表现为能分析的最小区域；形貌分析时，则表现为能分辨两点间的最小距离。扫描电镜的景深大，比透射电镜高 10 倍左右，比一般光学显微镜的景深长 100～500 倍。放大倍率可连续调节，一般为数十至 20 万，场发射的放大倍率更高，高达 60 万～80 万倍。

5）二次电子像衬度包括：成分衬度和形貌衬度。二次电子产额对原子序数不敏感，故成分衬度贡献小，但对形貌十分敏感，故形貌衬度贡献大。

6）背散射电子像衬度包括：成分衬度和形貌衬度。背散射电子产额对原子序数敏感，$Z<40$ 更明显，故成分衬度贡献大，而背散射电子产额对形貌敏感性不高，其贡献不大。

8.2.2 知识点 1 选择题

1. 扫描电镜的景深（　　）

(A) 大，且可变　　(B) 很小

(C) 与光学显微镜相当　　(D) 大，但不可变

2. 扫描电镜用于形貌分析的物理信号是（　　）

(A) 二次电子、背散射电子　　(B) 特征 X 射线

(C) 俄歇电子　　(D) 反冲电子

3. 扫描电镜中的电磁透镜（　　）

(A) 均是成像用的，还能将电子束斑（虚光源）聚焦缩小

(B) 部分是成像用的，将电子束斑（虚光源）放大

(C) 均不是成像用的，只是将电子束斑（虚光源）聚焦缩小

(D) 均是成像用的，将电子束斑（虚光源）放大

4. 扫描电镜的末级透镜（物镜）的焦距（　　）

(A) 弱透镜，焦距较长　　(B) 弱透镜，焦距较短

(C) 强透镜，焦距较长　　(D) 强透镜，焦距较短

5. SEM 中电子束斑的直径愈细，相应的成像分辨率（　　）

(A) 愈高　　(B) 愈低　　(C) 不变　　(D) 波动激烈

6. SEM 扫描线圈的作用是（　　）

(A) 使电子束发生聚焦，并在样品表面实现光栅扫描和角光栅扫描

(B) 使电子束发生发散，并在样品表面实现光栅扫描和角光栅扫描

(C) 使电子束发生衍射,并在样品表面实现光栅扫描和角光栅扫描

(D) 使电子束发生偏转,并在样品表面实现光栅扫描和角光栅扫描

7. 相比于背散射电子作为调制信号成像时的分辨率,二次电子的分辨率(　　)

(A) 高　　(B) 低

(C) 不具可比性　　(D) 有可比性,但需附加一些条件

8. 电子束作用物质的区域(　　)

(A) 轻元素是倒梨状,重元素是半球状

(B) 轻元素是半球状,重元素是倒梨状

(C) 轻元素、重元素均是倒梨状

(D) 轻元素、重元素均是半球状

9. SEM 的试样要求(　　)

(A) 导电　　(B) 绝缘　　(C) 表面光滑　　(D) 表面粗糙

10. SEM 随着放大倍数的提高,电子束直径(　　)

(A) 变细,强度增强　　(B) 变粗,强度减弱

(C) 不变　　(D) 变细,强度减弱

答案: AACAA, DAAAA

8.3　知识点 2-电子探针与扫描透射电镜

8.3.1　知识点 2 注意点

1) 电子探针是一种利用电子束作用样品后产生的特征 X 射线进行微区成分分析的仪器,其结构与扫描电镜基本相同。工作信号为特征 X 射线,有两种:电子探针波谱仪(WDS)电子探针能谱仪(EDS)。电子探针也可与透射电镜融为一体,实现微区结构和成分的同步分析。

2) 电子探针波谱仪用于检测特征 X 射线的波长。

主要由分光系统和信号检测记录系统(检测器+分析电路)组成,分光系统的核心部件为分光晶体,有约翰(Johann)和约翰逊(Johannson)两种,布置方式分直进和回转两种。

3) 电子探针能谱仪用于检测特征 X 射线的能量。

主要由信号检测记录系统即检测器+分析电路组成。

4) 能谱仪与波谱仪相比具有以下特点:

优点:

(1) 探测效率高。

(2) 灵敏度高。

(3) 分析效率高。

(4) 能谱仪的结构简单,使用方便,稳定性好。能谱仪没有聚焦圆,没有机械传动部分,对样品表面也没有特殊要求,但需样品表面为抛光状态,便于聚焦。

缺点:

(1) 分辨率低。能谱仪的谱线峰宽,易于重叠,失真大,能量分辨率一般为 145～

150 eV，而波谱仪的能量分辨率可达 5～10 eV，谱峰失真很小。

(2) 能谱仪的 Si(Li)窗口影响对超轻元素的检测。一般铍窗时，检测范围为 11Na～92U；仅在超薄窗时，检测范围为 4Be～92U。

(3) 维护成本高。Si(Li)半导体工作时必须保持低温，需设专门的液氮系统。

总之，波谱仪与能谱仪各有千秋，应根据具体对象和要求进行合理选择。

5) 电子探针分析包括定性分析和定量分析，定性分析又分为点、线、面三种分析形式。

6) 扫描透射电子显微镜(Scanning Transmission Electron Microscope, STEM)

扫描透射电子显微镜是既有透射电子显微镜(Transmission Electron Microscope, TEM)又有扫描电子显微镜(Scanning Electron Microscope, SEM)功能的显微镜。像 SEM 一样，STEM 用电子束在样品的表面扫描，但又像 TEM，通过电子穿透样品成像。STEM 能够获得 TEM 所不能获得的一些关于样品的特殊信息。STEM 技术要求较高，要非常高的真空度，并且电子学系统比 TEM 和 SEM 都要复杂。扫描透射电子显微分析是综合了扫描和透射的一种新型分析方式，是透射电子显微镜的一种发展。扫描线圈迫使电子探针在薄膜试样上扫描，与扫描电子显微镜不同之处在于探测器置于试样下方，探测器接受透射电子束流或弹性散射电子束流，经放大后，在荧光屏上显示与常规透射电子显微镜相对应的明场像和暗场像。

探测器分别收集不同散射角度 θ 的透射散射电子(高角区 $\theta_1>50$ mrad；低角区 $\theta_2=10\sim50$ mrad；中心区 $\theta_3<10$ mrad)，由高角度环形探测器收集到的散射电子产生的暗场像，称高角环形暗场像(High Angle Annual Dark Field, HAADF)。因收集角度大于 50 mrad 时，非相干电子信号占有主要贡献，在这种条件下，每一个原子可以被看作独立的散射源，散射横截面可做散射因子，且与原子序数平方(Z^2)成正比，故图像亮度正比于原子序数的平方，该种图像又称为原子序数衬度像(或 Z 衬度像)。

注意：(1)它不同于扫描隧道电子显微镜(Scanning Tunneling Microscope, STM)。扫描隧道电子显微镜是一种利用量子理论中电子在原子间的量子隧穿效应，探测样品表面的隧道电流，将物质表面原子的排列状态转换为图像信息，反映物质表面结构信息的仪器。在量子隧穿效应中，原子间距离与隧穿电流关系相应，通过移动着的探针与物质表面的相互作用，表面与针尖间的隧穿电流反馈出表面某个原子间电子的跃迁，由此可以确定出物质表面的单一原子及它们的排列状态。

(2) 它不同于扫描电镜。扫描电镜是电子束作用于样品表面，利用对试样表面形貌变化敏感的物理信号如二次电子、背散射电子等作为调制信号得到形貌衬度像。其强度是试样表面倾角的函数。而试样表面微区形貌差别实际上就是各微区表面相对于入射束的倾角不同，因此电子束在试样上扫描时任何两点的形貌差别，表现为信号强度的差别，从而形成形貌衬度。二次电子像的衬度是最典型的形貌衬度。

(3) 它与 TEM 的成像存在一定的关联性。它们均是透射电子成像，STEM 主要成 HADDF 像，它由透射电子中非弹性散射电子为信号载体，而 TEM 则主要由近轴透射电子中的弹性散射电子为信号载体。TEM 的加速电压较高(一般为 120～200 kV)，对于有机高分子、生物等软材料样品的穿透能力强，形成的透射像衬度低，有时需经过铀、铅等重金属染色才能获得其结构信息，然而染色不仅麻烦而且可能会改变样品的结构。而 STEM 的加速电压较低(一般为 10～30 kV)，观察生物样品时，样品无需染色直接观察即可获得较高衬度的图像。STEM可同时成扫描二次电子像和透射像，既可以得到同一位置的表面形貌信息又可以得到内部结构信息，避免了在扫描电镜和透射电镜之间转换样品、定位样品的麻烦。图8-1为STEM观察有机螺旋纳米线得到的二次电子像和透射像（STEM明场像和暗场像），从二次电子像可以清楚地观察到纳米线的螺旋结构，从透射像可以看出纳米线是实心结构非空心管结构。STEM透射模式由于其衬度高、损伤小等特点，非常适合于有机高分子、生物等软材料的结构分析。扫描电镜SEM主要反映试样表面形貌，扫描隧道电镜STM主要反映试样表面原子排列状态，为试样表面形貌像。而STEM与TEM反映的是试样体中组成相的形貌。

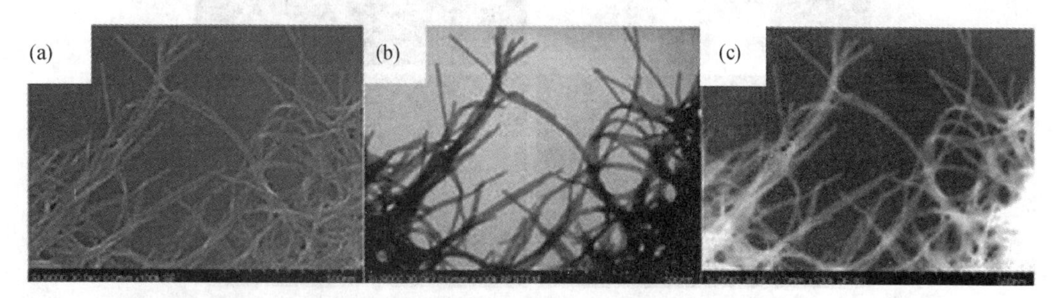

图8-1　STEM观察有机螺旋纳米线 a)二次电子像；b)STEM明场像；c)STEM暗场像

表8-1　STEM、SEM、STM、TEM成像比较

成像仪器	成像物理信号	衬度	表征区域
STEM	透射电子	Z衬度	体中组成相的形貌
SEM	二次电子、背散射电子	形貌衬度、原子序数衬度	表面形貌
STM	隧道电流	形貌衬度	表面形貌
TEM	透射电子（近轴）	振幅衬度、相位衬度	体中组成相的形貌

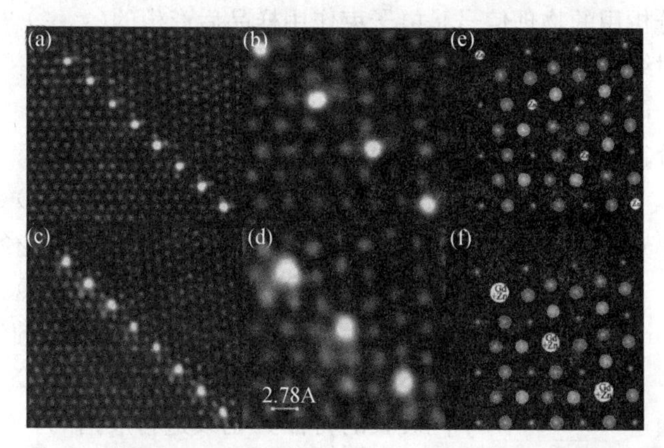

图8-2　镁合金孪晶界处溶质原子的周期性排列。(a)，(b)为Mg—1.9 at.%Zn合金孪晶界处HAADF-STEM图像；(c)，(d)为Mg—1.0 at.%Gd—0.4at.%Zn合金孪晶界处HAADF-STEM图像；(e)，(f)为(b)，(d)中图像的示意图

图8-2为两种体系镁合金Mg-Gd、Mg-Zn经过室温压缩和回火后孪晶界HAADF原

子尺度像。在孪晶界面处分别发现了 Gd 和 Zn 原子的周期性偏聚。由于 HAADF-STEM 中原子柱的亮度与原子序数平方成正比,因而 Gd 和 Zn 的原子柱可以在孪晶界上明显观察到。Gd 和 Zn 在孪晶界面上的周期性偏聚可有效地降低孪晶的弹性应变能,并对孪晶的运动起到钉扎作用,从而产生一定的强化作用。

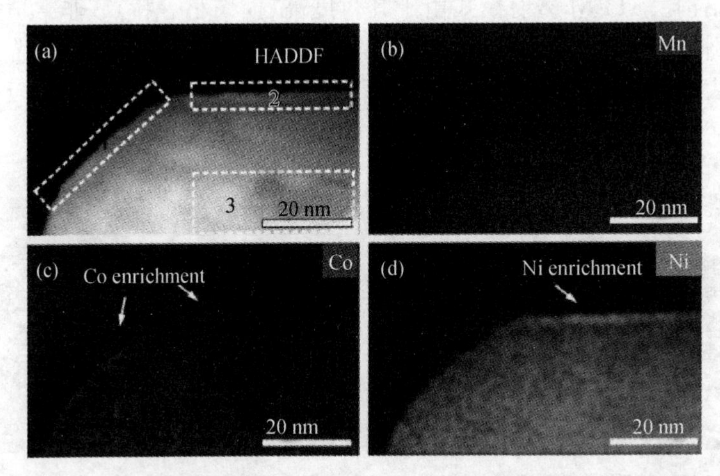

图 8-3　富锂正极材料的 HADDF 图及其过渡金属 Mn、Co、Ni 在材料表面的富集

(a) HADDF 图;(b)、(c)、(d)分别为 Mn、Co、Ni 面扫描能谱图

图 8-3 为 $Li_{1.2}Mn_{0.54}Co_{0.13}Ni_{0.13}Na_xO_2$ 富锂正极材料 HADDF 图及表面区域成分分布图。Mn 元素分布相对均匀,Co 元素衬度在上表面与侧面均有明显提升,即发生明显的表面富集,而 Ni 元素只在上表面选择性富集。

8.3.2　知识点 2 选择题

1. 电子探针分析用的物理信号是电子束作用样品后产生的(　　)

(A) 特征 X 射线　　(B) 二次电子

(C) 背散射电子　　(D) 反冲电子

2. 电子探针分析可分析微区的(　　)

(A) 形貌　　(B) 衍射花样　　(C) 成分　　(D) 结构

3. 约翰逊(Johansson)分光晶体可完全聚焦,曲率半径为聚焦圆半径的(　　)

(A) 1 倍　　(B) 2 倍　　(C) 1.5 倍　　(D) 2.5 倍

4. 约翰(Johann)分光晶体不可完全聚焦,曲率半径为聚焦圆半径的(　　)

(A) 1 倍　　(B) 2 倍　　(C) 2.5 倍　　(D) 3 倍

5. 波谱仪是通过________对不同波长的特征 X 射线进行展谱的。(　　)

(A) 计数器　　(B) 分光晶体

(C) 栅缝　　(D) Si(Li)半导体晶体

6. 能谱仪是通过________对不同能量的特征 X 射线进行展谱的。(　　)

(A) Si(Li)半导体晶体　　(B) 分光晶体

(C) 计数器　　(D) 栅缝

7. 高角环形暗场像的像衬度是(　　)

(A) 原子序数衬度像(或 Z 衬度像)　　(B) 衍衬衬度

(C) 振幅衬度　　(D) 质厚衬度

8. STEM 用电子束在样品的表面扫描进行微观形貌分析时,探测器置于(　　)

(A) 试样左上方,接受背散射电子束流荧光成像

(B) 试样下方,接受透射电子束流荧光成像

(C) 试样右上方,接受背散射电子束流荧光成像

(D) 试样正上方,接受反射电子束流荧光成像

9. 电子探针对试样成分(　　)

(A) 只能定性分析　　(B) 只能定量分析

(C) 既能定性分析又能定量分析　　(D) 既不能定性分析,也不能定量

10. 扫描电镜与电子探针结合可实现对试样的(　　)

(A) 形貌、成分和结构的综合分析　　(B) 成分和结构的综合分析

(C) 形貌和结构的综合分析　　(D) 成分和形貌的综合分析

答案: ACABB, AABCD

第 9 章　表面分析技术

本章主要介绍 AES、XPS、STM、LEED 四种材料表面分析技术。AES 主要用于表面的化学分析、表面吸附分析、断面成分分析等，而 XPS 主要用于化学元素的组成、化学态及其分布，特别是原子的电子密度和能级结构；STM 主要用于表面原子级微观形貌的观察与分析，而 LEED 则主要用于表面的微结构分析。本章分 4 个知识点介绍。

9.1　本章小结

- 俄歇能谱仪
  - 工作信号：俄歇电子($Z>2$)
  - 结构
    - 检测系统：圆筒镜分析器
    - 放大系统：放大电路
    - 记录系统及真空系统
  - 应用
    - 定性分析：由所测谱与标准谱对照分析，确定元素组成，对照过程可由人工或计算机完成，对一些弱峰一般仍由人工完成
    - 定量分析
      - 标准样品法
      - 灵敏度因子法
    - 化学态分析
- X 光电子能谱仪
  - 工作信号：光电子
  - 结构：检测系统、记录系统、真空系统
  - 应用
    - 定性分析：由所测谱与标准谱对照分析，确定元素组成，对照过程可由人工或计算机完成，对一些弱峰一般仍由人工完成
    - 定量分析：理论模型法、灵敏度因子法、标样法
    - 化学态分析
- X 射线荧光光谱
  - 工作信号：荧光 X 射线
  - 结构：激发光源系统、色散处理系统、检测记录系统
  - 应用
    - 定性分析：由所测谱的波长或能量与标准值对照分析，确定元素组成，对照过程可由人工或计算机完成，对一些弱峰一般仍由人工完成
    - 定量分析：测定分析线的净强度、建校正曲线、测量分析元素的谱线强度、由校正曲线得分析元素的浓度

扫描隧道电镜
- 工作信号:隧道电流
- 结构:检测系统、记录系统、真空系统
- 工作模式:恒流式、恒高式
- 特点
  - 优点:(1) 具有原子级的高分辨率;(2) 可实现表面原子的二维、三维结构成像;(3) 能观察单原子层的局部结构;(4) 对工作环境要求不高;(5) 无需特别制备样品,且对样品无损伤
  - 不足:(1) 恒流工作时,对表面微粒间的某些沟槽的分辨率不高;(2)须导体样品,否则需在样品表面涂敷导电层
- 应用
  - (1) 表面膜的生长机理分析:微观形貌、生长过程等分析
  - (2) 表面形貌微观观察:二维、三维图像分析
  - (3) 原子、分子组装
  - (4) 高分子材料、生物材料等方面的研究

原子力显微镜
- 工作信号:原子间的作用力
- 工作模式:接触模式——探针与样品之间的相互作用力为排斥力
- 非接触模式——探针与样品之间的相互作用力为吸引力
- 轻敲模式——探针与样品之间的相互作用力包含吸引力和排斥力
- 主要应用:导体、绝缘体原子级形貌观察、晶体生长等

双聚焦离子束
- 双工作束:电子束、离子束
- 工作信号:电子束产生二次电子、背散射电子用于 SEM 工作模式
- 离子束-微区加工
- 工作模式:SEM、SEM+微区加工
- 主要应用
  - 形貌观察:电子束产生的二次电子、背散射电子成像、离子束成像
  - 微区加工:离子束刻蚀,TEM、APT 样品制备、气体辅助沉积

低能电子衍射
- 工作信号:弹性背散射电子
- 结构:检测系统、记录系统、真空系统
- 工作原理　二维衍射布拉格定律:$d\sin\varphi=\lambda$
- 特点
  - 优点:(1) 实现二维电子衍射,可进行数个原子层的微结构研究;(2) 可研究单原子层的局部结构;(3) 对样品无损伤;(4) 与其他技术联合使用,可实现对材料表面全方位、深层次的研究
  - 不足:(1) 需高真空度;(2) 对样品表面清洁质量要求高,一般由离子溅射装置完成表面清洁
- 应用
  - (1) 表层原子的排列结构
  - (2) 气相沉积膜的微结构
  - (3) 金属表面的吸附与氧化
  - (4) 表面原子的扩散等

9.2　知识点 1-俄歇电子能谱分析

9.2.1　知识点 1 注意点

1) 俄歇电子能谱分析仪(AES)的分析信号为俄歇电子,俄歇电子能量具有特征值,是

材料表面分析的重要工具之一。

俄歇电子谱线:峰位→元素的种类;高度→元素的含量;峰位位移→元素的化学价态。

作用:表面元素的定性分析、定量分析和化学状态分析。

俄歇电子能谱分析具有以下特点:

(1) 俄歇电子的能量小(<50 eV),逸出深度浅(0.4~2 nm),纵向分辨率可达1 nm,而横向分辨率则取决于电子束的直径。

(2) 可分辨H、He以外的各种元素。

(3) 分析轻元素时的灵敏度更高。

(4) 结合离子枪可进行样品成分的深度分析。

2) 俄歇电子能谱可分析表面的成分,并不能分析相结构,但可以由成分推测其组成相。

分析时注意:

(1) 可能存在化学位移,故允许实测峰与标准峰有数电子伏特的位移误差。

(2) 核对的关键在于峰位,而非峰高。含量少时,峰高较低,甚至不显现。

(3) 同一元素的俄歇峰可能有几个,不同元素的俄歇峰可能会重叠,甚至变形,微量元素的俄歇峰可能会湮没,而俄歇强峰并没有明显的变异。

(4) 当图谱中有无法对应的俄歇电子峰时,这可能是一次电子的能量损失峰,定性分析可由计算机软件完成,但某些重叠峰和弱峰还需人工进一步确定。

9.2.2 知识点1选择题

1. 不作为表面分析技术的探束是( )

(A) 可见光 (B) 离子 (C) 电子 (D) 原子

2. 表面分析所涉及的深度很浅,一般为( )

(A) 微米级,有时仅指表面单个原子层或几个原子层

(B) 毫米级

(C) 厘米级

(D) 分米级

3. 表面污染易造成假象和误差,一般要求表面分析仪器( )

(A) 具有低真空度 (B) 具有高真空度

(C) 也可无真空 (D) 在一定气氛中

4. 俄歇能谱定量分析时的相对灵敏度因子中的基准元素是( )

(A) Al (B) Mg (C) Ag (D) Be

5. 俄歇电子的产生通常有三种形式:KLL、LMM、MNN,它涉及( )

(A) 三个能级 (B) 四个能级

(C) 二个能级 (D) 一个能级

6. 元素的化学价态变化时会引起俄歇谱发生变化,主要表现在( )

(A) 峰形和峰位 (B) 仅峰形

(C) 仅峰位 (D) 峰的强度,但峰形和峰位均无变化

7. 俄歇能谱不能分析的元素是( )

(A) Mg (B) Al (C) Cr (D) H与He

8. 运用俄歇能谱分析元素的原子序数愈高,分析的灵敏度(　　)

(A) 愈低　　(B) 愈高　　(C) 不变化　　(D) 振荡上升

9. 俄歇能谱分析试样表面的(　　)

(A) 成分　　(B) 结构　　(C) 形貌　　(D) 相浓度

10. 俄歇能谱分析的物理信号是(　　)

(A) 二次电子　　(B) 反冲电子　　(C) 光电子　　(D) 俄歇电子

答案: AABCA, ADAAD

9.3 知识点 2-X 射线光电子能谱仪

9.3.1 知识点 2 注意点

1) XPS 的分析信号:光电子。与俄歇能谱一样,它仅能反映样品的表面成分信息,信息深度与俄歇能谱相同。光电子能量具有特征值。

光电子谱线:峰位→元素的种类;高度→元素的含量;峰位位移→元素的化学态。

作用:表面元素的定性分析、定量分析和化学状态分析。

2) X 射线源要求:单色,且线宽愈窄愈好。重元素的 K_α 线能量高,但峰过宽,通常采用轻元素 Mg 或 Al 作为靶材。Mg 的 K_α 能量为 1 253.6 eV,线宽为 0.7 eV;Al 的 K_α 能量为 1 486.6 eV,线宽为 0.85 eV。装有单色器,提高信噪比和分辨率,但降低了特征 X 射线的强度,影响仪器的检测灵敏度。调节能量分析器的电压 U 的大小,就可在出口狭缝处依次接收到不同动能的光电子,获得光电子的能量分布,即 XPS 图谱。

3) XPS 图谱中的横轴坐标用的不是光电子的动能,而是其结合能。

4) 由于定量分析法中,影响测量过程和测量结果的因素较多,如仪器类型、表面状态等均会影响测量结果,故定量分析只能是半定量。

5) 光电子能谱中的相对灵敏度因子有两种,一是以峰高表征谱线强度,另一种是以面积表征谱线强度,显然面积法精确度要高于峰高法,但表征难度增大。而在俄歇电子能谱中仅用峰高表征其强度。

6) 相对灵敏度因子的基准元素是 F1s,而俄歇能谱中是 Ag 元素。

9.3.2 知识点 2 选择题

1. XPS 谱线的横坐标一般采用(　　)

(A) 光电子的结合能 E_b　　(B) 光电子的动能 E_k

(C) 光电子的逸出功　　(D) 光电子的激活能

2. 光电子能谱中灵敏度因子的基准元素是(　　)

(A) Ag1s　　(B) F1s　　(C) Mg1s　　(D) Al1s

3. X 射线光电子的动能(　　)

(A) 具特征值　　(B) 不具特征值,随机变化

(C) 不具特征值,连续变化　　(D) 不具特征值,分级变化

4. 产生光电子的入射束是(　　)

(A) 电子束　　(B) 离子束

(C) 连续 X 射线　　(D) 特征 X 射线

5. XPS 中的 X 射线源(　　)

(A) 必须是白色的,且线宽愈窄愈好　　(B) 必须是单色的,且线宽愈宽愈好

(C) 必须是白色的,且线宽愈宽愈好　　(D) 必须是单色的,且线宽愈窄愈好

6. XPS 中产生 X 射线源的靶材通常采用(　　)

(A) 轻元素 Mg 或 Al　　(B) 重元素 Pb

(C) 重元素 Co　　(D) 轻元素 Be

7. 光电子的结合能对于某一元素的给定电子来说(　　)

(A) 具确定值

(B) 不具确定值,随入射 X 射线能量而变化

(C) 不具确定值,随入射 X 射线与试样作用时发生弹性或非弹性碰撞的性质而变化

(D) 不具确定值,随入射 X 射线与试样作用时发生相干或非相干散射的性质而变化

8. 用于光电子能谱峰表征的三个量子数是(　　)

(A) n, l, j　　(B) n, l, m　　(C) l, j, m　　(D) j, n, m

9. 光电子的动能(　　)

(A) 仅与光电子的结合能有关

(B) 仅与入射 X 光子的能量有关

(C) 既不与光电子的结合能有关,也不与入射 X 光子的能量有关

(D) 不仅与光电子的结合能有关,还与入射 X 光子的能量有关

10. XPS 可分析的元素为(　　)

(A) H　　(B) He

(C) H 或 He　　(D) H、He 以外的所有元素

答案: ABADD, AAADD

9.4 知识点 3-X 射线荧光谱与扫描隧道电子显微镜

9.4.1 知识点 3 注意点

1) XRFS(X-ray Fluorescence Spectroscopy)是光致发光,检测二次特征 X 射线波谱与能谱,类似于电子探针中检测的一次特征 X 射线波谱与能谱。XRFS 中的第 1 次特征 X 射线同样是由电子束作用选定的靶材产生的,第 2 次特征 X 射线是第 1 次特征 X 射线作用试样后产生的。

2) XRFS 具有分析元素范围广(4Be~92U)、元素含量范围大(0.0001%~100%)、固态试样不作要求(固体、粉体、晶体和非晶体等)等特点,分析不受元素化学状态的影响,属于物理分析过程,试样无化学反应,无损伤,主要用于表面成分分析。

3) STM 的隧道电流与绝缘体厚度呈指数关系,对厚度十分敏感,故其精度高。待测试样为导体或半导体、针尖为金丝、铂丝、钨丝等,针尖长度不超 0.3 nm,理想为 1 个原子。对不良导体虽然可以在其表面涂敷导电层,但涂层的粒度及其均匀性会直接影响图像对真实

表面的分辨率，故对不良导体的表面成像宜采用其他手段，如原子力显微镜等进行观察。

4) STM在平行和垂直于样品表面方向上的分辨率分别达到0.1 nm和0.01 nm，而原子间距为0.1 nm量级，故可观察原子形貌，分辨出单个原子，克服了SEM、TEM的分辨率受衍射效应的限制，因而STM具有原子级的高分辨率。但在恒流工作时，对样品表面微粒间的某些沟槽不能准确探测，分辨率也不高。

5) STM可实时观察表面原子的三维结构像，用于表面结构研究，如表面原子扩散运动的动态观察等。观察表面单个原子层的局部结构，如表面缺陷、表面吸附、表面重构等。

6) STM一般无需特别制备样品，且对样品无损伤。工作环境要求不高，可在真空、大气或常温下工作。

9.4.2 知识点3选择题

1. XRFS中荧光X射线的产生过程又称(　　)

(A) 电致发光　　(B) 光致发电　　(C) 电致发电　　(D) 光致发光

2. XRFS中产生荧光X射线的入射源是(　　)

(A) 电子束　　(B) 特征X射线　　(C) 离子束　　(D) 原子束

3. XRFS不能检测的元素是(　　)

(A) 仅H　　(B) 仅He　　(C) 仅Li　　(D) 仅H，He，Li

4. STM的理论基础是(　　)

(A) 量子力学中的Zeeman效应　　(B) 量子力学中的隧道效应

(C) 光电效应　　(D) 康普顿效应

5. STM要求试样(　　)

(A) 为导电体　　(B) 为绝缘体　　(C) 无要求　　(D) 表面光滑

6. STM对工作环境的要求(　　)

(A) 高，必须在惰性气氛下工作

(B) 高，必须在超高真空下工作

(C) 高，必须在真空下工作

(D) 不高，可在真空、大气或常温下工作

7. STM的样品(　　)

(A) 一般需特别制备，且对样品有损伤

(B) 一般无需特别制备，但对样品有损伤

(C) 一般无需特别制备，且对样品无损伤

(D) 一般需特别制备，但对样品无损伤

8. STM的检测深度(　　)

(A) 1～2原子层　　(B) 1～2 μm　　(C) 1～2 mm　　(D) 1～2 nm

9. STM可成三维结构像，用于表面(　　)

(A) 成分定性研究　　(B) 成分定量研究

(C) 衍射研究　　(D) 结构研究

10. STM可用于表面(　　)

(A) 形貌演变研究　　(B) 成分定性研究

(C) 成分定量研究　　　　　　　　　(D) 衍射研究

答案：DBDBA，DCADA

9.5　知识点 4-原子力显微镜与低能电子衍射

9.5.1　知识点 4 注意点

1) 原子力显微镜(AFM)是利用原子间的微弱作用力来反映样品表面形貌的。当对样品表面进行扫描时，针尖与样品之间的作用力会使微悬臂发生弹性变形，使作用在微悬臂上的激光束反射后偏转角度变化，获得调制信号，根据扫描样品时探针的偏移量或改变的振动频率重建三维图像，就能间接获得样品表面的形貌。

2) AFM 对试样无导电要求，故试样制备简单易行。为检测复合材料的界面结构，需将界面区域暴露于表面。若仅检测表面形貌，试样表面不需做任何处理，可直接检测。若检测界面的微观结构，则必须将表面磨平抛光或用超薄切片机切平。

3) 低能电子衍射(LEED)中，由于电子的能量低，波长长，其反射球半径小；低能电子的作用深度浅，试样厚度薄，对应的倒易点阵看成是二维面点阵，倒易杆长，导致反射球淹没在倒易杆中，此时的衍射只能是背散射电子衍射，投影面在试样上方，采用球形投影面。

4) 试样要求导电，电子衍射花样反应试样表面的结构。

9.5.2　知识点 4 选择题

1. LEED 低能电子衍射的工作环境(　　)

(A) 需具有超高真空度($<10^{-8}$ Pa)　　　　(B) 仅需一般真空度

(C) 仅需低真空度　　　　　　　　　(D) 可以无需真空度

2. LEED 低能电子衍射可分析(　　)

(A) 表面几个微米层的微结构　　　　(B) 表面几个原子层的微形貌

(C) 表面几个原子层的微成分　　　　(D) 表面几个原子层的微结构

3. LEED 低能电子衍射成像是(　　)

(A) 由相干的二次电子所为　　　　　(B) 由相干的背散射电子所为

(C) 由相干的 X 光电子所为　　　　　(D) 由相干的反冲电子所为

4. LEED 低能电子衍射中的电子束波长与 TEM 相比(　　)

(A) 短得多，故其反射球半径大　　　(B) 长得多，故其反射球半径小

(C) 相当　　　　　　　　　　　　　(D) 无可比性

5. LEED 低能电子作用深度为(　　)

(A) 数个原子层的厚度，其对应的倒易杆较长

(B) 数个原子层的厚度，其对应的倒易杆较短

(C) 数个微米层的厚度，其对应的倒易杆较短

(D) 数个毫米层的厚度，其对应的倒易杆较长

6. 二维点阵衍射的布拉格定律________，这也是低能电子衍射的理论基础是(　　)

(A) $d\sin\varphi=\lambda$　　(B) $d\sin\varphi=2\lambda$　　(C) $d\sin\varphi=3\lambda$　　(D) $2d\sin\varphi=\lambda$

7. LEED 低能电子衍射的接受极为(　　)

(A) 条状荧光屏　　(B) 平面荧光屏　　(C) 球形荧光屏　　(D) 半球形荧光屏

8. 原子力显微镜观察对试样的导电性(　　)

(A) 必须为导电体　　(B) 必须为绝缘体

(C) 无要求　　(D) 必须为半导体

9. AFM 有多种工作模式,不属于其工作模式的是(　　)

(A) 接触模式　　(B) 非接触模式　　(C) 轻敲模式　　(D) 衍射模式

10. AFM 原子力显微镜分析的是(　　)

(A) 表面形貌　　(B) 表面结构　　(C) 表面成分　　(D) 表面应力

答案:ADBBA,ADCDA

第10章　热分析技术

热分析技术是在程序控制温度下，测量试样物质的物理性质随温度变化的一种技术，它已成为材料研究领域中的重要手段之一，特别是在升温或降温过程中材料内部发生热效应时，热分析技术更显其独特的作用。通过热分析曲线，可以分析被测试样的某种物理性质随温度或时间的变化规律，常用的热分析方法有以下三种：TG热重分析法、DTA差热分析法、DSC差示扫描量热法等。本章分2个知识点介绍。

10.1　本章小结

热分析技术及应用

- 热重法——TG(Thermogravitry)
  - 测量对象：试样的质量
  - 测量原理：在程序控温条件下，测量试样的质量随温度或时间变化的函数关系
  - 温度范围：20～1 000 ℃
  - 特点：操作简单、使用方便，无参比物，分析精度高
  - 应用范围：有质量变化的过程分析，如熔点、沸点的测定；热分解反应过程分析、脱水量测定等；有挥发性物质产生的固相反应及气-固反应等
- 差热法——DTA(Differential Thermal Analysis)
  - 测量对象：试样与参比物之间的温差
  - 测量原理：在程序控温条件下，测量试样与参比物之间的温差随温度或时间变化的函数关系
  - 温度范围：20～1 600 ℃
  - 特点：操作方便快捷，曲线的物理意义清晰，试样用量少，适用范围广
  - 仪器常数 K 假定为定值，实为随温度而变化的量，定量分析精度低，主要用于定性分析
  - 应用范围：熔化、结晶转变、二级转变、氧化还原反应、裂解反应等
- 差示扫描量热法——DSC(Differential Scanning Calorimetry)
  - 测量对象：热流量
  - 测量原理：在程序控温条件下，测量输入到试样与参比物的功率差随温度或时间变化的函数关系
  - 温度范围：−120～1 650 ℃
  - 特点：操作方便快捷，曲线的物理意义清晰，试样用量少，适用范围广。基本保持了DTA的优点，同时通过功率补偿方式，弥补了仪器常数的变化对热效应测量的影响，仪器常数变为定值
  - 应用范围：应用范围与DTA大致相同，但能定量测定多种热力学和动力学参数，如比热容、反应热、转变热、反应速度、玻璃转化温度、高聚物的结晶度等

10.2 知识点1-热分析原理

10.2.1 知识点1注意点

1) 热分析是指在程序控温和一定气氛下，测定试样性质随温度变化的一种技术。要求：(1)试样要承受程序温控的作用；(2)选择可进行观测的物理量，如热学、光学、力学、电学及磁学等；(3)观测的物理量随温度而变化。

2) 热分析可用于测量和分析试样物质在温度变化过程中的(1)物理变化(如晶型转变、相态转变及吸附等)；(2)化学变化(分解、氧化、还原、脱水反应等)；(3)力学特性的变化(模量等)以此认识内部结构，获得热力学和动力学数据，为进一步研究提供理论依据。

3) DTG：微商热重曲线；TGA：热重分析曲线，DTG 比 TGA 更明晰。

4) DTA：差热分析法，在程序控温条件下，测量试样与参比物之间的温差随温度或时间变化的函数关系。DTA 曲线分析时应注意：

(1) 峰顶温度没有严格的物理意义。峰顶温度并不代表反应的终了温度，反应的终了温度应是后续曲线上的某点。如终了温度应在曲线 EF 段上的某点 L 处。

(2) 最大反应速率也不是发生在峰顶，而是在峰顶之前。峰顶温度仅表示此时试样与参比物间的温差最大。

(3) 峰顶温度不能看作是试样的特征温度，它受多种因素的影响，如升温速率、试样的颗粒度、试样用量、试样密度等。

5) DSC：差示扫描量热法，在程序控温条件下，测量输入到试样与参比物的功率差(热流量)随温度或时间变化的函数关系。

6) DSC 与 DTA 的区别

(1) 曲线的纵坐标含义不同。DSC 曲线的纵坐标表示样品放热或吸热的速度，单位为 $mW \cdot mg^{-1}$，又称热流率，而 DTA 曲线的纵坐标则表示温差，单位为温度℃(或 K)。

(2) DSC 的定量水平高于 DTA。试样的热效应可直接通过 DSC 曲线的放热峰或吸热峰与基线所包围的面积来度量，不过由于试样和参比物与补偿加热丝之间总存在热阻，使补偿的热量或多或少产生损耗，因此峰面积得乘以一修正常数(又称仪器常数)方为热效应值。仪器常数可通过标准样品来测定，即为标准样品的焓变与仪器测得的峰面积之比，它不随温度、操作条件而变化，是一个恒定值。

(3) DSC 分析方法的灵敏度和分辨率均高于 DTA。DSC 中曲线是以热流或功率差直接表征热效应的，而 DTA 则是用 ΔT 间接表征热效应的，因而 DSC 对热效应的响应更快、更灵敏，峰的分辨率也更高。

10.2.2 知识点1选择题

1. 差热分析(DTA)是指在程序控温下，测量试样物质与参比物的________随温度或时间变化的一种技术(　　)

(A) 温差　　(B) 质量差　　(C) 比热差　　(D) 密度差

2. 参比物在测定的温度范围内(　　)

(A) 可以放热、吸热　　　　　　　　(B) 不可以发生任何热效应
(C) 可以氧化、增重　　　　　　　　(D) 可以分解

3. 无热效应时，$\Delta T = 0$，差热线应是(　　)
(A) 水平线　　(B) 上倾直线　　(C) 下倾直线　　(D) 规则曲线

4. 热效应在理想差热曲线上表现为(　　)
(A) 非对称曲线峰　　　　　　　　(B) 对称曲线峰
(C) 不连续折线峰　　　　　　　　(D) 折线峰

5. 热效应在实际差热曲线上为曲线峰(　　)
(A) 非对称曲线峰　　　　　　　　(B) 对称曲线峰
(C) 不连续折线峰　　　　　　　　(D) 折线峰

6. 热效应峰的面积来表征(　　)
(A) 热效应的性质　　　　　　　　(B) 热效应的效率
(C) 热效应的功率　　　　　　　　(D) 热效应的大小

7. DTA 曲线中的反应峰的峰顶温度表示(　　)
(A) 反应终了温度　　　　　　　　(B) 最大反应速率
(C) 试样的特征温度　　　　　　　(D) 试样与参比物间的温差最大

8. DTA 曲线中某反应热效应峰的反应最大速率发生在(　　)
(A) 峰顶前某点　　(B) 峰顶　　(C) 峰顶后某点　　(D) 峰顶后拐点

9. 差示扫描量热(DSC)是指(　　)
(A) 在程序控温下，测量样品和参比物之间的温度差随温度变化的一种技术
(B) 在程序控温下，测量参比物的温度随加热时间变化的一种技术
(C) 在程序控温下，测量样品的温度随加热时间变化的一种技术
(D) 在程序控温下，测量单位时间内输入到样品和参比物之间的能量差(或功率差)随温度变化的一种技术

10. 提高升温速率，可使热效应峰(　　)
(A) 向高温方向移动　　　　　　　(B) 向低温方向移动
(C) 不动　　　　　　　　　　　　(D) 面积大幅减小

答案：ABADB，DDADA

10.3　知识点 2-热分析的应用

10.3.1　知识点 2 注意点

1) 热重分析(TG)主要用于空气中或惰性气氛中材料的热稳定性、热分解和氧化降解等涉及质量变化的所有过程。

2) 差热分析(DTA)虽然受到检测热现象能力的限制，但是可以应用于单质和化合物的定性和定量分析、反应机理研究、反应热和比热容的测定等方面。

3) 差示扫描量热(DSC)分析应用范围最为广泛，利用 DSC 可以测量物质的热稳定性、氧化稳定性、结晶度、反应动力学、熔融热焓、结晶温度及纯度、凝胶速率、沸点、熔点和比热

容等，也广泛应用于非晶材料的研究。

4）DSC用于活化能计算，只需测量3个或3个以上不同升温速率的DSC曲线，由其峰顶温度和对应的升温速率计算反应活化能，利用热效应峰通过数学转换，获得反应过程中反应产物的转化率曲线，分析和揭示反应动力学机制。

5）TG-DSC联用具有以下优点：

(1) 一次实验可同时获得TG、DSC两种曲线，节约时间，节省试样。

(2) 从不同侧面共同反映物质的变化过程，从而有利于对该物质的变化过程进行全面分析和判断。DSC只能反映焓变而不能反映质量改变；TG只能反映质量改变而不能反映焓变，两者联用，则可同时搞清物质的焓和质量在升温过程中的变化情况。

(3) 可消除试样的不均匀性、加热条件和气氛条件的差异以及人为的操作因素对实验结果的影响。

(4) 可精确方便地进行温度标定。

10.3.2 知识点2选择题

1. 降低升温速率，可能会使热效应峰(　　)

(A) 分裂成多峰　(B) 面积大幅增加　(C) 尖锐化　(D) 向高温方向移动

2. 试样用量少时(　　)

(A) 相邻峰分离能力增强、分辨率下降，但DSC的灵敏度会有所增强

(B) 相邻峰分离能力增强、分辨率提高，且DSC的灵敏度会同步增强

(C) 相邻峰分离能力减弱、分辨率减弱，但DSC的灵敏度会有所增强

(D) 相邻峰分离能力增强、分辨率提高，但DSC的灵敏度会有所降低

3. 试样用量大时(　　)

(A) 能使峰形变宽并向低温漂移　(B) 能使峰形变宽并向高温漂移

(C) 能使峰形变窄并向高温漂移　(D) 能使峰形变窄并向低温漂移

4. 粉状试样相比于块状试样(　　)

(A) 具有比表面积大、活性强、反应推迟的特性

(B) 具有比表面积大、活性差、反应推迟的特性

(C) 具有比表面积大、活性强、反应提前的特性

(D) 具有比表面积小、活性差、反应推迟的特性

5. 粉状试样相比于块状试样(　　)

(A) 导热性能下降，反应过程延长，峰宽增大，峰高下降

(B) 导热性能下降，反应过程缩短，峰宽增大，峰高上升

(C) 导热性能增强，反应过程缩短，峰宽增大，峰高下降

(D) 导热性能增强，反应过程延长，峰宽减小，峰高上升

6. 粉末试样的粒度愈小，比表面积愈大，活性愈强，导致(　　)

(A) 反应无法进行　(B) 反应的起始温度增高

(C) 反应的起始温度不变　(D) 反应的起始温度降低

7. 粉末试样的粒度愈大，导致(　　)

(A) 热效应峰后移，但峰高降低　(B) 热效应峰前移，但峰高增高

(C) 热效应峰后移,但峰高增高　　　　　　(D) 热效应峰前移,但峰高降低

8. 差示扫描量热法的英文缩写为(　　)

(A) DTA　　　　(B) TG　　　　(C) DTG　　　　(D) DSC

9. 差热分析法的英文缩写为(　　)

(A) DTA　　　　(B) TG　　　　(C) DTG　　　　(D) DSC

10. 微商热重分析法的英文缩写为(　　)

(A) TG　　　　(B) DSC　　　　(C) DTG　　　　(D) DTA

答案：ADBCA，DCDAC

第 11 章　电子背散射衍射

电子背散射衍射（Electron Backscatter Diffraction，EBSD）利用扫描电镜中电子束在样品表面所激发背散射电子的菊池衍射谱，分析晶体结构、取向及相关信息。通过电子束扫描，EBSD 逐点获取样品表面晶体取向的定量数据，并转化为图像，故也称为取向成像显微术（Orientation Imaging Microscopy，OIM）。取向成像不仅提供晶粒、亚晶粒和相的形状、尺寸及分布等形貌类信息，还提供包括晶体结构、晶粒取向、相邻晶粒取向差等定量的晶体学信息。同时，可以方便地利用极图、反极图或取向分布函数显示晶粒取向或取向差分布。目前，EBSD 已成功用于各类材料（如金属、陶瓷、矿物等）的结构分析，解决材料形变、再结晶、相变、断裂、腐蚀等各领域问题。本章分 2 个知识点，分别介绍 EBSD 的基本原理和应用。

11.1　本章小结

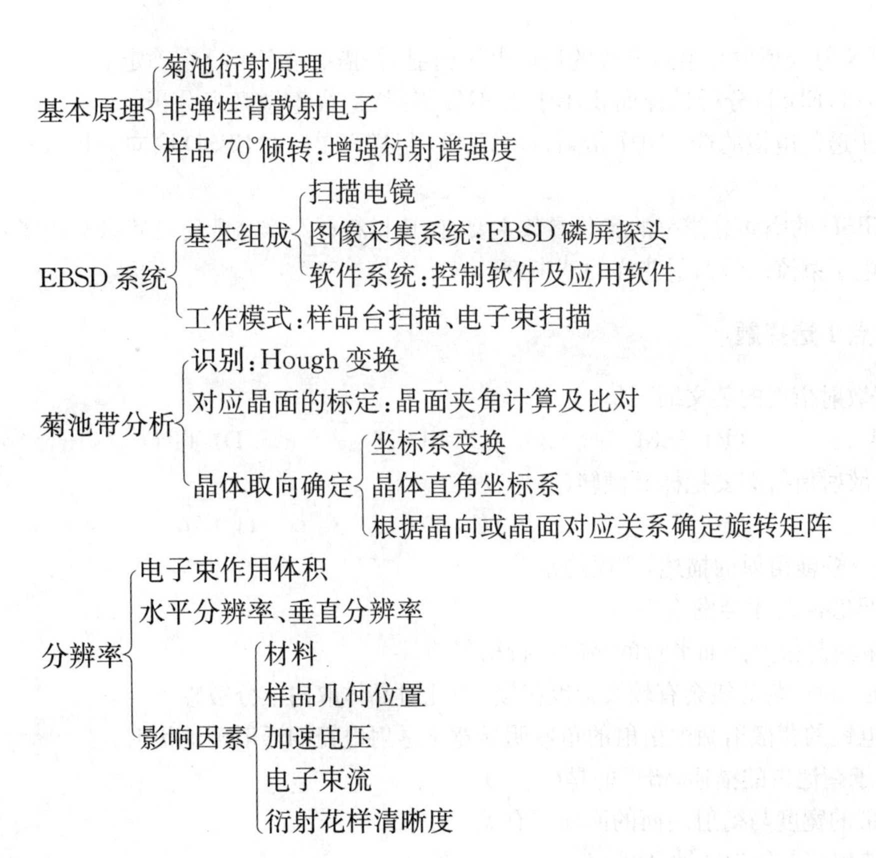

应用
- 取向衬度成像:利用取向数据绘制晶粒形貌
- 织构分析:微区分析;直接获得三维取向信息;高度定量;分析简便
- 晶界取向差及晶界特性分析:小角晶界、大角晶界、特殊晶界
- 物相鉴定:结合 EDS,确定物相及其空间分布
- 晶格缺陷分析:区分再结晶与变形区

11.2 知识点 1-电子背散射衍射原理

11.2.1 知识点 1 注意点

1) 扫描电镜的背散射电子衍射与透射电镜的透射菊池衍射的区别

相同点:都是非弹性散射电子沿某些晶面再次发生满足布拉格衍射定律的弹性散射的结果。

与透射电镜下的菊池衍射相比,扫描电镜的背散射衍射(EBSD)具有如下特点:(1)EBSD 捕获角域大得多;(2)EBSD 下的菊池带没有透射电镜下清晰;(3)EBSD 可以考虑多组相交的菊池带;(4)EBSD 的菊池衍射方向与电子束入射方向的夹角极大,属高角菊池衍射。

2) 相比于 X 射线衍射和透射电镜的选区电子衍射,扫描电镜 EBSD 在确定晶体取向上具有以下优势:(1)EBSD 分析试样面积小于 X 射线衍射,适合于做微观分析;(2)EBSD 取向分析精度高于透射电镜的选区电子衍射;(3)EBSD 制样简单;(4)EBSD 取向分析自动化程度高。

3) 影响 EBSD 的空间分辨率的实验参数主要有(1)材料;(2)样品几何位置;(3)电子束加速电压;(4)电子束流;(5)衍射花样的清晰度。

11.2.2 知识点 1 选择题

1. 电子背散射衍射的英文缩写是(　　)

(A) TEM　　(B) SEM　　(C) EBSD　　(D) TKD

2. 电子背散射衍射需要把样品倾转(　　)度

(A) 20　　(B) 45　　(C) 60　　(D) 70

3. 下面关于菊池衍射的描述,错误的是(　　)

(A) 试样足够薄时才会发生

(B) 菊池带为与衍射晶面平行的亮暗平行衍射线

(C) 晶体转动时,菊池线会有较大幅度扫动,因此对晶体取向十分敏感

(D) 扫描电镜的背散射菊池衍射的角域明显宽于透射电镜的透射菊池衍射

4. 下面关于菊池带的描述,错误的是(　　)

(A) 菊池带的宽度与衍射晶面的面间距有关

(B) 菊池带相交点称为区轴,实际上即为晶带轴

(C) 菊池带之间的夹角即为所对应晶面的夹角

(D) 菊池带中心线实际上即为反射晶面的投影

5. 扫描电子显微镜中的透射菊池衍射需要把样品倾转(　　)度

(A) 20　　(B) 45　　(C) 60　　(D) 70

6. 电子背散射衍射主要用于分析材料的(　　)

(A) 晶体结构　　(B) 晶体取向　　(C) 化学成分　　(D) A+B

7. 电子背散射衍射系统的核心是(　　)

(A) 扫描电子显微镜　　(B) 衍射谱采集设备

(C) 控制软件　　(D) 应用软件

8. 自动识别 EBSD 衍射谱中的菊池带的可靠方法是(　　)

(A) Fourier 变换　　(B) Burns 变换　　(C) Hough 变换　　(D) Laplace 变换

9. 晶体取向可以用(　　)表示

(A) 欧拉角　　(B) 旋转矩阵　　(C) 旋转轴角对　　(D) 以上均可

10. 下面关于 EBSD 分辨率的影响因素的表述正确的是(　　)

(A) EBSD 的垂直分辨率优于水平分辨率

(B) 样品的原子序数越高,空间分辨率越高

(C) 加速电压越高,分辨率越高

(D) 最佳分辨率对应于最小电子束流的位置

答案:CDACA,DBCDB

11.3　知识点 2-电子背散射衍射应用

11.3.1　知识点 2 注意点

1) EBSD 试样有何要求?如何制取合格的试样?

进行 EBSD 分析的前提是制备出无缺陷的平整表面,避免在制样过程中引入表面塑性变形、化学污染或氧化层。作为一种表面分析技术,EBSD 所采集的电子信号仅来自表层 10～50 nm 厚的区域。任何表面缺陷的引入不仅会降低 EBSD 衍射谱的质量,还会影响分析的精度和分辨率。

EBSD 样品制备类似于传统的金相制样过程,只是对样品表面状态要求更高。根据分析材料的特点,一般最后一道工序为精细的机械抛光、电解抛光或离子研磨,以获得平整的无应变表层。

2) EBSD 如何确定晶体取向差

通过相邻像素点 A 和 B 的取向矩阵 $\boldsymbol{g}_A$ 和 $\boldsymbol{g}_B$,计算出由 A 取向变换到 B 取向的旋转矩阵,即为两个取向的取向差矩阵:

$$\boldsymbol{g}_{A\to B} = \boldsymbol{g}_B \cdot \boldsymbol{g}_A^{-1} \tag{11-1}$$

根据该取向差矩阵,可以获得旋转轴 $[r_1 r_2 r_3]$ 和取向差 θ。

$$\theta = a\cos\left(\frac{g_{11}+g_{22}+g_{33}-1}{2}\right) \tag{11-2}$$

$$
\begin{cases}
2r_1 \sin\theta = g_{23} - g_{32} \\
2r_2 \sin\theta = g_{31} - g_{13} \\
2r_3 \sin\theta = g_{12} - g_{21}
\end{cases} \tag{11-3}
$$

如果考虑晶体对称性,存在多个等价的取向差矩阵以及相应的取向差和旋转轴,因此,一般取这些等价取向差的最小值作为两晶粒的取向差。

3) EBSD 织构分析和传统 X 射线衍射分析的区别

X 射线衍射利用某一选择晶面的相对衍射强度表示该晶面在 X 射线照射范围内数千晶粒的平均取向分布,因此每次测量只能获得表示该晶面空间分布的极图。为了获得完整的三维取向信息,必须获得至少两个晶面的极图,再利用复杂的数值计算建立三维取向分布函数。EBSD 直接获得衍射源点单晶体的三维取向信息。为了获得具有统计意义的取向分布,需要将分析区域分成数万个点,并逐点测定晶体取向,然后统计出织构定量信息。根据分析区域内晶粒数量的不同,X 射线衍射获得的是宏观织构,而 EBSD 一般只能表征微观局域织构。如果样品织构相对均匀,EBSD 所得织构信息与 X 射线衍射结果是很接近的。

11.3.2 知识点 2 选择题

1. 硬度较高的不导电材料的 EBSD 样品制备,可以用(　　)方法获得无应变表层

(A) 机械抛光　　(B) 电解抛光

(C) 离子研磨　　(D) A 或者 C

2. 强度低、易变性的金属材料的 EBSD 样品制备,可以用(　　)方法获得无应变表层

(A) 机械抛光　　(B) 电解抛光　　(C) 离子研磨　　(D) B 或者 C

3. 以下哪个不是 EBSD 技术的优点?(　　)

(A) 分析样品面积大,数据统计性高　　(B) 分析精度高,检测速度快

(C) 样品制备简单　　(D) 空间分辨高

4. EBSD 利用不同颜色渲染晶体的(　　)可以显示出晶粒的形貌,特别是传统化学方法难以侵蚀显示的小角晶界和大角晶界。

(A) 结构　　(B) 成分　　(C) 取向　　(D) 取向差

5. 关于 EBSD 织构分析,以下说法错误的是(　　)

(A) 直接获得晶体的三维取向信息

(B) 可以方便地获得样品的宏观织构

(C) 利用取向数据集,可以计算出极图、反极图、取向分布函数

(D) 如果样品织构相对均匀,EBSD 所得织构信息接近于 X 射线衍射的结果

6. 通过 EBSD 可以分析相邻晶粒的(　　),可以确定晶界的性质,并用不同线条绘制晶界。

(A) 结构　　(B) 成分　　(C) 取向　　(D) 取向差

7. EBSD 系统与(　　)分析融合,提高了物相鉴定的准确性和效率

(A) XRD　　(B) EDS　　(C) TEM　　(D) AES

8. 以下哪个不是 EBSD 物相鉴定相比 X 射线衍射物相鉴定的优势?(　　)

(A) 可以检测含量低的物相

(B) 获得物相的空间分布状态和相对含量
(C) 仅可以获得宏观物相的定性或定量分析
(D) 物相鉴定自动化程度高
9. EBSD分析利用什么信息可以自动确定样品的再结晶体积分数(　　)
(A) 晶体取向　　(B) 菊池衍射谱的清晰度
(C) 晶体结构　　(D) 晶粒形貌
10. 以下哪项不属于常规的 EBSD 应用?(　　)
(A) 取向分析　　(B) 织构分析　　(C) 物相鉴定　　(D) 应力分析
答案: DDACB, DBCBD

第 12 章　光谱分析

光谱分析(Spectral Analysis 或 Spectrum Analysis)利用每种原子都有自己的特征谱线,犹如人们的“指纹”一样各不相同,来鉴别物质及确定物质的化学组成和相对含量。光谱分析具有分析速度快、操作简便、灵敏度高等优势,在工业上有广泛的应用背景。本章拟介绍应用最为广泛的红外光谱(IR)、拉曼光谱(Raman)和最先进的电感耦合等离子体原子发射光谱(ICP-AES)。本章分 3 个知识点介绍。

12.1　本章小结

红外光谱——IR (Infrared Spectroscopy)

- 测量对象:主要用于研究和确认化学物质。其观察的试样可以是固体、液体,也可以是气体
- 测量原理:红外光谱是由于分子振动能级(同时伴随转动能级)跃迁而产生的,物质吸收红外辐射应满足两个条件:(1)被吸收的辐射光子具有的能量与发生振动跃迁时所需的能量相等;(2)辐射与物质之间有耦合作用
- 特点:特征性强、测定快速、不破坏试样、试样用量少、操作简便、能分析各种状态的试样、分析灵敏度较高、定量分析误差较大
- 应用范围:红外光谱具有鲜明的特征性,其谱带的数目、位置、形状和强度都随化合物不同而各不相同。因此,红外光谱法是定性鉴定和结构分析的有力工具,如已知物的鉴定;未知物的鉴定;新化合物的结构分析

拉曼光谱——Raman (Raman Spectroscopy)

- 测量对象:作为红外光谱的补充,是研究分子结构的有力武器
- 测量原理:拉曼位移与入射光频率无关,只与物质分子的转动和振动能级有关。拉曼光谱是一种散射光谱,主要用于观察分子系统中的振动、转动以及其他低频模式。拉曼光谱中常出现一些尖锐的峰,是试样中某些特定分子的特征。拉曼散射强度正比于被激发光照明的分子数,这是应用拉曼光谱术进行定量分析的基础
- 特点:无需样品准备;所需样品量少;水分子存在不会影响拉曼光谱分析;拉曼光谱覆盖波段区间大;更适合定量研究;对于聚合物及其他分子,拉曼散射的选样定则限制很少,因而可以得到更为丰富的谱带;共振拉曼效应可以用来有选择性地增强大生物分子特定发色基团的振动,这些发色基团的拉曼光强能被选择性地增强 1 000 到 10 000 倍;除此之外,还发展了显微光谱术、远距离测试技术
- 应用范围:拉曼光谱具有进行定性分析并对相似物质进行区分的功能,而且,由于拉曼光谱峰的强度与相应分子的浓度成正比,拉曼光谱也能用于定量分析。拉曼光谱含有丰富的信息,利用拉曼频率分析物质基本性质(成分、化学和结构),拉曼峰位的变化研究材料的微观力学,拉曼偏振测定物质的微结构和形态学(结晶度和取向度),拉曼半峰宽反映晶体的完美性,拉曼峰强定量分析物质各组分的含量

电感耦合等离子体原子发射光谱——ICP-AES (Inductively Coupled Plasma-Atomic Emission Spectrometry)

- 测量对象:元素周期表中绝大部分元素。但少量元素不可测,如卤族元素中的氟、氯。惰性气体可激发,灵敏度不高,没有应用价值。C元素虽然可测,但空气中二氧化碳背底太高。氧、氮、氢可激发,但必须隔离空气和水。大量的铀、钍、钚元素可测,但要求极高的防护条件
- 测量原理:以电感耦合等离子矩为激发光源的原子发射光谱分析方法。原子发射光谱其原理是利用物质在热激发或电激发下,由基态跃迁到激发态,在返回基态时每种元素的原子或离子发射特征光谱(线状光谱)来判断物质的组成,而进行元素的定性与定量分析的
- 特点:具有准确度高和精密度高、检出限低、测定快速、线性范围宽、可同时测定多种元素等优点
- 应用范围:国外已广泛用于环境样品及岩石、矿物、金属等样品中数十种元素的测定

12.2 知识点1-红外光谱

12.2.1 知识点1注意点

1) 在实践中,如果我们用一束具有连续波长的红外光照射一物质时,该物质的分子就要吸收一部分光能,并将其转化为另一种能量,即分子的振动能量或转动能量。如果我们以波长或频率为横坐标,以百分吸收率或透过率为纵坐标将谱带记录下来,就得到该物质的红外吸收光谱。因此,红外光谱又称为分子振动-转动光谱,是一种分子吸收光谱。

2) 红外光谱主要用于研究和确认化学物质,其研究的对象可以是固体、液体、也可以是气体。

3) 根据红外光与可见光之间的关系,红外光谱可以分为:近红外区,中红外区,远红外区。根据其能量范围不同,其分析对象也不同。

4) 根据定义,要收集红外光谱,物质必须产生红外吸收。物质产生红外吸收必须满足以下两个条件:被吸收的辐射光子具有的能量与发生振动跃迁时所需的能量相等;辐射与物质之间有耦合作用。

第一个条件好理解:即当一定频率(能量)的红外光照射分子时,如果分子中某个基团的振动频率和外界红外辐射的频率一致,就满足了第一个条件。

第二个条件不好理解。我们换句话说即:为满足这个条件,分子振动必须伴随偶极矩的变化。什么叫偶极矩?通常,整个分子呈电中性,但因空间构型的不同以及构成分子的各原子价电子得失难易不同,正负电荷中心可能重合,也可能不重合。重合的称为非极性分子(如 CO_2),不重合的称为极性分子(如 H_2S),分子极性大小就用矢量偶极矩 $\boldsymbol{\mu}$ 来度量,偶极矩定义为:$\boldsymbol{\mu} = q\boldsymbol{d}$, q 为正、负电荷中心所带的电荷量;矢量 $\boldsymbol{d}$ 是正、负电荷中心间的距离,方向是从正电荷到负电荷。偶极矩的单位是库仑·米(C·m)或者德拜(Debye)。由于分子内原子处于在其平衡位置不断振动的状态,在振动过程中 $\boldsymbol{d}$ 的瞬时值亦在不断地发生变化,因此分子的偶极矩也发生相应的改变,分子亦具有确定的偶极矩变化频率。对称分子(如 CO_2)由于其正负电荷中心重叠,$\boldsymbol{d} = 0$,故分子中原子的振动并不引起偶极矩的变化。因此为了满足吸收辐射的第二个条件,实质上是外界辐射迁移它的能量到分子中去,而这种能量

的转移是通过偶极矩的变化来实现的。

5）根据定义，红外光谱与分子的振动和转动有关，要了解红外光谱与分子结构之间的关系，我们首先有必要了解分子的振动方式：分子的运动由平动、转动和振动三部分组成。平动可视为分子的质心在空间的位置变化，转动可视为分子在空间取向的变化，振动则可看成分子在其质心和空间取向不变时，分子中原子相对位置的变化。

6）分子中原子的振动形式可分为三种类型：伸缩振动（υ）、弯曲振动和变形振动，后两种振动又统称为变角振动(δ)。伸缩振动过程中，原子沿着化学键方向伸缩，键长发生变化而键角不变。弯曲振动时，基团的原子运动方向与价键方向垂直。

7）分子振动自由度：对于一个原子数为 n 的分子来说，每个原子在空间都有 3 个自由度，因此 n 个原子组成的分子总共具有 $3n$ 个运动自由度。需要 3 个空间坐标（x, y, z）来确定这个分子质心的位置，如果这个分子是非直线的，则需要 3 个坐标来确定分子在空间的取向；如果是直线分子，2 个坐标就可以确定分子在空间的取向。因此需要 6 个坐标确定非线性分子的平动和转动自由度，5 个坐标确定线性分子的平动和转动自由度。在确定分子的平动和转动自由度数量后，剩下的就是分子的振动自由度。从以上的讨论可以看出，一个非线性(非直线)分子具有($3n-6$)个振动自由度，线性(直线)分子具有($3n-5$)个振动自由度。例如水分子是非线性分子，其振动自由度为 $3\times3-6=3$。

8）每个振动自由度代表一种独立的振动方式，称为简正模式(normal modal)。在简正模式中，分子的质心和空间取向保持不变，每个原子以相同的频率在平衡位置附近做简谐振动，同时通过平衡点。简正模式是分子最基本的振动方式。分子的振动自由度可以通过红外光谱的吸收峰来体现。

9）从原则上讲，每一个振动自由度相当于红外区的一个吸收峰，但实际的红外吸收峰的数目常少于振动自由度的数目，这是因为：不伴随偶极矩变化的振动没有红外吸收峰；振动频率相同的不同振动形式会发生简并；强宽峰往往要覆盖与它频率相近的弱而窄的吸收峰；吸收峰有时落在中红外区域以外；吸收强度太弱，灵敏度不够的仪器检测不出。

10）红外光谱可以用振动方程和振转方程来进行谱分析，也可运用分子的对称因素以点阵图解法进行归属，但这些方法只适应于简单分子。基团频率法是基于实验为依据的归纳法，对简单分子和复杂分子均适应。经验发现，组成分子的各种基团如 O—H、C—H、C═C、C═O 等都有着自己特定的红外吸收区域，分子的其他部分对其吸收位置的变化仅有较小的影响。通常把这种能代表某基团存在并有着较高强度的吸收峰称为特征吸收峰，其所在的位置称为特征频率或基团频率。显然，这些特征吸收峰是非常有用的，它使我们有可能借助红外光谱推断出未知物的结构来。根据经验，中红外光谱可分成 4 000～1 330 cm^{-1} 和 1 330～600 cm^{-1} 两个区域。前者称为基团频率区、官能团区或特征区，区内的峰是由伸缩振动产生的吸收带，比较稀疏，易于辨认，常用于鉴定官能团。后者称为指纹区，除了单键的伸缩振动吸收峰外，还有因变形振动产生的谱带。指纹区对于指认结构类似的化合物很有帮助，而且可以作为某种化合物中存在某种基团的旁证。

12.2.2 知识点 1 选择题

1. 红外光谱是(　　)

(A) 分子吸收光谱　　　　(B) 原子吸收光谱

(C) 分子散射光谱　　　　(D) 原子散射光谱

2. 当红外光激发分子振动能级跃迁时,化学键越强,则(　　)

(A) 吸收光子的能量越大　　　　(B) 吸收光子的波长越长

(C) 吸收光子的数目越多　　　　(D) 吸收光子的波数越小

3. 在下面各种振动模式中,不产生红外吸收的是(　　)

(A) HCl 分子中 H—Cl 键伸缩振动

(B) 乙醚分子中 C—O—C 不对称伸缩振动

(C) CO_2 分子中 O═C═O 对称伸缩振动

(D) 非线性 H_2O 分子中 H—O—H 对称伸缩

4. 下面四种气体,不吸收红外光的是(　　)

(A) H_2O　　(B) CO_2　　(C) HCl　　(D) N_2

5. 分子不具有红外活性的,必须是(　　)

(A) 分子振动时没有偶极矩变化　　　　(B) 分子没有振动

(C) 非极性分子　　　　(D) 双原子分子

6. 预测以下各个键的振动频率所落的区域,正确的是(　　)

(A) O—H 伸缩振动波数在 2 500～1 900 cm^{-1}

(B) C═O 伸缩振动波数在 2 500～1 900 cm^{-1}

(C) C—H 弯曲振动波数在 4 000～2 500 cm^{-1}

(D) C═N 伸缩振动波数在 1 900～1 330 cm^{-1}

7. 按简单双原子分子计算,并结合如下给出的化学键力常数,则红外光谱中波数最大者是(　　)

(A) 乙烷中 C—H 键,$k=5.1\times10^5$ dyne • cm^{-1}

(B) 乙炔中 C—H 键,$k=5.9\times10^5$ dyne • cm^{-1}

(C) 乙烷中 C—C 键,$k=4.5\times10^5$ dyne • cm^{-1}

(D) 乙醛中 C═O 键,$k=12.3\times10^5$ dyne • cm^{-1}

8. 红外光谱法采用的试样可以是(　　)

(A) 气体状态　　　　(B) 固体、液体状态

(C) 固体状态　　　　(D) 固、液、气状态均可

9. 红外吸收光谱的产生是由于(　　)

(A) 分子外层电子、振动、转动能级的跃迁

(B) 原子外层电子、振动、转动能级的跃迁

(C) 分子振动-转动能级的跃迁

(D) 分子外层电子的能级跃迁

10. 一个含氧化合物的红外光谱图在 3 600～3 200 cm^{-1} 有吸收峰,下列化合物中最可能的是(　　)

(A) CH_3—CHO　　　　(B) CH_3—CO—CH_3

(C) CH_3—COOH　　　　(D) CH_3—O—CH_2—CH_3

答案:AACDA, CBDCC

12.3 知识点2-拉曼光谱

12.3.1 知识点2注意点

1）一束单色光(波数为 υ_0 的激光束）入射于透明试样时：大部分光可以透射过去；一部分光被吸收；还有一部分被散射。如果对散射光所包含的频率进行分析，会观察到散射光中的大部分波长与入射光相同，而一小部分波长产生偏移 $\upsilon = \upsilon_0 \pm \Delta\upsilon$。前者属于弹性散射，后者属于非弹性散射。

2）在分子系统中，波数 $\Delta\upsilon$ 基本上落在与分子的转动能级、振动能级和电子能级之间的跃迁相关联的范围内，即在非弹性散射中，光子的一部分能量传递给分子，转变为分子的振动或转动能，或者光子从分子的振动或转动中得到能量。这种频率发生改变的辐射散射称为拉曼散射，相对激发光波长偏移的波数 $\Delta\upsilon$ 称为拉曼频移。

3）拉曼光谱是入射光子和分子相碰撞时，分子的振动能量或转动能量和光子能量叠加的结果，利用拉曼光谱可以把处于红外区的分子能谱转移到可见光区来观测。因此拉曼光谱作为红外光谱的补充，是研究分子结构的有力武器。拉曼光谱是一种散射光谱，主要用于观察分子系统中的振动、转动以及其他低频模式。

4）印度科学家拉曼(C. V. Raman)与K. S. Krishnan在1982年首先在液体中观察到这种现象。因此这种现象以他的名字命名。

5）在散射的光谱中，新波数的谱线称作拉曼线或拉曼带，合起来构成拉曼光谱。

6）拉曼效应可以通过一个简单的实验观察到：在一暗室内，以一束绿光照射透明液体，例如戊烷，绿光看起来就像悬浮在液体上。若通过对绿光或蓝光不透明的橙色玻璃滤光片观察，将看不到绿光而是一束非常暗淡的红光，这束红光就是拉曼散射光。

7）拉曼效应可用能级图来表达。一绿色或蓝色光子使分子能量从基态跃迁到虚态，从量子力学观点知道虚态是分子的不稳定能态，因此分子将立即发射一光子从虚态返回到原始电子态。如果分子回到它原来的振动能级，那么它发射的光子具有与入射光子相同的能量，亦即相同的波长。此时，没有能量传递给分子，这就是瑞利散射(Rayleigh Scattering)。若分子回到较高的能级，发射光子具有相对入射光子较小的能量，亦即有比入射光子较长的波长，分子的振动能量增加了，这称为斯托克斯拉曼散射(Stocks Raman Scattering)。若分子回到较低的能级，发射光子就有相比入射光子较大的能量，亦即有比入射光子较短的波长，分子的振动能量减少，这称为反斯托克斯拉曼散射(Anti-Stocks Raman Scattering)。一般讨论的拉曼散射是指斯托克斯拉曼散射，除非另有说明。在以波数为变量的拉曼光谱图上，斯托克斯线和反斯托克斯线对称地分布在瑞利散射线的两侧，这是由于上述两种情况下分别相应于得到或者失去了一个振动量子的能量。

8）同一物质分子，随着入射光频率的改变，拉曼线的频率也改变，但拉曼频移 $\Delta\upsilon$ 始终保持不变。拉曼位移与入射光频率无关，只与物质分子的转动和振动能级有关。如以拉曼频移(波数）为横坐标，拉曼散射强度为纵坐标，激发光的波数(也即瑞利散射波数，υ_0）作为零点写在光谱的最右端，略去反斯托克斯拉曼散射谱带，即得到类似于红外光谱的拉曼光谱图。

9）近年来，一些由拉曼光谱衍生的表征技术得到了飞速发展。这些衍生技术的目的是增强拉曼光谱灵敏度（如表面增强拉曼光谱技术），提高空间分辨率（如拉曼显微镜），或者采集特殊信息（如共振拉曼光谱技术）。

10）拉曼光谱与红外光谱的比较。

11）拉曼光谱的应用：拉曼光谱含有丰富的信息，利用拉曼频率分析物质基本性质（成分、化学和结构），拉曼峰位的变化研究材料的微观力学，拉曼偏振测定物质的微结构和形态学（结晶度和取向度），拉曼半峰宽反映晶体的完美性，拉曼峰强定量分析物质各组分的含量。

12.3.2 知识点2选择题

1. 拉曼光谱是（　　）

(A) 分子吸收光谱　　(B) 原子吸收光谱

(C) 分子散射光谱　　(D) 原子散射光谱

2. 一般而言，拉曼散射是指（　　）

(A) 瑞利散射　　(B) 斯托克斯散射

(C) 反斯托克斯散射　　(D) 红外吸收

3. 拉曼散射强度正比于（　　）

(A) 物质分子数　　(B) 分子中所含的原子数

(C) 被激发光照明的分子数　　(D) 电子数

4. 相对于红外光谱，以下哪项是拉曼光谱的自身优势（　　）

(A) 提供分子振动频率的信息　　(B) 与偶极矩的变化有关

(C) 强度正比于诱导跃迁偶极矩的变化　　(D) 强度与研究系统能级有关

5. 下面哪项信息是拉曼光谱不能分析的（　　）

(A) 晶体对称性和取向　　(B) 元素成分

(C) 结晶度　　(D) 物相分析

6. 拉曼峰位变化反映的是（　　）

(A) 物质组成　　(B) 张力

(C) 结晶度　　(D) 晶体取向

7. 拉曼峰宽反映的信息是（　　）

(A) 晶体对称性　　(B) 物质总量

(C) 晶体质量　　(D) 内应力

8. 下列因素不会影响拉曼峰强度的是（　　）

(A) 键级　　(B) 原子序数

(C) 振动的对称性　　(D) 晶体取向

9. 下列哪项是红外光谱与拉曼光谱的共同特征（　　）

(A) 提供分子振动频率信息　　(B) 反应分子振动时带来的极化度变化

(C) 反应偶极矩变化　　(D) 分子散射光谱

10. 以下哪类物质不适合用拉曼光谱进行分析（　　）

(A) 无机物　　(B) 水分子

(C) 含有 S—S 官能团　　　　　　　　(D) 气体试样

答案：CBCCB，BCDAB

12.4 知识点 3 -电感耦合等离子体原子发射光谱

12.4.1 知识点 3 注意点

1) 原子发射光谱分析(Atomic Emission Spectrometry，AES)是光谱分析技术中发展最早的一种方法，在建立原子结构理论的过程中，提供了大量的最直接的数据。其原理是利用物质在热激发或电激发下，由基态跃迁到激发态，在返回基态时每种元素的原子或离子发射特征光谱(线状光谱)来判断物质的组成，而进行元素的定性与定量分析的。

2) 发射光谱通常是用化学火焰、电火花、电弧、激光和各种等离子体光源激发而获得的。根据激发机理不同，原子发射光谱有 3 种不同的类型。其中，目前应用最广泛是第一种类型，采用等离子体光源。电感耦合等离子体(Inductively Coupled Plasma，ICP)作为激发光源的原子发射光谱分析法是目前较为先进的也是应用最为广泛的原子发射光谱分析技术。

3) ICP 发射光谱分析过程主要分为三步，即激发、分光和检测。第一步，将试样由进样器引入雾化器，并被氩载气带入焰矩时，利用等离子体激发光源使试样蒸发气化(电感耦合等离子体焰矩温度可达 6 000～8 000 K，有利于难溶化合物的分解和难激发元素的激发)，离解或分解为原子态，原子进一步电离成离子状态，原子及离子在光源中激发发光；以光的形式发射出能量。第二步，利用单色器将光源发射的光分解为按波长排列的光谱；第三步，检测光谱。不同元素的原子在激发或电离后回到基态时，发射不同波长的特征光谱，故根据特征光的波长可进行定性分析；元素的含量不同时，发射特征光的强弱也不同，据此可进行定量分析。

4) 原子发射光谱法可对约 70 种元素(金属元素及磷、硅、砷、碳、硼等非金属元素)进行分析。在一般情况下，用于 1%以下含量的组分测定，检出限可达百万分之一级，精密度为 ±10%左右，线性范围约 2 个数量级。这种方法可有效地用于测量高、中、低含量的元素，但含量达到 30%以上的，准确度难于达到要求。

12.4.2 知识点 3 选择题

1. 不属于 ICP-AES 主要优点的是(　　)

(A) 检出限低　　　　　　　　(B) 精密度和准确度高

(C) 线性范围宽　　　　　　　(D) 适用于高含量元素检测

2. 不影响 ICP-AES 法分析特性的因素是(　　)

(A) 高频功率　　　　　　　　(B) 样品多少

(C) 观察高度　　　　　　　　(D) 载气流量

3. ICP-AES 法的进样方法不包括(　　)

(A) 液体进样　　　　　　　　(B) 气体挥发进样

(C) 熔体进样　　　　　　　　(D) 固体进样

4. ICP-AES属于(　　)

(A) 分子吸收光谱　　(B) 原子散射光谱

(C) 分子发射光谱　　(D) 原子发射光谱

5. ICP-AES采用的激发光源是(　　)

(A) 电火花　　(B) 等离子体

(C) 激光　　(D) 火焰

6. 下列元素能用ICP-AES法分析的是(　　)

(A) C　　(B) S　　(C) Cl　　(D) H

7. ICP-AES是指(　　)

(A) 等离子体原子吸收光谱　　(B) 等离子体质谱

(C) 等离子体原子发射光谱　　(D) 等离子体原子荧光光谱

答案：DBCDB，BC

参 考 文 献

[1] 朱和国,尤泽升,刘吉梓.材料科学研究与测试方法[M].3版.南京:东南大学出版社,2016.

[2] 李树棠.晶体X射线衍射学基础[M].北京:冶金工业出版社,1990.

[3] 秦善.晶体学基础[M].北京:北京大学出版社,2004.

[4] 方奇,于文涛.晶体学原理[M].北京:国防工业出版社,2002.

[5] 黄威,邬春阳,曾跃武,等.富锂正极材料 $Li_{1.2}Mn_{0.54}Co_{0.13}Ni_{0.13}Na_xO_2$ 表面结构的电子显微分析[J].物理化学学报,2016,32(9):2287-2292.

[6] 戎咏华.分析电子显微学导论[M].2版.北京:高等教育出版社,2015.

[7] 戎咏华,姜传海.材料组织结构的表征[M].上海:上海交通大学出版社,2012.

[8] 周玉.材料分析方法[M].3版.北京:机械工业出版社,2011.

[9] 黄孝瑛.材料微观结构的电子显微学分析[M].北京:冶金工业出版社,2008.